数学建模的实践

（上册）

裘哲勇　潘建江　主编

西安电子科技大学出版社

内容简介

本书是从杭州电子科技大学近十年来参加全国大学生数学建模竞赛获得一等奖的论文和参加美国大学生数学建模竞赛与交叉学科建模竞赛获得特等奖的论文中精选出的20篇论文加工整理而成的。

上册选自CUMCM2007—A题、CUMCM2007—B题、CUMCM2008—A题、CUMCM2008—B题、CUMCM2009—B题、CUMCM2010—A题、CUMCM2012—A题、CUMCM2014—A题、CUMCM2016—A题及ICM2010—C题，共10篇论文。每篇论文都按照竞赛论文的写作要求，包括摘要、问题重述、问题分析、模型假设与符号说明、模型的建立与求解、模型的分析与检验、模型的评价与改进等内容。书中论文几乎完整地保持了参赛论文的原貌,同时在每篇论文后给出了点评。

本书可供参加全国大学生数学建模竞赛和参加美国大学生数学建模竞赛的大学生学习和阅读，也可作为数学建模课程教学和竞赛培训的案例教材，还可供从事相关学科教学和研究工作的科技人员参考。

图书在版编目(CIP)数据

数学建模的实践.上册 / 裘哲勇，潘建江主编．—西安：西安电子科技大学出版社，2019.10(2020.7重印)

ISBN 978-7-5606-5357-0

Ⅰ.①数… Ⅱ.①裘… ②潘… Ⅲ.①数学模型—文集 Ⅳ.①O22-53

中国版本图书馆CIP数据核字(2019)第137148号

策划编辑 陈 婷

责任编辑 武翠琴

出版发行 西安电子科技大学出版社(西安市太白南路2号)

电　　话 (029)88242885 88201467　　邮　　编 710071

网　　址 www.xduph.com　　电子邮箱 xdupfxb001@163.com

经　　销 新华书店

印刷单位 咸阳华盛印务有限责任公司

版　　次 2019年10月第1版 2020年7月第2次印刷

开　　本 787毫米×1092毫米 1/16 印张 15.25

字　　数 359千字

印　　数 1001～2000册

定　　价 36.00元

ISBN 978-7-5606-5357-0/O

XDUP 5659001-2

前　言

数学建模教学作为培养创新型人才的重要手段已经得到各个高校的广泛认同，并在各校大力推行。作为一所地方性大学，杭州电子科技大学开展数学建模活动始于1995年，在随后的20多年时间里，无论是在数学建模教学中还是在数学建模竞赛中都取得了优异的成绩，得到了全国组委会、省教育厅以及省内外兄弟高校的高度评价。截至2018年，杭州电子科技大学在全国大学生数学建模竞赛中共获得国家一等奖46项，二等奖89项；2006年后参加美国大学生数学建模竞赛与交叉学科建模竞赛，获得二等奖以上奖项118项，并于2010年获得特等奖。

在数学建模竞赛方面，杭州电子科技大学起初以参赛为主要目的，后经过多年的发展，将数学建模课程的指导思想确定为培养学生的创新实践能力，让尽可能多的学生受益。数学建模活动不断走向深入，由阶段性活动转为日常教学活动与课外科研活动。在教学方面，数学建模教学已经形成了多个品种、多种层次、多种方式的教学格局。对于不同层次，理论教学学时分别为32、48、64学时，并辅以上机实践训练和课外建模实践。此外，还面向全校开设了数学建模实验选修课以及数学建模课程设计。由于有着丰富完善的课程体系，每年吸引1500多名学生修读此课。在竞赛方面，2000年起每年举办校内竞赛，之后参加全国竞赛，再到来年参加美国竞赛。在学生科技方面，学生从参加竞赛发展到与教师一起做课题、撰写学术论文或参加新苗人才计划与创新杯等。

2003年，杭州电子科技大学“数学建模”课程被评为首批省级精品课程，数学建模团队于2008年被评为浙江省省级教学团队，数学建模活动相关成果分别获得1997年、2001年、2009年浙江省教学成果二等奖，《数学建模》教材2014年入选“十二五”国家级规划教材，并被评为浙江省普通高校“十二五”优秀教材。这是多年来杭州电子科技大学从事数学建模的同仁们共同努力的结果，也是对我们的鞭策和鼓励。

为了对学校数学建模的成果进行总结，进一步提高数学建模水平，并提高所有参加数学建模活动的同学们的参赛水平，我们搜集整理了近十年来优秀的获奖论文，汇编成书。

本书(上、下册)收录了2007—2016年杭州电子科技大学参加全国大学生数学建模竞赛部分获得一等奖的论文和参加美国大学生数学建模竞赛与交叉学科建模竞赛获得特等奖的论文，共20篇。本书对收录的论文进行了统一的编排整理、点评，但论文的主体内容、建模方法、文章结构、计算结果等基本保持了原来的面貌。这样可使读者真实地看到获奖者在三天(美国数学建模竞赛是四天)比赛期间的论文成果，借鉴参赛论文的写作风格和方式，提高自己撰写论文的能力。

每篇论文的程序和详细数据见数字课程网站——http://moocl.chaoxing.com/course/95314349.html。

本书的出版得到了杭州电子科技大学教务处的全力支持，同时得到了省级数学建模教学团队负责人陈光亭教授的关心，以及沈灏、张智丰、李炜、程宗毛、李承家、章春国等各位指导老师的支持，可以说，没有他们的大力支持，本书是难以出版的。在此，还要感谢理学院领导与同事们的关心与支持，感谢所有参加过数学建模竞赛的同学们，感谢他们的辛勤努力！愿本书的出版能够给大学生数学建模活动带来积极的推动作用！

由于编者水平有限，书中难免有不妥之处，诚望读者批评指正。

编者

2019年6月

目　　录

第 1 篇　中国人口增长预测模型[①]

队员： 张金漫(信息安全)，段胜安(信息对抗技术)，冯玉峰(信息对抗技术)
指导教师： 数模组

摘　　要

本文对中国的人口增长趋势问题做了研究，根据中国人口特点以及对人口中短期和长期预测的需要建立了 3 个预测模型。

对于人口的中短期预测，本文建立了离散中国人口发展模型和连续中国人口发展模型。

在离散中国人口发展模型中，首先根据中国人口发展所呈现的出生人口性别比持续升高、老龄化进程加速的特点，对宋健人口发展模型中的静态出生人口性别比和各年龄段死亡率引进了时间参数 t，使其动态化，并用灰色预测模型对其进行 2006—2010 年的短期预测，然后将参数的预测值代入中国人口发展模型，得到 2006—2010 年各个地区各年龄不同性别的人口数量的预测(2010 年，城市、城镇、乡村的男性人口数量分别将达到 1.84 亿、1.15 亿、3.94 亿，女性人口数量分别将达到 1.83 亿、1.13 亿、3.81 亿，中国总人口数量将达到 13.7 亿)；最后对得到的结果进行检验，并对人口地区差异、性别差异、年龄结构差异进行分析和比较，对中国的人口发展形势进行一定的研究。

在连续中国人口发展模型中，首先将影响人口数量的参数进行分段拟合，以区分劳动力与非劳动力的不同波动，使数据具有我国人口的特色；同时在拟合过程中加入时间序列和随机过程因素，使得回归曲线与实际数据更加贴合，提升了精确度。

对于人口的长期趋势预测，本文采用长期 Leslie 预测模型来预测城市总人口 50 年的发展趋势，得出了“在 2033 年人口数量将达到峰值，然后趋于稳定”的结论。接着提出了改进模型，将 Leslie 模型与线性回归模型相结合，分段预测人口。

关键词： 中国人口发展模型；灰色 GM(1，1)预测；Leslie 模型；分段拟合预测

1　问题的背景和重述

1.1　问题背景

我国是一个人口大国，人口问题始终是制约我国发展的关键因素之一。人口数量的飞

---

①此题为 2007 年“高教社杯”全国大学生数学建模竞赛 A 题(CUMCM2007—A)，此论文获该年全国一等奖。

速增长，严重影响了我国经济和社会的发展，预测人口数量和发展趋势是我们制定一系列相关政策的基础。因此，怎样更好地预测人口数量、结构、分布、劳动力、负担系数及人口的出生率、死亡率、增长率等，并通过控制这些参数来控制人口的数量，以利于经济的增长和社会的发展，这是摆在我们面前亟待解决的问题。目前，我国的人口发展出现了新的特点：老龄化进程加速，出生人口性别比持续升高，乡村人口城镇化等，所以研究人口问题更加迫在眉睫。

1.2 问题重述

关于我国人口问题已有多方面的研究，并积累了大量数据资料。试从我国的实际情况和人口增长的特点出发，参考原题附录中的相关数据(也可以搜索相关文献和补充新的数据)，建立我国人口增长的数学模型，并由此对中国人口增长的中短期和长期趋势做出预测，并指出模型中的优点与不足之处。

2 模型的基本假设

本文研究基于以下基本假设：

(1) 中短期预测年限为5年，长期预测年限为50年。

(2) 中国统计年鉴给出的统计数据基本准确，但是也有误差，所以预测的数据存在一定的误差是可以接受的。

还有一些具体的假设在各模型中进行具体说明。

3 离散中国人口发展模型

人口的预测就是根据一个国家、一个地区人口的现状，考虑到社会政治经济条件对人口再生产和转化的影响，分析其发展规律，运用科学的方法预测未来某个时期人口的发展状况。人口预测首先是针对人口数目，其次还可预测人口的出生率、死亡率、增长率以及人口的性别和年龄构成等。由于我国人口出现的新特点，还可以对未来人口的分布、婚姻状况、家庭构成、城乡人口比例等进行预测。人口的短期预测一般为1～3年，中期预测一般为5～10年，长期预测一般为10年以上(甚至可长达100年)。

3.1 符号变量说明

$p(r, t)$——t时刻年龄为r的人数；

$p_1(r, t)$——t时刻年龄为r的男性人数；

$p_2(r, t)$——t时刻年龄为r的女性人数；

$s(r, t)$——t时刻年龄为r的人数的存活率；

$s_1(r, t)$——t时刻年龄为r的男性人数的存活率；

$s_2(r, t)$——t时刻年龄为r的女性人数的存活率；

$m(r, t)$——t时刻年龄为r的人数的死亡率；

$m_1(r, t)$——t 时刻年龄为 r 的男性人数的死亡率；

$m_2(r, t)$——t 时刻年龄为 r 的女性人数的死亡率；

$g(r, t)$——t 时刻年龄为 r 的净迁入人数；

$b(t)$——t 时刻的出生人数；

$b_1(t)$——t 时刻出生的男性人数；

$b_2(t)$——t 时刻出生的女性人数；

$\delta(f, t)$——t 时刻女婴的出生比率；

$\delta(m, t)$——t 时刻男婴的出生比率；

$h(r, t)$——t 时刻年龄为 r 的妇女的生育率。

3.2　对宋健人口发展模型的分析

宋健人口发展模型如下：

$$b_1(t) = \sum_{r=r_1}^{r_2} p_2(r, t)h(r)\delta(m)$$

$$\begin{cases} p_1(0, t)=b_1(t+1)+g_1(0) \\ p_1(1, t+1)=p_1(0, t)s_1(0)+g_1(0) \\ \quad\vdots \\ p_1(n, t+1)=p_1(n-1)s_1(n-1)+g_1(n-1) \end{cases}$$

首先，可以看到该模型中 $\delta(m)$、$s_1(n-1)$ 是静止不变的，这不能体现当今中国人口所呈现的性别出生比上升和老龄化进程的特点。所以我们在提出的中国人口发展模型中对 $\delta(m)$、$s_1(n-1)$ 引进时间参数 t，将其动态化为 $\delta(m, t)$、$s(r, t)$。然后用灰色预测模型对这两个参数进行预测。

其次，进一步分析 $p_1(0, t)=b_1(t+1)+g_1(0)$ 项，其意思是该年出生的人在下一年作为0岁的人数计算，而原题附录所给统计数据中0岁所对应的是当年所出生的人数，所以宋健人口发展模型是滞后一年的。我们将其修正为 $p(0, t+1)=b(t+1)+g(0, t+1)$。

3.3　用灰色预测模型对 $\delta(m, t)$ 和 $s(r, t)$ 进行预测

3.3.1　灰色预测模型 GM(1, 1)原理分析

灰色系统是指部分信息已知、部分信息未知的系统。灰色系统预测理论的基本思路是将已知的数据序列按照某种规则构成动态的或非动态的白色模块，再按某种变化、解法来求解未来的灰色模型。在灰色模块中再按照某种准则，逐步提高白度，直到未来发展变化的规律基本明确为止。其基础是建立模型，通常为一阶单变量模型 GM(1, 1)和一阶多变量模型 GM(1, n)。我们这里建立的是 GM(1, 1)模型。GM(1, 1)模型是指一阶、一个变量的微分方程预测模型，是一阶单序列的线性动态模型。用于时间序列预测的模型是离散形式的微分方程模型。

设 $x^{(0)}$ 为 n 个元素的数列，即 $x^{(0)}=(x^{(0)}(1), x^{(0)}(2), \cdots, x^{(0)}(n))$，$x^{(0)}$ 的累加生成

(AGO)数列为 $x^{(1)}=(x^{(1)}(1), x^{(1)}(2), \cdots, x^{(1)}(n))$，其中 $x^{(1)}(k)=\sum_{i=1}^{k} x^{(0)}(i)$，$k=1, 2, \cdots, n$。定义 $x^{(1)}$ 的灰导数为

$$dx^{(1)}(k)=x^{(0)}(k)=x^{(1)}(k)-x^{(1)}(k-1)$$

令 $z^{(1)}$ 为数列 $x^{(1)}$ 的均值(mean)数列，即

$$z^{(1)}(k)=0.5x^{(1)}(k)+0.5x^{(1)}(k-1) \quad k=2, 3, \cdots, n$$

则 $z^{(1)}=(z^{(1)}(1), z^{(1)}(2), \cdots, z^{(1)}(n))$。定义 GM(1, 1)的灰色方程模型为

$$dx^{(1)}(k)+az^{(1)}(k)=b$$

即

$$x^{(0)}(k)+az^{(1)}(k)=b \tag{1}$$

其中，$x^{(0)}(k)$称为灰导数，a 称为发展系数，$z^{(1)}(k)$称为白化背景值，b 称为灰作用量。

对于 GM(1, 1)的灰微分方程，即式(1)，如果将 $x^{(0)}(k)$的时刻 $k(k=2, 3, \cdots, n)$视为连续的变量 t，则数列 $x^{(1)}$ 就可以看成时间 t 的函数，记为 $x^{(1)}(t)$。于是得到 GM(1, 1)的灰微分方程对应的白微分方程：

$$\frac{dx^{(1)}}{dt}+ax^{(1)}(t)=b \tag{2}$$

称之为 GM(1, 1)的白化型。

将时刻 $k=2, 3, \cdots, n$ 代入式(1)，有

$$\begin{cases} x^{(0)}(2)+az^{(1)}(2)=b \\ x^{(0)}(3)+az^{(1)}(3)=b \\ \quad\vdots \\ x^{(0)}(n)+az^{(1)}(n)=b \end{cases}$$

令

$$\boldsymbol{Y}_N=[x^{(0)}(2), x^{(0)}(3), \cdots, x^{(0)}(n)]^{\mathrm{T}}$$

$$\boldsymbol{u}=[a, b]^{\mathrm{T}}$$

$$\boldsymbol{B}=\begin{bmatrix} -z^{(1)}(2) & 1 \\ -z^{(1)}(3) & 1 \\ \vdots & \vdots \\ -z^{(1)}(n) & 1 \end{bmatrix}$$

称 $\boldsymbol{Y}_N$ 为数据向量，$\boldsymbol{u}$ 为参数向量，$\boldsymbol{B}$ 为数据矩阵，则 GM(1, 1)可以表示为矩阵方程

$$\boldsymbol{Y}_N=\boldsymbol{B}\cdot\boldsymbol{u}$$

参数 $\boldsymbol{u}$ 的确定方法如下：

如果 $\boldsymbol{B}^{\mathrm{T}}\cdot\boldsymbol{B}$ 的逆矩阵存在，由最小二乘法，求使得 $J(\hat{\boldsymbol{u}})=(\boldsymbol{Y}_N-\boldsymbol{B}\cdot\hat{\boldsymbol{u}})^{\mathrm{T}}(\boldsymbol{Y}_N-\boldsymbol{B}\cdot\hat{\boldsymbol{u}})$ 达到最小值的 $\hat{\boldsymbol{u}}=[\hat{a}, \hat{b}]^{\mathrm{T}}=(\boldsymbol{B}^{\mathrm{T}}\cdot\boldsymbol{B})^{-1}\cdot\boldsymbol{B}^{\mathrm{T}}\boldsymbol{Y}_N$，其中

$$\hat{a}=\frac{CD-(n-1)E}{(n-1)F-C^2}$$

$$\hat{b}=\frac{DF-CE}{(n-1)F-C^2}$$

式中：$C=\sum_{k=2}^{n} z^{(1)}(k)$，$D=\sum_{k=2}^{n} x^{(0)}(k)$，$E=\sum_{k=2}^{n} z^{(1)}(k)\cdot x^{(0)}(k)$，$F=\sum_{k=2}^{n}(z^{(1)}(k))^2$。

于是求解式(2)可得

$$x^{(1)}(k+1)=\left(x^{(0)}(1)-\frac{b}{a}\right)e^{-ak}+\frac{b}{a} \qquad k=1, 2, \cdots, n \tag{3}$$

而且

$$\hat{x}^{(0)}(k+1)=\hat{x}^{(1)}(k+1)-\hat{x}^{(1)}(k) \qquad k=1, 2, \cdots, n \tag{4}$$

式(4)即为预测的计算式。

使用残差法来检验预测值。令残差为 $\varepsilon(k)$，计算

$$\varepsilon(k)=\left|\frac{x^{(0)}(k)-\hat{x}^{(0)}(k)}{x^{(0)}(k)}\right| \qquad k=1, 2, \cdots, n$$

如果 $\varepsilon(k)<0.2$，则可认为达到一般要求；如果 $\varepsilon(k)<0.1$，则可认为达到较高的要求。

3.3.2　对 $\delta(m, t)$ 和 $s_1(n-1)$ 进行灰色预测

1) 计算 $\delta(m, t)$ 并检验

(1) 计算。

根据中国人口统计年鉴中的统计数据，我们对城市各年份男性出生所占比率情况用 Excel 作图给出，见图 1。

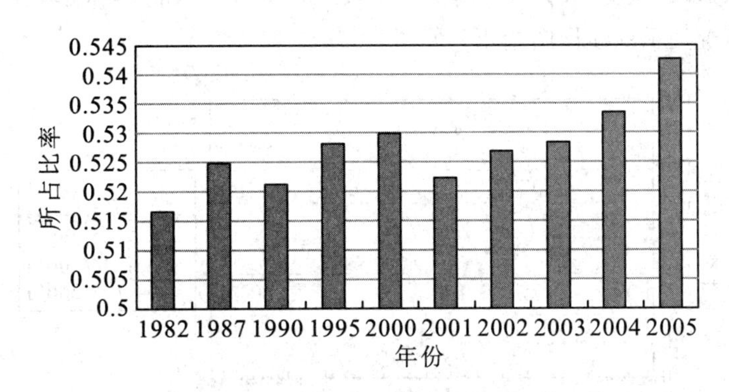

图 1　历年城市男性出生所占比率

观察图 1，可以发现男性出生比率有一定的波动，但大致呈上升趋势。所以对 $\delta(m, t)$ 在 $t=2006, 2007, \cdots$ 的值，我们采用灰色预测模型 GM(1, 1)对未来男性出生率进行预测。根据表 1，我们可以得到初始 $\boldsymbol{x}_0$ 矩阵如下：

表 1　历年城市男性出生所占比率

年份	1994	1995	1996	1997	1998	1999	2000	2001	2002	2003	2004	2005
比率	0.533 843	0.5281	0.527 589	0.5211	0.5253	0.5244	0.530 51	0.522	0.526 896	0.5284	0.533 66	0.543

$$\boldsymbol{x}_0=[0.533843 \quad 0.5281 \quad 0.527589 \quad 0.5211 \quad 0.5253 \quad 0.5244 \quad 0.53051 \quad 0.522 \quad 0.526896 \quad 0.5284 \quad 0.53366 \quad 0.543]$$

根据灰色预测的原理，我们用 MATLAB 编程(见数字课程网站)，得到 2006 年到

2010 年的城市男性出生所占比率(见表 2)。

表 2 预测城市男性出生所占比率

年份	2005	2006	2007	2008	2009	2010
比率	0.527 345 3	0.527 329 6	0.527 316 9	0.527 306 4	0.527 297 5	0.527 29

(2) 检验。

下面对 $\delta(m, t)$的残差进行检验。

由于 2006 年的数据还未得到，在这里只能先将 2005 年也作为预测值，然后与真实值作比较得到残差，进行检验。计算得到的残差为 3.7274×10^{-5}，预测较为准确。

2) 计算 $s_1(m, t)$并检验

由于原题所给的数据是死亡率 $m(r, t)$的统计值，所以可由 $s(r, t)=1-m(r, t)$求得 $s(r, t)$。对于 $m(r, t)$的确定，我们用上述同样的方法来求解。

3.4 对年龄别生育率 $h(r, t)$的分析求解及检验

1) 计算 $h(r, t)$

根据中国人口统计年鉴中 2001—2005 年统计的数据，我们对城市育龄妇女的年龄别生育率的分布情况用 Excel 作图给出，见图 2。

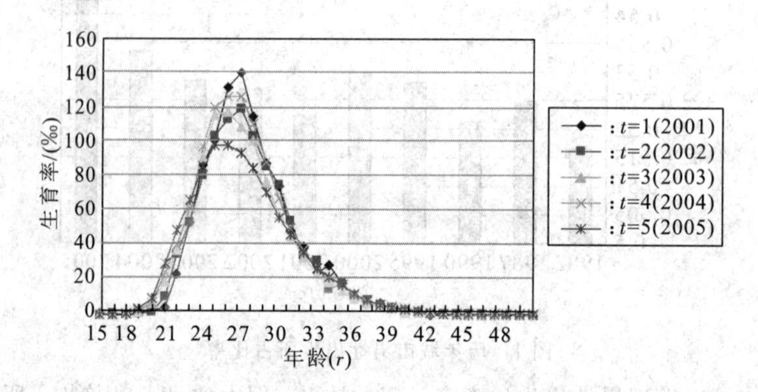

图 2 城市育龄妇女的生育率

观察图 2，可以发现在 $r=27$ 附近生育率最高，由此值向两边递减；生育率随时间有下降的趋势，但是在短期(3 年)内，下降不是很明显。综合分析这几年我国的发展情况，总体比较稳定，所以在短期预测时，我们假设生育率水平随时间不变。而且根据其分布可以借用概率论中的 Γ 分布来对其表示：

$$h(r)=\begin{cases}0 & r<r_1,\ r>r_2\\ \dfrac{(r-r_1)^{a-1}\mathrm{e}^{-\frac{r-r_1}{\theta}}}{\theta^a\Gamma(a)} & r_1\leqslant r\leqslant r_2\end{cases}\tag{5}$$

式中，$r_1=15$，$r_2=49$，并取 $\theta=2$，$a=n/2$。

根据 $h(r)$的表达式，我们可以近似得到 $h(r)$序列，见表 3。

表 3　城市女性年龄别生育率

年龄	生育率/(‰)	年龄	生育率/(‰)	年龄	生育率/(‰)	年龄	生育率/(‰)	年龄	生育率/(‰)	年龄	生育率/(‰)
1	0	16	0.03	31	35.398	46	0.326	61	0	76	0
2	0	17	0.496	32	26.42	47	0.258	62	0	77	0
3	0	18	1.708	33	20.918	48	0.252	63	0	78	0
4	0	19	5.596	34	16.912	49	0.352	64	0	79	0
5	0	20	17.208	35	11.066	50	0	65	0	80	0
6	0	21	36.63	36	7.97	51	0	66	0	81	0
7	0	22	58.56	37	6.276	52	0	67	0	82	0
8	0	23	86.754	38	4.496	53	0	68	0	83	0
9	0	24	105.926	39	3.218	54	0	69	0	84	0
10	0	25	115.082	40	2.288	55	0	70	0	85	0
11	0	26	115.514	41	1.342	56	0	71	0	86	0
12	0	27	100.87	42	0.98	57	0	72	0	87	0
13	0	28	80.38	43	0.57	58	0	73	0	88	0
14	0	29	64.866	44	0.438	59	0	74	0	89	0
15	0	30	48.174	45	0.314	60	0	75	0	90	0

2）检验

在这里我们用 $s(t)$ 表示 $h(r)$ 相对于 $h(r,t)$ 的偏差（$t=2001\sim2005$），令

$$s(t)=\sqrt{\frac{[h(r)-h(r,t)]^2}{n}}$$

然后得到如表 4 所示的标准偏差。

表 4　2001—2005 年 $h(r)$ 的偏差检验

年份	2001	2002	2003	2004	2005
标准偏差/(‰)	6.380 249	3.318 08	3.048 952	3.871 749	7.276 267

可以发现在偏差置信度为 0.05 的情况下，都可以通过检验。

3.5　计算 $b_1(t)$ 并进行误差分析

1）计算 $b_1(t)$

根据 $b_1(t)=\sum\limits_{r=r_1}^{r_2} p_2(r,t)h(r,t)\delta(m,t)$，又由 3.3 节、3.4 节得到的 $\delta(m,t)$、$h(r,t)$，我们得到 $b_1(t)$ 的序列值，如表 5 所示。

表 5 城市男性出生人数预测值

年份	2001	2002	2003	2004	2005
预测值	—	1 473 211.3	1 379 460.7	1 561 200.6	1 537 152.3
年份	2006	2007	2008	2009	2010
预测值	1 585 000.8	1 558 144.1	1 545 704.8	1 538 477.2	1 501 508.1

2) $b_1(t)$的误差分析

2001—2005 年城市男性出生人数实际统计值如表 6 所示，预测值如表 5 中所示，$b_1(t)$的误差用下式计算：

$$误差=\frac{预测值-实际值}{实际值}\times 100\%$$

所得误差如表 7 所示。

表 6 2001—2005 年城市男性出生人数实际统计值

年份	2001	2002	2003	2004	2005
实际值	—	1 479 338	1 344 853	1 577 625	1 667 101

表 7 误差分析表

年份	2001	2002	2003	2004	2005
误差/(%)	—	−0.004 142	0.025 73	−0.010 411	−0.077 949

观察表 7，我们发现误差是比较小的，因此有理由相信预测方法的准确性。

3.6 计算 $g(r, t)$

由于人口的迁移比较复杂，统计的数据也未必准确，而且迁移率又是根据范围的不同而不同的，若对中国所有的城市进行统计，城市之间的相互迁移可以抵消，这大大减少了迁移的人数，因此我们暂且假设 $g(r, t)=0$。在后面对我国人口的城市化趋势中具体分析说明。

3.7 中国人口发展模型的建立

以城市男性为例，建立模型如下：

$$b_1(t)=\sum_{r=r_1}^{r_2} p_2(r, t)h(r, t)\delta(m, t)$$

$$\begin{cases} p_1(0, t+1)=b_1(t+1)+g_1(0, t+1) \\ p_1(1, t+1)=p_1(0, t)s_1(0, t)+g_1(0, t) \\ \vdots \\ p_1(n, t+1)=p_1(n-1)s_1(n-1, t)+g_1(n-1, t) \end{cases}$$

对城市女性、城镇男性和女性、乡村男性和女性可以用同样的方法建模，这里不再赘述。

3.8 模型的求解及误差分析

3.8.1 模型的求解

根据模型年龄滞后一年的移算方法，我们最终得到城市男性 2002—2010 年各年龄段的预测人数，见表 8(由于数据过多，这里只给出省略形式，详见数字课程网站)

表 8　城市男性各年龄段的预测人数

年　龄	2001	2002	2003	2004	2005
0	—	1 473 211.3	1 379 460.7	1 561 200.6	1 537 152.3
1	—	1 443 019	1 463 420	1 338 116	1 570 889
2	—	1 357 095	1 311 231	1 310 421	1 174 017
⋮	⋮	⋮	⋮	⋮	⋮
89	—	60 704.64	50 715.17	50 605.52	59 836.59
90	0	31 273.88	28 894.82	28 839.99	28 563.23
年　龄	2006	2007	2008	2009	2010
0	1 585 000.8	1 558 144.1	1 545 704.8	1 538 477.2	1 501 508.1
1	1 656 464	1 575 750	1 548 762	1 537 629	1 529 661
2	1 665 700	1 655 650	1 575 145	1 548 036	1 536 758
⋮	⋮	⋮	⋮	⋮	⋮
89	96 551.22	85 674.76	106 913.5	162 375.7	136 606.5
90	63 438.98	86 253.24	75 593.31	97 273.3	162 375.7

根据表 8，我们得到人口年龄结构发展变化趋势，如图 3 所示。图中的系列 1 到系列 9(从左至右)分别对应的是 2002—2010 年的人口情况，我们可以看到我国人口总体还保持增长趋势但增长率在降低，劳动年龄段人口(15～64 岁)占主导，说明我国还将处于一段人口红利区。

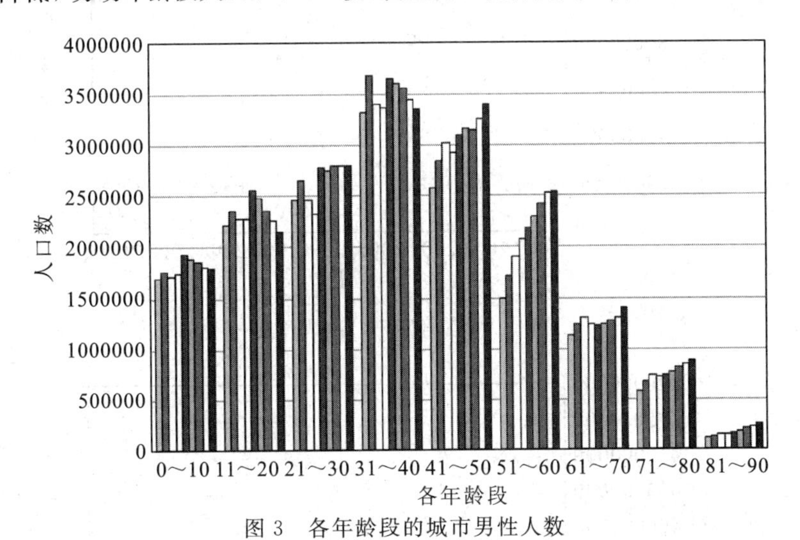

图 3　各年龄段的城市男性人数

3.8.2　$p_1(r, t)$的误差分析

通过与实际的 2001—2005 年的人口数进行对比分析，得到如表 9 所示的误差分析表。

表 9　误差分析表

年份	2001	2002	2003	2004	2005
误差/(%)	—	0.084 517	−0.009 05	−0.011 38	0.079 23

观察表 9，可以发现误差值在可接受范围内。

3.9 预测结果的综合分析

3.9.1 人口数

根据所建立的模型，城市男性、城镇男性、乡村男性的人口总数预测结果分别如图 4～图 6 所示，城市女性、城镇女性、乡村女性的人口总数预测结果分别如图 7～图 9 所示。

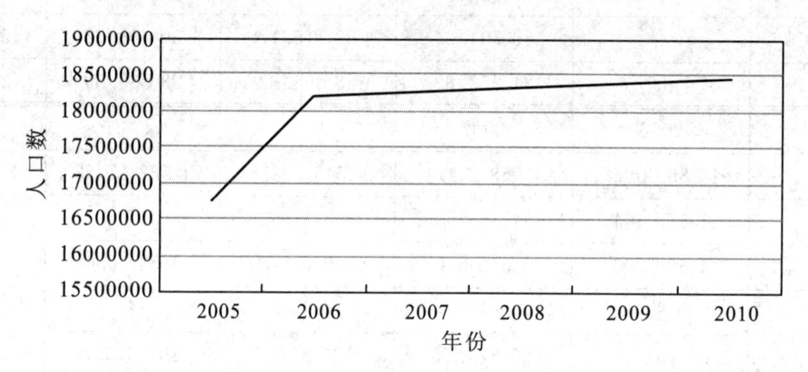

图 4 城市男性人口总数预测

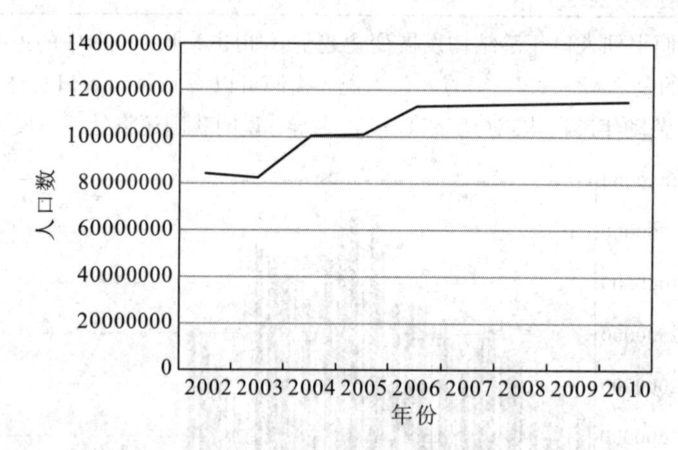

图 5 城镇男性人口总数预测

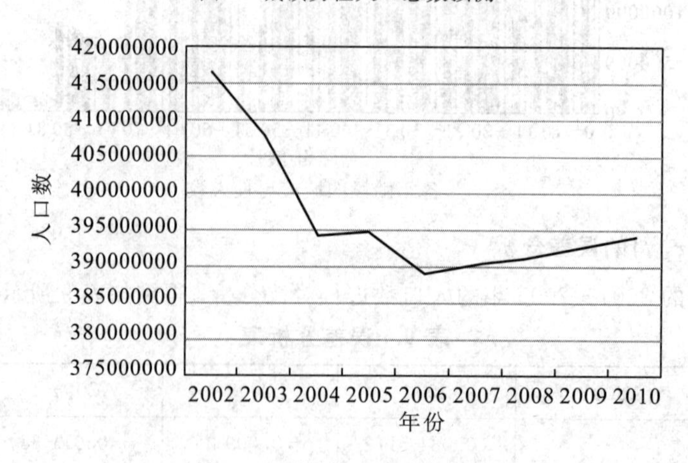

图 6 乡村男性人口总数预测

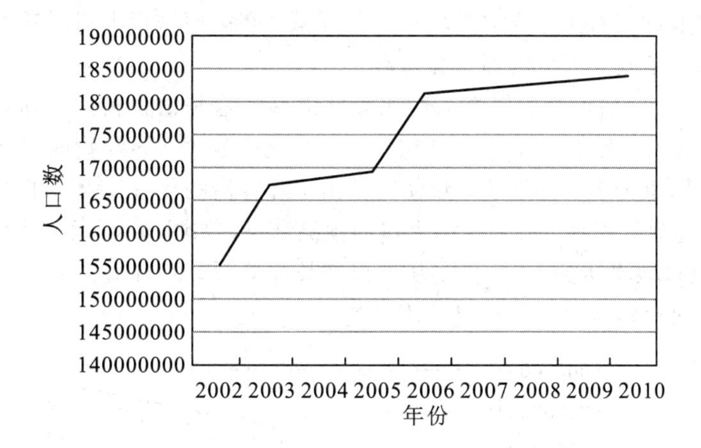

图 7　城市女性人口总数预测

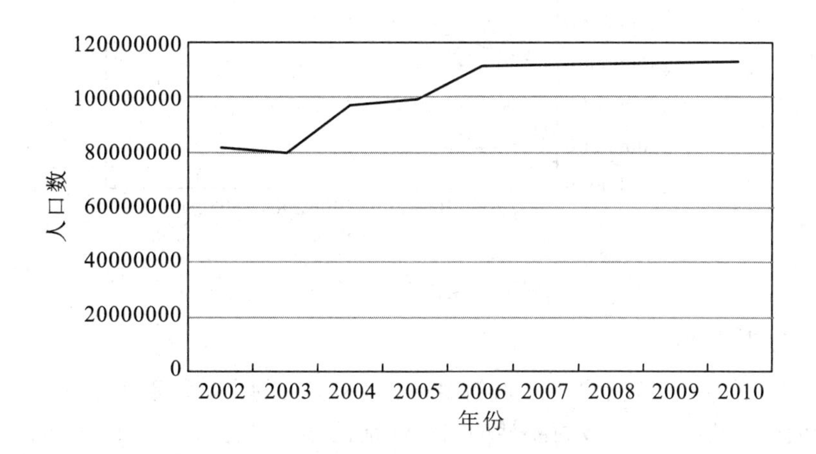

图 8　城镇女性人口总数预测

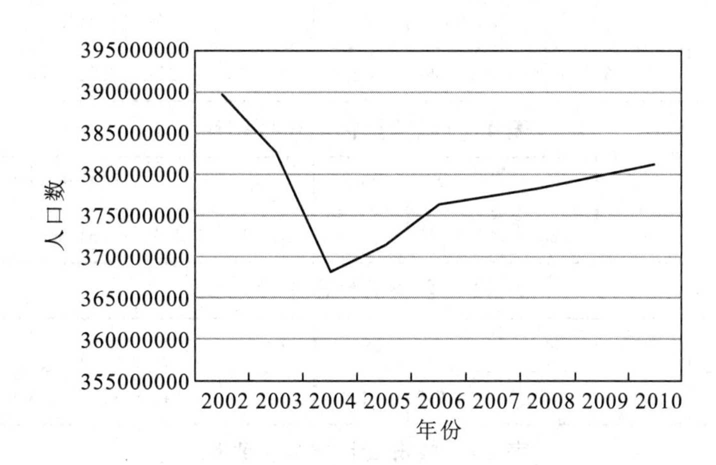

图 9　乡村女性人口总数预测

根据图 4～图 9，我们可以清楚地看到：

(1) 在人口地区分布上，目前我国人口主要分布在农村，并将在一定时期内维持。但是从农村人口发展的趋势上来看，其增长率是在减小的，而城市人口增长率的趋势是在增加的。这一点体现了我国人口的城市化进程。

(2) 在性别比上，目前我国男性人数比女性的多。这是由很多因素所导致的，包括生物因素、社会因素等。比如，由于Y染色体的结合概率较大，导致我国男性出生率比女性的高。再比如我国重男轻女的思想，致使男性出生和存活的概率比女性的大。

最后，将上述数据相加，得到全国人口的预测结果，如图10所示。我们可以发现，到2010年我国的人口数将达到13.7亿。从人口增长趋势看，人口增长率在降低。这与我国的宏观调控和人民生活水平的提高是分不开的。

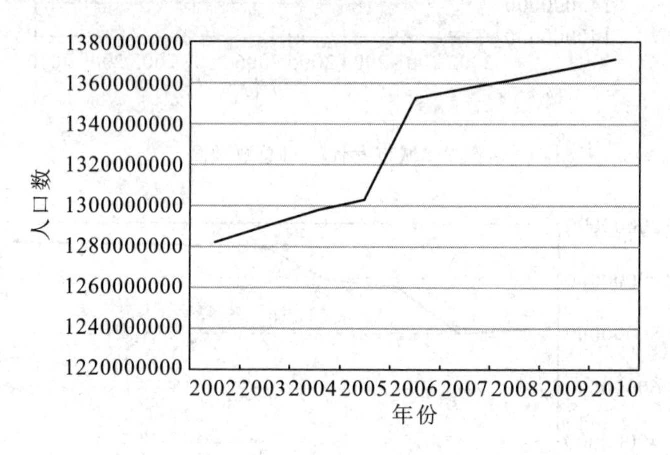

图10　全国人口总数预测

3.9.2　出生性别比

根据所建立的模型，城市男性、城镇男性、乡村男性的出生性别比分别如表10～表12所示，城市女性、城镇女性、乡村女性的出生性别比分别如表13～表15所示。

表10　城市男性出生性别比

年份	2001	2002	2003	2004	2005	2006	2007	2008	2009	2010
出生性别比	0.522171	0.526896	0.528435	0.533669	0.532536	0.527345	0.52733	0.527317	0.527306	0.527298

表11　城镇男性出生性别比

年份	2001	2002	2003	2004	2005	2006	2007	2008	2009	2010
出生性别比	0.53708	0.551811	0.525999	0.559277	0.539616	0.54094	0.540901	0.540869	0.540842	0.54082

表12　乡村男性出生性别比

年份	2001	2002	2003	2004	2005	2006	2007	2008	2009	2010
出生性别比	0.54042	0.549773	0.547306	0.549975	0.547941	0.545995	0.545968	0.545947	0.545929	0.545914

表13　城市女性出生性别比

年份	2001	2002	2003	2004	2005	2006	2007	2008	2009	2010
出生性别比	0.477829	0.473104	0.471565	0.466331	0.467464	0.472647	0.472662	0.472675	0.472686	0.472695

表 14　城镇女性出生性别比

年份	2001	2002	2003	2004	2005	2006	2007	2008	2009	2010
出生性别比	0.46292	0.448189	0.474001	0.440723	0.460384	0.459007	0.459049	0.459084	0.459112	0.459136

表 15　乡村女性出生性别比

年份	2001	2002	2003	2004	2005	2006	2007	2008	2009	2010
出生性别比	0.45958	0.450227	0.452694	0.450025	0.452059	0.454005	0.454032	0.454053	0.454071	0.454086

男性出生率比女性的高，在地区分布上又呈明显的区域特性，乡村的男性出生率最大，城镇其次，最后是城市。这在一定程度上也反映了乡村的教育水平比较落后，封建思想还严重地存在。

3.9.3　老龄人口比率

根据所建立的模型，城市男性、城镇男性、乡村男性的老龄人口比率如表16～表18所示，城市女性、城镇女性、乡村女性的老龄人口比率如表19～表21所示。

表 16　城市男性老龄人口比率

年份	2002	2003	2004	2005	2006	2007	2008	2009	2010
老龄人口比率	0.115707	0.118907	0.12837	0.124188	0.114344	0.118604	0.123408	0.12837	0.134976

表 17　城镇男性老龄人口比率

年份	2002	2003	2004	2005	2006	2007	2008	2009	2010
老龄人口比率	0.000312	0.000283	0.00028	0.000482	0.000443	6.96×10^{-5}	2.72×10^{-5}	0.000153	0.000103

表 18　乡村男性老龄人口比率

年份	2002	2003	2004	2005	2006	2007	2008	2009	2010
老龄人口比率	0.069669	0.072302	0.074304	0.080896	0.092929	0.095683	0.098516	0.102104	0.10581

表 19　城市女性老龄人口比率

年份	2002	2003	2004	2005	2006	2007	2008	2009	2010
老龄人口比率	0.091837	0.098042	0.10327	0.097855	0.093935	0.09795	0.101559	0.10572	0.110024

表 20　城镇女性老龄人口比率

年份	2002	2003	2004	2005	2006	2007	2008	2009	2010
老龄人口比率	0.00115	0.001035	0.000742	0.001502	0.001165	0.000128	0.000278	0.000377	0.000498

表 21 乡村女性老龄人口比率

年份	2002	2003	2004	2005	2006	2007	2008	2009	2010
老龄人口比率	0.080277	0.082536	0.084477	0.091311	0.101736	0.104494	0.107547	0.110808	0.114811

从表 16～表 21 可以看出，老龄人口所占比率有明显的上升趋势。

(1) 在地区分布上，可以看到城市的老龄人口所占比率比城镇和乡村的大，这是地区的生活水平差异所造成的结果。城市的生活水平比城镇和乡村的高，所以城市的人寿命较长，由此得到城市老龄人口比率比城镇和乡村的大的预测结果。

(2) 在性别差异上，女性的老龄人口所占比率要比男性的大。

3.9.4 全国人口死亡率和出生率

根据所建立的模型，全国人口死亡率和出生率分别如表 22、表 23 所示。

表 22 全国人口死亡率

年份	2001	2002	2003	2004	2005	2006	2007	2008	2009	2010
死亡率/(‰)	6.43	6.41	6.4	6.42	6.51	6.4506	6.4493	6.4486	6.4481	6.4478

表 23 全国人口出生率

年份	2001	2002	2003	2004	2005	2006	2007	2008	2009	2010
出生率/(‰)	14.03	13.38	12.86	12.41	12.29	12.5145	12.5324	12.5436	12.5511	12.5563

从表 22 可以看出，全国人口死亡率在逐年减少，这说明随着科学技术的发展，我国的卫生医疗水平和设施在逐年提高和改进，人的生活水平也在逐年提高。

从表 23 可以看出，全国人口出生率也在逐年减少，这说明我国的计划生育政策是功不可没的，再加上生活水平的提高，国人的意识和思想觉悟已经有了一定的改变。

综合上面全国人口死亡率和出生率，可以看到我国人口正在向低出生率、低死亡率、低增长率的方向迈进。

4 连续中国人口发展模型

4.1 参数说明

在建立连续中国人口发展模型的过程中，对用到的参数作如下说明：

$F(r, t)$——人口分布函数；

$p(r, t)$——人口密度函数；

$\mu(r, t)$——死亡率；

$p_0(r)$——初始人口密度函数；

$f(t)$——单位时间生育率；

$\beta(t)$——总和生育率；

$b(r, t)$——单位时间每人生育数；

$h(r, t)$——生育模式。

4.2　模型的建立

预测人口数量无非是想要求得一种函数，将时间代入后可以得到相应的人口数。这里假设有此种函数 $F(r, t)$，它表示在 t 时刻年龄小于 r 的人口数量。可以知道，$F(r, t)$是随 r 增大的非递减函数。

对 $F(r, t)$取导数，将其定义为人口密度函数：

$$p(r, t)=\frac{\partial F(r, t)}{\partial r}$$

则 $p(r, t)\mathrm{d}r$ 表示 t 时刻年龄在$[r, r+\mathrm{d}r]$内的人数。

记 $\mu(r, t)$为 t 时刻年龄为 r 的人的死亡率，则 $\mu(r, t)p(r, t)\mathrm{d}r$ 表示 t 时刻年龄在$[r, r+\mathrm{d}r]$内单位时间的死亡人数。

为了得到 $p(r, t)$应满足的方程，考察 t 时刻年龄在$[r, r+\mathrm{d}r]$的人到达 $t+\mathrm{d}t$ 时刻的情况。他们中活着的那一部分人的年龄变为$[r+\mathrm{d}r_1, r+\mathrm{d}r_1+\mathrm{d}r]$，这里 $\mathrm{d}r_1=\mathrm{d}t$。而在 $\mathrm{d}t$ 这段时间里死亡的人数为$\mu(r, t)p(r, t)\mathrm{d}r\mathrm{d}t$。于是

$$p(r, t)\mathrm{d}r-p(r+\mathrm{d}r_1, t+\mathrm{d}t)\mathrm{d}r=\mu(r, t)p(r, t)\mathrm{d}r\mathrm{d}t$$

两边同时除以 $\mathrm{d}r\mathrm{d}t$，得到

$$\frac{\partial p}{\partial r}+\frac{\partial p}{\partial t}=-\mu(r, t)p(r, t)$$

这是人口密度 $p(r, t)$的一阶偏微分方程，其中死亡率$-\mu(r, t)$为已知函数。

下面求定解条件：初始密度函数 $p(r, 0)=p_0(r)$，即是求原题附录表格中第一年的各年龄人数与年龄的关系。单位时间出生率 $p(0, t)=f(t)$，也称为婴儿出生人数，即 t 时刻年龄为 0 的人口数量。数学模型为

$$F(r, t)=\int_0^r p(s, t)\mathrm{d}s$$

$$\begin{cases}\dfrac{\partial p}{\partial r}+\dfrac{\partial p}{\partial t}=-\mu(r, t)p(r, t) & t, r>0\\ p(r, 0)=p_0(r)\\ p(0, t)=f(t)\end{cases}\tag{6}$$

这个连续中国人口发展模型描述了人口的演变过程，从该模型确定出密度函数 $p(r, t)$后，就可得到各个年龄段的人数，即人口分布函数。在社会安定的前提下，死亡率与时间关系并不明显，所以假设 $\mu(r, t)=\mu(r)$，则偏微分方程的解为

$$p(r, t)=\begin{cases}p_0(r-t)\mathrm{e}^{-\int_{r-t}^{r}\mu(s)\mathrm{d}s} & 0\leqslant t\leqslant r\\ f(t-r)\mathrm{e}^{-\int_0^r\mu(s)\mathrm{d}s} & t\geqslant r\end{cases}\tag{7}$$

下面对 $f(t)$做进一步分解。记女性性别比函数为 $k(r, t)$，即 t 时刻年龄在$[r, r+\mathrm{d}r]$的女性人数为$k(r, t)p(r, t)\mathrm{d}r$。将这些女性在单位时间内平均每人的生育数记作 $b(r, t)$，设育龄区间为$[r_1, r_2]$，则

$$f(t)=\int_{r_1}^{r_2}b(r, t)k(r, t)p(r, t)\mathrm{d}r$$

再将 $b(r, t)$ 定义为 $\beta(t)h(r, t)$，其中 $h(r, t)$ 满足$\int_{r_1}^{r_2} h(r, t)\mathrm{d}r = 1$，于是

$$\beta(t) = \int_{r_1}^{r_2} b(r, t)\mathrm{d}r$$

$$f(t) = \beta(t)\int_{r_1}^{r_2} h(r, t)k(r, t)p(r, t)\mathrm{d}r$$

$\beta(t)$的直接含义就是 t 时刻单位时间内平均每个女性的生育数。如果所有女性在其育龄期所及的时刻都保持这个生育数，那么 $\beta(t)$也表示平均每个女性一生的总和生育率。

模型中死亡率 $\mu(r, t)$、性别比函数 $k(r, t)$和初始人口密度函数 $p_0(r)$可以由人口统计资料直接获得，或在资料的基础上估计，而总和生育率 $\beta(t)$和生育模式 $h(r, t)$则是可以用于控制人口发展过程的两种手段。$\beta(t)$可以控制生育的多少，$h(r, t)$可以控制生育的早晚和疏密。我国的计划生育政策正是通过这两种手段实施的。

从控制论观点看，在模型的限制条件中，$p(r, t)$可视为状态变量，$p(0, t)=f(t)$可视为控制变量，$f(t)$是分布参数系统的边界控制函数。控制输入中含有状态变量，可形成状态反馈，$\beta(t)$可视为反馈增益，并且通常是一种正反馈。

4.3　模型的求解

1) 求死亡率

如图 11 所示，$\mu(r, t)$与时间 t 的关系不明显，故假设 $\mu(r, t)=\mu(r)$。

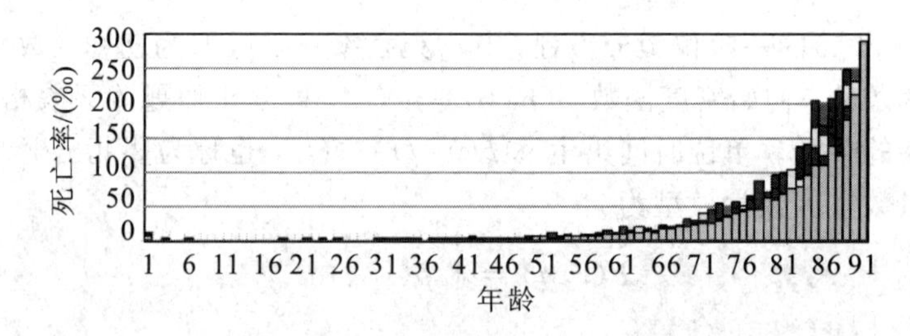

图 11　城市男性死亡率比较

实际上，可将 $\mu(r, t)$看作一个随机过程，t 取 2001～2005 五组数据时，可分别得到 μ 关于 r 的五条图线。如图 12 所示，r 取某值时的竖直线与该过程的图像取得了五个交点，其对应的 μ 值作为一组向量，称为“年龄随机向量”。

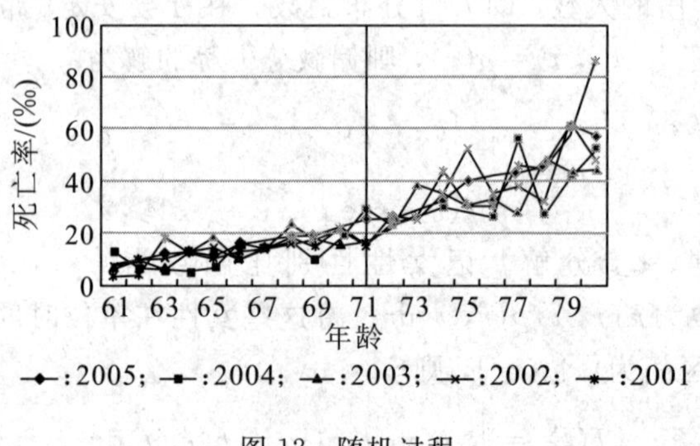

图 12　随机过程

令 r 取一定值，μ_{ij} 表示 r_i 时 t 取 j 时交点对应的 μ 值，则 $\bar{\mu}=\sum_{j=2001}^{2005}\mu_{ij}$。再将其对 r 进行拟合，得到“总体死亡率”$^*\mu(r)$。以城市男性总体死亡率(见图 13) 为例，拟合得到：

$$^*\mu(r)=0.0837\cdot e^{0.0970\cdot(r-9.9703)}$$

将其代入如下误差公式：

$$\gamma=\frac{1}{n}\sum_{i=1}^{n}\frac{^*\mu(r_i)-{}^*\mu_i}{^*\mu_i}$$

其中，$^*\mu_i$ 表示 r 取 $t\geqslant r$ 时对应的死亡率，求得误差为 1.8‰。

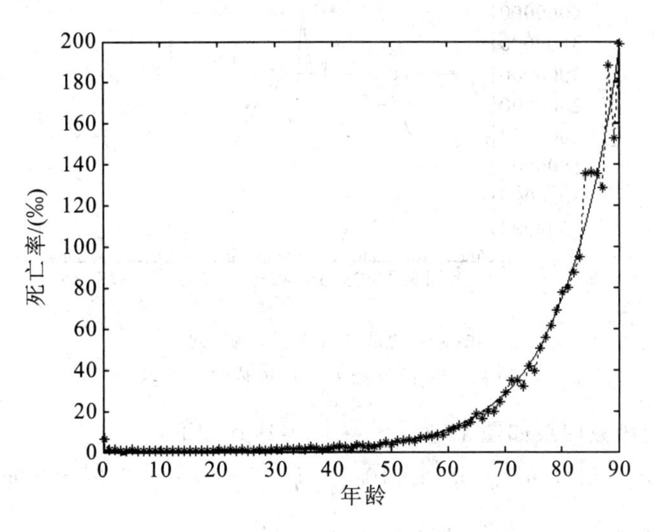

图 13　城市男性总体死亡率

2) 求总体死亡率

以男性总体死亡率(见图 14)为例，拟合得到：

$$\mu(r)=0.0723\cdot e^{0.0998\cdot(r-9.9838)}$$

求得误差为 3.3‰。

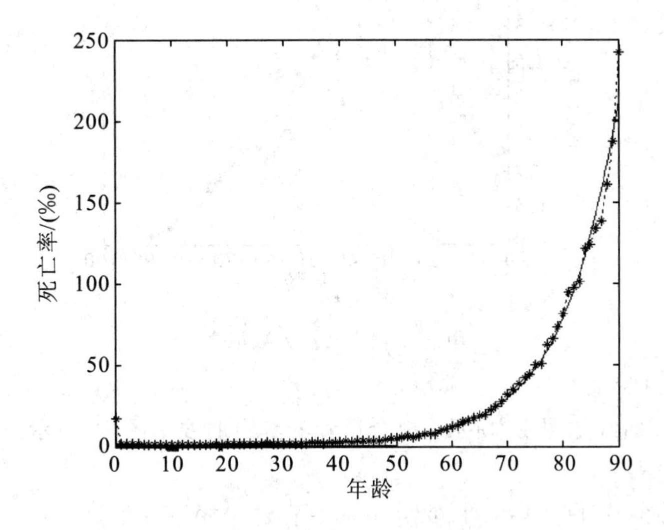

图 14　男性总体死亡率

3）求边界条件

求初始密度函数 $p_0(r)=p(r,0)$，即令 t 为 0，求得人口与年龄间的关系。这里以城市女性人口数为例。城市女性人口与年龄间的关系如图 15 所示，可见其由竖线分为两部分：右边部分为老年人群，在老年人群中，人数的波动变化不大，曲线比较光滑，可以采用高阶方程拟合；左边部分为非老年人群，整体上满足一个开口向下的抛物线形式，但波动比较剧烈，可以在高阶方程的基础上，用叠加波动项的方法拟合。

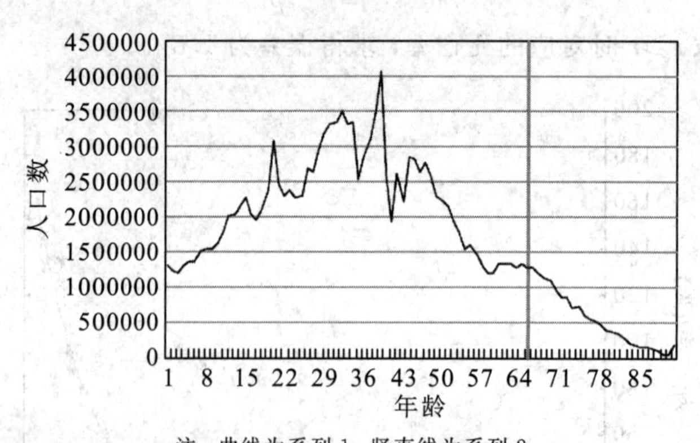

注：曲线为系列 1，竖直线为系列 2

图 15　城市女性人口与年龄间的关系

拟合后得到的函数曲线如图 16 所示，函数表达式如下：

$$p_0(r)=(1.17r^5-441.14r^4+6.76\cdot 10^4 r^3-5.22\cdot 10^6 r^2+2.01\cdot 10^8 r-3.09\cdot 10^9)$$

$$+(-300r^2+19760r-169390)\cdot \sin\left(\frac{2\pi}{5}r\right)$$

求得误差为 0.51573‰。

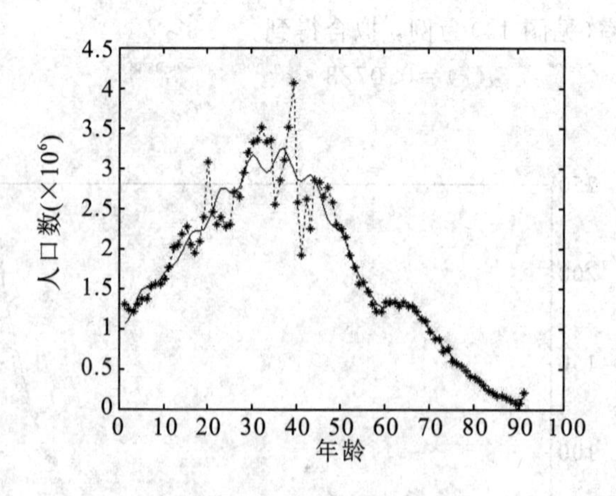

图 16　城市女性人数拟合

4）求初始人口密度

初始人口密度曲线如图 17 所示，拟合得到的函数曲线如图 18 所示。

拟合函数为

$$p_0(r)=247.30r^5-11996r^4+1.94\cdot 10^5 r^3-1.21\cdot 10^6 r^2+3.23\cdot 10^6 r-1.12\cdot 10^7$$

求得误差为 0.11972‰。

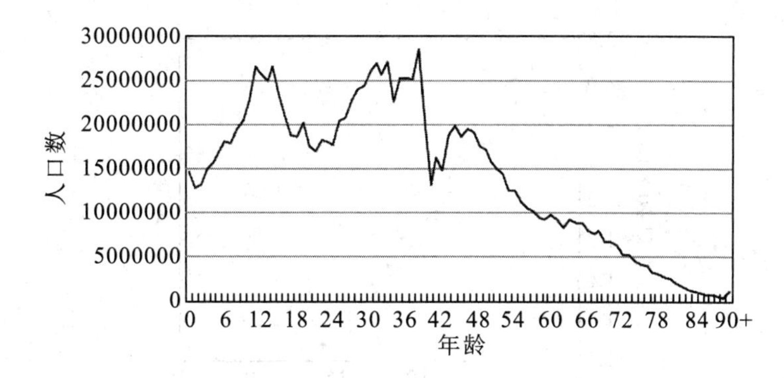

图17　初始人口密度

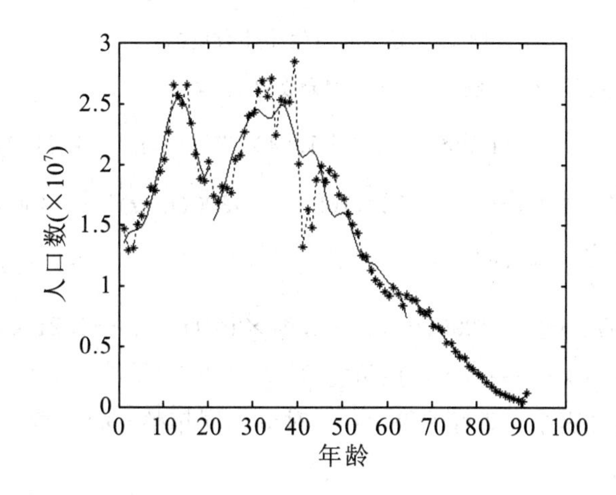

图18　初始人口密度拟合

5）求单位时间生育率

由 $f(t)=p(0, t)$知，$f(t)$为每年的新生婴儿数量，如图19所示，可用高阶方程拟合，拟合后得到的函数曲线如图20所示。

拟合函数为

$$f(r)=247.30r^5-11996r^4+1.94\cdot10^5r^3-1.21\cdot10^6r^2+3.23\cdot10^6r-1.12\cdot10^7$$

求得误差为0.78078‰。

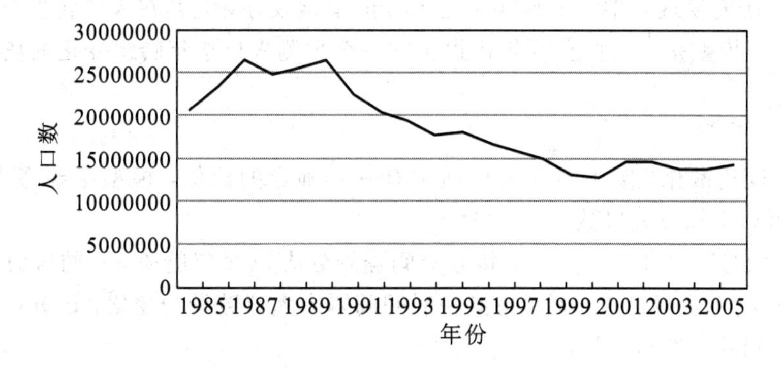

图19　每年的新生婴儿数量

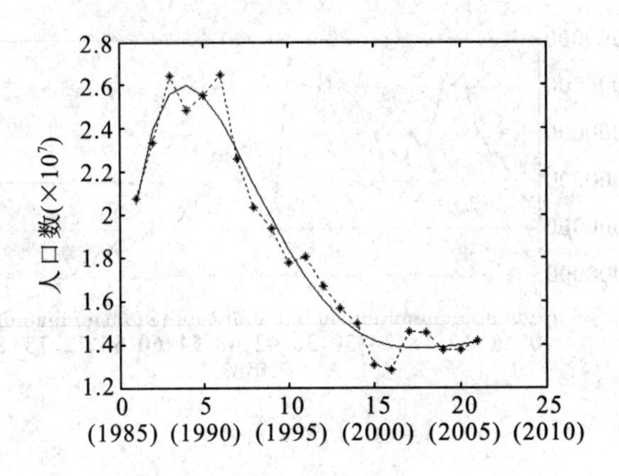

图 20 每年的新生婴儿数量拟合

将边界条件代入人口密度函数，求一阶偏微分方程：

$$p(r,t)=\begin{cases}\Big\{247.30(r-t)^5-11996(r-t)^4+1.94\times10^5(r-t)^3-1.21\times10^6(r-t)^2 \\ \quad +3.23\times10^6(r-t)+1.12\times10^7+\left[-4800(r-t)^2+414600(r-t)-7642500\right] \\ \quad \cdot\sin\left[\dfrac{2\pi}{7}(r-t)\right]\Big\}\cdot e^{-0.724e^{0.0998r-0.996}(1-e^{-0.099})} & 0\leqslant t\leqslant r \\ \left[247.30(t-r)^5-11996(t-r)^4+1.94\times10^5(t-r)^3-1.21\times10^6(t-r)^2\right. \\ \quad \left.+3.32\times10^6(t-r)+1.12\cdot10^7\right]\cdot e^{-(0.724e^{0.0998r-0.996}-0.267)} & t>r\end{cases}$$

将 t、r 的值代入方程中，即可求得对应 t 时刻不同年龄 r 的人数。对 2006—2009 年人口数预测如表 24 所示。

表 24 2006—2009 年人口数预测

年份	2006	2007	2008	2009
预测值/亿	13.187	13.258	13.339	13.401

5 长期 Leslie 预测模型

人口预测最常用到的模型有 Logistic 模型、Leslie 模型和线性回归模型，它们有着各自的优缺点。研究发现在中长期预测中用 Leslie 模型较好，尤其在人口转折时期。

Leslie 人口模型是 20 世纪 40 年代提出的一个预测人口按年龄组变化的离散模型。

5.1 模型的假设

(1) 将时间离散化，鉴于男女人口通常有一个确定的比例，模型主要考虑女性人口，由女性人口可以得知总人口数。

(2) 假设女性最大年龄为 S 岁，将其等间隔划分成 m 个年龄段，不妨假设 S 为 m 的整数倍，每隔 S/m 年观察一次，不考虑同一时间间隔内人口数量的变化；记 $n_i(t)$为第 i 个年龄组 t 次观察到的女性总人数，记

$$\boldsymbol{n}(t)=[n_1(t),\ n_2(t),\ \cdots,\ n_m(t)]$$

第 i 年龄组女性生育率为 b_i(注：所谓女性生育率指生女率)，女性死亡率为 d_i，记 $s_i=1-d_i$，

假设 b_i、d_i 不随时间变化。

(3) 不考虑生存空间等自然资源的制约，不考虑意外灾难等因素对人口变化的影响。

(4) 生育率仅与年龄段有关，存活率也仅与年龄段有关。

5.2　模型的建立

根据以上假设，可得到方程：

$$\begin{cases} n_1(t+1) = \sum_{i=1}^{m} b_i n_i(t) \\ \vdots \\ n_{i+1}(t+1) = s_i n_i(t) \quad i = 1, 2, \cdots, m-1 \end{cases}$$

将其写成矩阵形式，即

$$\boldsymbol{n}(t+1) = \boldsymbol{L}\boldsymbol{n}(t)$$

其中，

$$\boldsymbol{L} = \begin{bmatrix} b_1 & b_2 & \cdots & b_{m-1} & b_m \\ s_1 & 0 & \cdots & 0 & 0 \\ 0 & s_2 & \cdots & 0 & 0 \\ \vdots & \vdots & & \vdots & \vdots \\ 0 & 0 & \cdots & s_{m-1} & 0 \end{bmatrix}$$

记

$$\boldsymbol{n}(0) = [n_1(0), n_2(0), \cdots, n_m(0)]$$

假设 $\boldsymbol{n}(0)$ 和矩阵 $\boldsymbol{L}$ 已经由统计资料给出，则

$$\boldsymbol{n}(t) = \boldsymbol{L}^t \boldsymbol{n}(0) \quad t = 0, 1, 2, \cdots$$

为了讨论女性人口年龄结构的长远变化趋势，我们先给出如下两个条件：

(1) $s_i > 0$，$i = 1, 2, \cdots, m-1$；

(2) $b_i \geqslant 0$，$i = 1, 2, \cdots, m$，且 b_i 不全为零。

易见，对于人口模型，这两个条件是很容易满足的。在条件(1)、(2)下，下面的结果是成立的。

定理 1　矩阵 $\boldsymbol{L}$ 有唯一的单重的正的特征根 $\lambda = \lambda_0$，且对应的一个特征向量为

$$\boldsymbol{n}^* = \left[1, \frac{s_1}{\lambda_0}, \frac{s_1 s_2}{\lambda_0^2}, \cdots, \frac{s_1 s_2 \cdots s_{m-1}}{\lambda_0^{m-1}}\right]^{\mathrm{T}} \tag{8}$$

定理 2　若 λ_1 是矩阵 $\boldsymbol{L}$ 的任意一个特征根，则必有 $|\lambda_1| \leqslant \lambda_0$。

定理 3　若 $\boldsymbol{L}$ 第一行中至少有两个顺次的 b_i，$b_{i+1} > 0$，则

(1) 若 λ_1 是矩阵 $\boldsymbol{L}$ 的任意一个特征根，则必有 $|\lambda_1| < \lambda_0$；

(2) 满足以下关系式：

$$\lim_{t \to +\infty} \frac{\boldsymbol{n}(t)}{\lambda_0^t} = c\boldsymbol{n}^* \tag{9}$$

其中，c 是与 $\boldsymbol{n}(0)$ 有关的常数。

定理 1 至定理 3 的证明这里略去。由定理 3 的结论可知，当 t 充分大时，有

$$\boldsymbol{n}(t) \approx c\lambda_0^t \boldsymbol{n}^* \tag{10}$$

定理 4 记 $\beta_i=b_is_1s_2\cdots s_{i-1}$，$q(\lambda)=\frac{\beta_1}{\lambda}+\frac{\beta_2}{\lambda^2}+\cdots+\frac{\beta_m}{\lambda^m}$，则 λ 是 $\boldsymbol{L}$ 的非零特征根的充分必要条件为

$$q(\lambda)=1 \tag{11}$$

所以当时间充分大时，女性人口的年龄结构向量趋于稳定状态，即年龄结构趋于稳定形态，而各个年龄组的人口数近似地按 λ 倍的比例增长。由式(10)可得到如下结论：

(1) 当 $\lambda>1$ 时，人口数最终是递增的；

(2) 当 $\lambda<1$ 时，人口数最终是递减的；

(3) 当 $\lambda=1$ 时，人口数是稳定的。

根据式(11)，如果 $\lambda=1$，则有

$$b_1+b_2s_1+b_3s_1s_2+\cdots+b_ms_1s_2\cdots s_{m-1}=1$$

记

$$R=b_1+b_2s_1+b_3s_1s_2+\cdots+b_ms_1s_2\cdots s_{m-1} \tag{12}$$

R 称为净增长率，它的实际含义是每个妇女一生中所生女孩的平均数。当 $R>1$ 时，人口递增；当 $R<1$ 时，人口递减。

5.3 模型的求解

我们用 10 年间隔对女性人口进行分组。$S=90$，则 $i=0, 10, 20, \cdots, 90$，编号为 0～8 的年龄类所对应的年龄区分别为(0, 10]，(10, 20]，…，(80, 90]。2、3、4、5 组有生育能力，则

$$\boldsymbol{n}(t+1)=\boldsymbol{Ln}(t)$$

其中，

$$\boldsymbol{L}=\begin{bmatrix} 0 & b_2 & \cdots & 0 & 0 \\ s_1 & 0 & \cdots & 0 & 0 \\ 0 & s_2 & \cdots & 0 & 0 \\ \vdots & \vdots & & \vdots & \vdots \\ 0 & 0 & \cdots & s_8 & 0 \end{bmatrix}$$

通过 MATLAB 编程，求解得到的城市人口预测(单位：万人)如表 25 所示，城市人口增长率曲线如图 21 所示，城市人口预测曲线如图 22 所示。

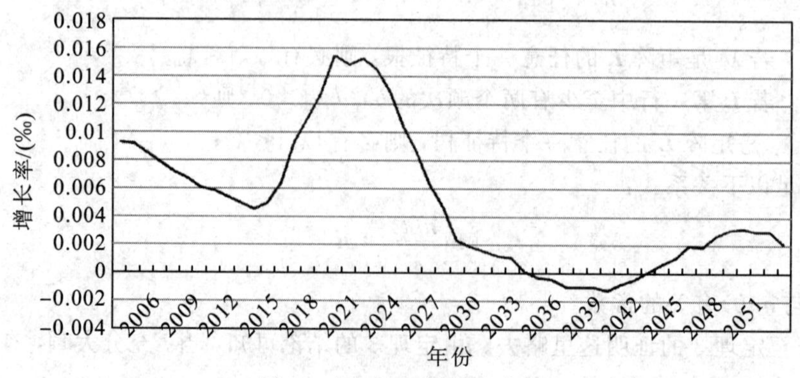

图 21 城市人口增长率曲线

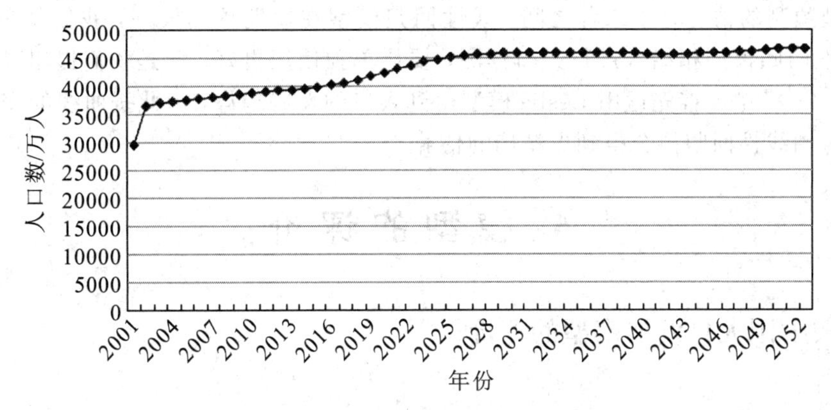

图 22　城市人口预测曲线

表 25　城市人口预测

年份	城市人口	增长率/(‰)	年份	城市人口	增长率/(‰)	年份	城市人口	增长率/(‰)
2001	29537.2	—	2019	41831	0.015587	2037	45895	−0.00096
2002	36530	0.236746	2020	42455	0.014917	2038	45850	−0.00098
2003	36869	0.00928	2021	43108	0.015381	2039	45795	−0.0012
2004	37207	0.009168	2022	43735	0.014545	2040	45758	−0.00081
2005	37526	0.008574	2023	44299	0.012896	2041	45739	−0.00042
2006	37822	0.007888	2024	44763	0.010474	2042	45746	0.000153
2007	38094	0.007192	2025	45150	0.008646	2043	45778	0.0007
2008	38352	0.006773	2026	45436	0.006334	2044	45831	0.001158
2009	38587	0.006127	2027	45648	0.004666	2045	45921	0.001964
2010	38815	0.005909	2028	45753	0.0023	2046	46010	0.001938
2011	39025	0.00541	2029	45839	0.00188	2047	46135	0.002717
2012	39219	0.004971	2030	45909	0.001527	2048	46278	0.0031
2013	39399	0.00459	2031	45965	0.00122	2049	46425	0.003176
2014	39598	0.005051	2032	46014	0.001066	2050	46563	0.002973
2015	39855	0.00649	2033	46019	0.000109	2051	46704	0.003028
2016	40226	0.009309	2034	46003	−0.00035	2052	46805	0.002163
2017	40669	0.011013	2035	45985	−0.00039			
2018	41189	0.012786	2036	45939	−0.001			

5.4　模型的改进

Logistic模型预测的误差较大，原因在于时间较长，人口数据变化大，必然出生率、死亡率变化大，因此误差较大且不稳定。线性回归模型在短期内精度最好，但对中长期外推预测，由于置信区间在扩大，误差较大，尤其在转折时期，函数形式发生变化，误差更大。

Leslie 模型预测的精度介于二者之间，线性回归模型在短期预测较好，我们如果将 Leslie 模型与线性回归模型相结合进行人口预测，要比单独使用更好，于是我们提出与线性回归结合的 Leslie 模型。首先运用 Leslie 模型得到人口的发展趋势，由此按曲线的变化将其分段，然后再用线性回归拟合得到更精确的估算。

6 模型的评价

6.1 离散中国人口发展模型的评价

1) 优点

(1) 将宋健人口发展模型中 $p(0, t+1)=s(0, t)b(t)+g(0, t)$项，结合实际情况修正为 $p(0, t+1)=s(0, t+1)b(t+1)+g(0, t+1)$，通过用两个模型预测的 2002—2005 年出生人数与实际人数进行比较，验证了改进后的模型的准确性。

(2) 对性别比引进了时间参数 t，然后用灰色预测模型对出生的性别比 $\delta(f, t)$和 $\delta(m, t)$进行了预测。对存活率也作了同样处理，使模型更精确的同时也突显了时间趋势。

(3) 结合多种方法的特点，对前人的方法进行灵活组合运用和改进。

2) 缺点

最后得到的预测人口数目偏大，与我国的战略目标有一定的差值。

6.2 连续中国人口发展模型的评价

1) 优点

(1) 此模型建立在控制论的基础上，对实际情况有较为周全的考虑，而且对于人口的实际控制有着很强的理论指导价值。

(2) 精度较高，误差基本都在 1‰以内，适合短期预测。

2) 缺点

用回归方法拟合参数无法找出数据本质上的关联，且此方法过于依赖数据，不能进行长期预测。

6.3 长期 Leslie 预测模型的评价

Leslie 模型有较高的精度，能很好地处理人口转折时期的变化，适合长期预测。改进的 Leslie 模型能在原 Leslie 模型的基础上进一步提高预测精度。但对于长期预测，所有模型都很难克服数据的缺失所带来的误差问题，而且长期的发展还与诸多非自然因素有关，因此很难保证其预测的准确度。

参考文献

[1] 姜启源，谢金星，叶俊．数学模型[M]．北京：高等教育出版社，2003.
[2] 马宾．中国人口控制：实践与对策[M]．北京：中国国际广播出版社，1990.
[3] 李永胜．人口预测中的模型选择与参数认定[J]．财经科学，2004(2)：68－72.

[4] 迟灵芝．灰色组合模型在人口预测中的应用[J]．本溪冶金高等专科学校学报，2002，4(2)：38－39.
[5] 宋健，于景元．人口控制论[J]．软件学研究，1989(1)：1－7.
[6] 李华中．人口预测的一种综合分析方法[J]．江苏石油化工学院学报，1999，11(2)：52－55.
[7] 曾大洪．考虑年龄结构的女性模型[J]．韶关大学学报，1998，19(3)：72－79.
[8] Lislie 人口模型．http：//jwc. seu. edu. cn/jpkc/declare/2006smsy/，2007－09.

论 文 点 评

该论文获得 2007 年“高教社杯”全国大学生数学建模竞赛 A 题一等奖。

1. 论文采用的方法和步骤

该论文通过建立离散中国人口发展模型和连续中国人口发展模型，对中国人口进行中短期预测。首先，根据中国人口发展所呈现的出生人口性别比持续升高、老龄化进程加速的特点建立离散中国人口发展模型，对出生人口性别比和各年龄段死亡率等参数进行动态化处理，得到人口结构预测。然后，根据我国人口的特色，将影响人口数量的参数进行分段拟合，以区分劳动力与非劳动力的不同波动，建立连续中国人口发展模型，预测未来人口数量。最后，建立长期 Leslie 预测模型，预测人口的长期趋势。

2. 论文的优点

该论文的最大优点是根据所给数据特点，通过修改离散中国人口发展模型，按性别预测人口结构分布，并动态化预测处理模型中各参数，整个问题的讨论、求解比较全面。

3. 论文的缺点

该论文的缺点是没有注意到农村人口城镇化及在所给报告中提到的“由于 20 世纪 80 年代至 90 年代第三次出生人口高峰的影响”，导致在 2005—2020 年出生人口数量会“出现一个小高峰”。这需要考虑人口增长的迟滞效应。如果模型中适当引进迟滞项，预测结果会更好。

第2篇　乘公交，看奥运[1]

队员：乌耀益(电子信息工程)，胡东科(软件工程)，单兴(数学与应用数学)
指导教师：数模组

摘　要

本文处理的是公交线路选择的问题，需要分别针对以下三个问题进行最优线路的选择：问题一，只考虑公共汽车线路；问题二，同时考虑公共汽车线路和地铁线路；问题三，同时考虑乘交通工具和步行。在现实生活中，一般没有人会希望换乘太多次，故本文在解决问题时把换乘次数限制在了两次的范围内，求解结果都给出了直达、换乘一次和换乘两次的最优线路这三个解，供乘客选择。

本文首先建立了合理的存储结构，采用顺序容器和结构体进行数据构架。顺序容器的这种数据结构可有效地避免用数组保存所带来的增减元素和考虑数组大小的麻烦，也可有效地避免用稀疏矩阵保存线路关系所带来的存储空间浪费。

对于问题一，本文建立了多目标的数学模型，给出了搜索算法，并编程求得了结果。在算法设计时，引入了可以被反复调用的站点直达判断函数，有效地降低了编程的难度，同时也使计算效率得到了提高。

对于问题二，将地铁站点和由地铁站点联系起来的公共汽车站点进行了等价处理，使它们之间的换乘关系都能得以描述。然后，建立了数学模型，给出了搜索算法，并编程得到了结果。

对于问题三，定义了步行的极限时间，对步行范围内的公共汽车站点和地铁站点进行了处理，使它们之间也能换乘，只不过换乘时间要根据步行时间重新计算。通过控制步行的极限时间，可以有效地控制步行范围，极限情况下问题三可以退化为问题二。然后，建立了数学模型，并在原搜索算法的基础上主要通过改变站点直达判断函数给出了新的搜索算法，使搜索算法在考虑步行时也能发挥作用。

在设计搜索算法时，对于直达线路采取直接判断，对于换乘一次线路采取单向搜索，对于换乘两次线路采取双向搜索。其中，搜索算法的核心技术在于站点直达判断函数的复用。

关键词：顺序容器；多目标模型；程序调用；布尔函数；双向搜索

1　问题重述

我国人民翘首企盼的第29届奥运会将于2008年8月在北京举行，届时将有大量观众

---

[1] 此题为2007年“高教社杯”全国大学生数学建模竞赛B题(CUMCM2007—B)，此论文获该年全国一等奖。

到现场观看奥运比赛，其中大部分人将会乘坐公共交通工具(简称公交，包括公共汽车、地铁等)出行。这些年来，北京市的公交系统有了很大发展，公交线路已达 800 条以上，使得公众的出行更加通畅、便利，但同时也面临着多条线路的选择问题。针对市场需求，某公司准备研制开发一个解决公交线路选择问题的计算机自主查询系统。

设计这样一个系统的核心是如何建立线路选择的模型与算法，设计过程中应该从实际情况出发，以满足查询者的各种不同需求。需要解决如下问题：

问题一，仅考虑公共汽车线路，给出任意两公共汽车站点之间线路选择的一般数学模型与算法。

问题二，同时考虑公共汽车线路和地铁线路，给出任意两站点之间线路选择的数学模型与算法。

问题三，同时考虑乘交通工具和步行，假设又知道所有站点之间的步行时间，给出任意两站点之间线路选择的数学模型与算法。

2 问题分析

本文要处理的问题是公交乘车最佳路线的选择问题。对于三个问题，分别只考虑公共汽车一种交通工具，考虑公共汽车和地铁两种交通工具，最后把步行也考虑进来。

寻找一条最佳路线的问题就是在公交网络各种不同的换乘或直达路线中找到一条最佳的路线。笔者认为，对于乘客而言，“最佳”是可以有多方面因素的，有的乘客希望能够尽快地到达目的地，有的乘客则希望可以尽量地省钱。但有一点，乘客都不会希望换乘的次数太多。例如，为了花的钱尽量少，可能要换乘好几次，或是十几次才能到达目的地，这显然是不合适的。就换乘次数而言，一般不大于两次。因为换乘对乘客而言是一件相当麻烦的事情，要乘客记住所有换乘的车次、换乘的站点，还要考虑换乘车辆能否很快到达等等，所以，经过综合考虑，本文提出了下面的模型假设。

3 模型假设

在建立模型的过程中，有以下三点假设：

(1) 公共汽车、地铁的行驶都是匀速的，同类交通工具相邻站点的间距是相同的。

(2) 上下公共汽车、地铁的时间间隙忽略不计。

(3) 不考虑需要换乘两次以上的乘车路线，除非在换乘两次及以下的路线中不存在能到达目的地的乘车路线。

4 变量声明

对本文中用到的变量作如下说明：

s_i——站点(包括公共汽车站点和地铁站点)；

L_i——交通工具(包括公共汽车和地铁)；

$t(s_i, s_j)$——站点 s_i 到 s_j 所需花费的时间(分钟)；

$w(s_i)$——在站点 s_i 换乘所需花费的时间(分钟)；

$g(s_i, s_j)$——乘同一交通工具从站点 s_i 直达站点 s_j 经过的站点数(包括 s_j)；

$f(s_i, s_j)$——乘同一交通工具从站点 s_i 直达站点 s_j 所需的费用(元)；

C——给定任意两个站点后，以它们为起止点的路线的集合；

c_i——给定任意两个站点后，以它们为起止点的一条路线；

$T(c_i)$——路线 c_i 上所花费的时间(分钟)；

$F(c_i)$——路线 c_i 上所需的费用(元)。

5 数据构架

5.1 数据预处理

为了在程序设计和求解过程中尽可能地降低时间复杂度，使想得到的结果尽快地呈现在使用该系统的用户面前，我们在将数据输入到程序前，首先对原始数据进行预处理，使之适合程序的输入要求。

采用 EditPlus 2 软件进行替换操作，可非常方便地得到我们想要的数据，处理过程如下：

(1) 用字母标记“R”替换汉字“分段计价”；

(2) 用字母标记“Y”替换汉字“单一票制 1 元”；

(3) 用字母标记“F”替换汉字“上行”；

(4) 用字母标记“B”替换汉字“下行”；

(5) 用字母标记“C”替换汉字“环形”；

(6) 用结束标记“E”替换结束符“END”，无“END”则手动加入结束标记“E”；

(7) 去掉符号“。”“：”“-”和地铁数据中的“票价 3 元，本线路使用，并可换乘 T2”，如果去掉后使前后数据连在一起，则在它们之间插入空格；

(8) 原路返回的路线，在始发站的数据前插入字母标记“X”；

(9) 将“字母＋数字”的数据中间插入一个空格变为“字母＋空格＋数字”。

[举例一]

处理前如下：

L001

分段计价。

S0619-S1914-S0388-S0348-S0392-S0429-S0436-S3885-S3612-S0819-S3524-S0820-S3914-S0128-S0710

处理后如下：

L 001

R

X S 0619 S 1914 S 0388 S 0348 S 0392 S 0429 S 0436 S 3885 S 3612 S 0819 S 3524 S 0820 S 3914 S 0128 S 0710

[举例二]

处理前如下：

L425

单一票制 1 元。

环行：S1042-S0130-S3019-S0969-S3741-S1963-S3741-S3019-S0477-S1042

处理后如下：

L 425

Y

C S 1042 S 0130 S 3019 S 0969 S 3741 S 1963 S 3741 S 3019 S 0477 S 1042

[举例三]

处理前如下：

L520

单一票制 1 元。

上行：S0600-S2861-S0601-S2365-S2634-S1284-S1644-S1643-S2028-S3221-S1344-S2645-S1848

下行：S1848-S2645-S1344-S3221-S2028-S1643-S1644-S1284-S2634-S2365-S2796-S2861-S2027-S0600

END

处理后如下：

L 520

Y

F S 0600 S 2861 S 0601 S 2365 S 2634 S 1284 S 1644 S 1643 S 2028 S 3221 S 1344 S 2645 S 1848

B S 1848 S 2645 S 1344 S 3221 S 2028 S 1643 S 1644 S 1284 S 2634 S 2365 S 2796 S 2861 S 2027 S 0600

E

5.2　存储结构

在进行程序设计前，事先构架一个良好的存储结构，无疑将对整个程序设计起到至关重要的作用，特别是在这种大数据量的问题前更显得尤为重要，所以在对如何构架进行了多次尝试后，我们得到了一个理想的存储结构形式。

根据本文的数据，我们可以得知此数据不仅属于大数据量，而且线路的长度不同，差别比较大，若用数组来存储的话，无疑将使数组的开销非常大，会造成严重的空间浪费，而且还需手动统计线路的长度，而这些问题用 Vector 顺序容器就能得到很好的解决。

因此，本文采用结构体和 Vector 顺序容器相结合的数据结构。Vector 顺序容器类似于栈和一维数组，但功能比栈和数组都强大得多，它不仅是自增长的，无须知道输入数据的多少，可以通过自身的 push_back()函数和 pop_back()函数进行无限量的插入删除操作，而且通过调用 size()函数可很方便地知道它存储数据的多少，无需用数字单独记录，特别适合于本文的数据结构设计，这样我们就无需手动计算各个线路的长度。

数据组织用文字表述如下：

- 所有站点
  - 通过站点 1 的车辆
    - 车辆 1
    - ⋮
    - 车辆 m
  - ⋮
  - 通过站点 n 的车辆
    - 车辆 1
    - ⋮
    - 车辆 m

- 所有车
  - 车{上行路线，下行路线}
  - ⋮
  - 车{上行路线，下行路线}

将上述数据组织转换为代码如下：

问题一的存储结构定义

```
typedef struct
{
      char F_B;
      int i;
      int num;
}car;


vector< vector<car> > station(3958);

struct node
{
      vector<int> forward;
      vector<int> backward;
      char R_Y;
      char X_FB_C;
}Car[521];
```

问题二的存储结构定义

```
typedef struct
{
      char F_B;
      int i;
      int num;
      char C_R;
}tool;

vector< vector<tool> > station(4000);

struct node
{
      vector<int> forward;
      vector<int> backward;
      char R_Y;
      char X_FB_C;
      char C_R;
}Tool[523];

vector< vector<int> > Link(40);
```

由于问题二在问题一的基础上考虑了地铁线路，且比问题一的数据构架定义更具有代表性，因此我们以问题二的数据结构定义为例来进行文字说明。

(1) 结构体 tool 定义了程序设计中经过站点时要用到的交通工具的部分属性集，其属性有属于上行路线或下行路线的标记 F_B、交通工具在站点上的序号 i(程序中我们按交通工具的路线先后顺序进行了标号)、交通工具的编号 num、属于哪种交通工具的标记 C_R。

(2) 容器 station 定义了所有站点的集合，其属性 vector〈tool〉表示经过某个站点的交通工具 tool 的总和。

(3) 结构体 Tool 定义了一个完整的交通工具的属性集，其属性有上行路线 forward、下行路线 backward、计价方式的标记 R_Y、行车方式的标记 X_FB_C(其中环形的行车方式归于上行路线，下行路线为空，原路返回的上行路线和下行路线正好相反)、属于哪种交通工具的标记 C_R。

(4) 容器 Link 定义了与每个地铁站点邻接的公共汽车站点的集合，其属性 vector⟨int⟩就是与某个地铁站点邻接的公共汽车站点编号的集合。

数据结构的关系直观地表达如下：

$$\text{AllStation}\begin{cases}\text{station}\begin{cases}\text{tool}\{\text{num, i, C\_R, F\_B}\}\\ \quad\vdots\\ \text{tool}\{\text{num, i, C\_R, F\_B}\}\end{cases}\\ \quad\vdots\\ \text{station}\begin{cases}\text{tool}\{\text{num, i, C\_R, F\_B}\}\\ \quad\vdots\\ \text{tool}\{\text{num, i, C\_R, F\_B}\}\end{cases}\end{cases}$$

$$\text{AllTool}\begin{cases}\text{Tool}\{\text{forward}\{\text{station}_1,\cdots,\text{station}_n\},\ \text{backward}\{\text{station}_1,\cdots,\text{station}_m\},\\ \text{C\_R, F\_B, X\_FB\_C}\}\\ \quad\vdots\\ \text{Tool}\{\text{forward}\{\text{station}_1,\cdots,\text{station}_n\},\ \text{backward}\{\text{station}_1,\cdots,\text{station}_m\},\\ \text{C\_R, F\_B, X\_FB\_C}\}\end{cases}$$

6　问题求解

6.1　问题一的求解

6.1.1　数学模型的建立

对于任意两个站点 s_0 和 s_n，设以 s_0 为起始点、s_n 为目的地的路线有 m 条，路线集合 $C=\{c_1, c_2, \cdots, c_m\}$，其中任意一条路线 $c_i=(s_0, s_1, s_2, \cdots, s_{n-1}, s_n)$，路线 c_i 中有 q 个站点换乘，分别为 $s_{j1}, s_{j2}, \cdots, s_{jq}$，由于只考虑公共汽车线路，因此任一路线 c_i 上的站点均为公共汽车站，则由题意可得 $f(s_i, s_j)$与 $g(s_i, s_j)$的关系如下：

$$f(s_i, s_j)=\begin{cases}1,\ 1\leqslant g(s_i, s_j)\leqslant 20\\ 2,\ 21\leqslant g(s_i, s_j)\leqslant 40\\ 3,\ g(s_i, s_j)\geqslant 41\\ 1,\ \text{若汽车单一计价}\end{cases}$$

且 $t(s_k, s_{k+1})=3$，$w(s_i)=5$，则路线 c_i 上所需费用为

$$F(c_i)=\begin{cases}f(s_0, s_n),\ q=0\\ f(s_0, s_{j1})+f(s_{j1}, s_n),\ q=1\\ f(s_0, s_{j1})+\sum\limits_{k=1}^{q-1}f(s_{jk}, s_{j(k+1)})+f(s_{jq}, s_n),\ q\geqslant 2\end{cases}$$

令决策变量

$$x_i=\begin{cases}1,\ \text{若在站点 } s_i \text{ 换乘}\\ 0,\ \text{否则}\end{cases}$$

则

$$q = \sum_{i=1}^{n-1} x_i$$

路线 c_i 上所花费的时间为

$$T(c_i) = \sum_{k=0}^{n-1} t(s_k, s_{k+1}) + \sum_{i=1}^{n-1} x_i w(s_i)$$

设 $A=\{L_1, L_2, \cdots, L_h\}$表示经过起始点 s_0 的所有交通工具的集合，$B=\{L_1', L_2', \cdots, L_u'\}$表示到达目的地 s_n 的所有交通工具的集合，令

$$y_i = \begin{cases} 1, \text{若在起始点 } s_0 \text{ 处选择交通工具 } L_i \\ 0, \text{否则} \end{cases}$$

$$z_i = \begin{cases} 1, \text{若选择交通工具 } L_i' \text{到达目的地 } s_n \\ 0, \text{否则} \end{cases}$$

则分别以花费时间最小和所需费用最小为目标，建立多目标规划模型：

$$\min T(c_i)$$

$$\min F(c_i), \ \forall c_i \in C$$

$$\text{s. t.} \begin{cases} \sum_{i=1}^{n-1} x_i \leqslant 2 \\ \sum_{i=1}^{h} y_i = 1 \\ \sum_{i=1}^{u} z_i = 1 \end{cases}$$

6.1.2　算法的设计思路

基于良好的数据构架(在第 5 部分已详细指出)，在算法设计中我们根据问题一的要求只考虑公共汽车线路，建立了以费用和时间为主次目标的两个模型来分别求解，但其算法的基本思想是完全相同的。若选择其他目标来求解，也完全可以用这个算法的设计思路，这也体现了算法具有很好的通用性。

由于所要求取的直达路线、换乘一次的路线、换乘两次的路线都是基于对判断有无直达路线的布尔型函数 Function(X, Y)的调用，故函数 Function(X, Y)也就成了算法中关键的部分，在下面算法的设计思路中也多次用到此函数，这里给出它的定义为：如果经过起始站点 X 和目的站点 Y 有相同类型车辆，且车辆在两个站点的行车方向相同，目的站点 Y 的行车序号要大于起始站点 X 的行车序号，就认为 X 和 Y 直达。

基于存储结构的伪代码 Function(X, Y)表述如下：

```
bool Function(X, Y){
  for(i=0; i<up. size(); i++)
    for(j=0;j<down. size();j++)
      if(X[i]. num==Y[j]. num&&X[i]. F_B==Y[j]. F_B&&X[i]. i<Y[j]. i)
        return true;
  return false;
}
```

我们首先将算法的设计思路列出来，再在下面的两个模型中进行求解。算法的设计思路如下所述。

Step0：从文件中读取数据并保存在存储结构中；

Step1：输入起始站点 s_1 和目的站点 s_2；

Step2：对于起始站点 s_1 和目的站点 s_2，首先调用子函数 Function(s_1，s_2)判断是否可以直达，若返回真则进行目标选择求得最优解，并将结果输出；

Step3：从起始站点 s_1 向前搜索每一条通过它的路线上的站点 s_i(如图 1)，并调用子函数 Function(s_i，s_2)判断是否可以直达，若返回真则可以通过换乘一次到达目的地，并进行目标选择求得最优解，并将结果输出；

Step4：从起始站点 s_1 向前搜索每一条通过它的路线上的站点 s_i，再从目的站点 s_2 向后搜索每一条通过它的路线上的站点 s_j(如图 2)，调用子函数 Function(s_i，s_j)判断是否可以直达，若返回真则可以通过换乘两次到达目的地，并进行目标选择求得最优解，并将结果输出。

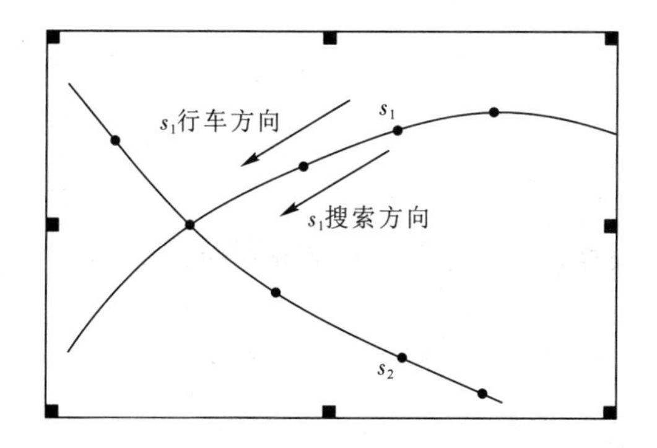

图 1　从起始站点 s_1 向前搜索站点

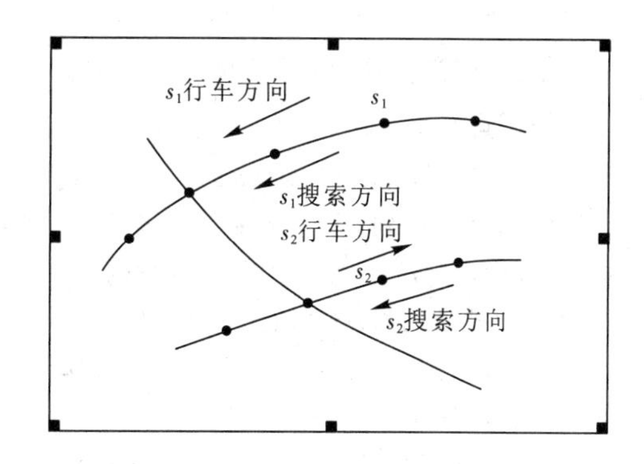

图 2　从目的站点 s_2 向后搜索站点

这里我们输出直达、换乘一次、换乘两次三个结果，目的在于给使用系统的用户提供更多的选择余地。

6.1.3　费用优先、时间次优的模型

基于算法的设计思路，我们以费用优先、时间次优作为目标来进行求解，每个步骤的目标选择如下所述(符号可参见变量说明)。

Step2 中的目标选择为：根据费用 $f(s_1, s_2)$最小原则进行选择。如果选择过程中费用 $f(s_1, s_2)$相等，则按时间 $t(s_1, s_2)$最小原则进行选择。

Step3 中的目标选择为：根据费用 $f(s_1, s_2)=f(s_1, s_i)+f(s_i, s_2)$最小原则进行选择。如果选择过程中费用 $f(s_1, s_2)$相等，则按时间 $t(s_1, s_2)=t(s_1, s_i)+t(s_i, s_2)+w(s_i)$最小原则进行选择。

Step4 中的目标选择为：根据费用 $f(s_1, s_2)=f(s_1, s_i)+f(s_i, s_j)+f(s_j, s_2)$最小原则进行选择。如果选择过程中费用 $f(s_1, s_2)$相等，则按时间 $t(s_1, s_2)=t(s_1, s_i)+t(s_i, s_j)+t(s_j, s_2)+w(s_i)+w(s_j)$最小原则进行选择。

根据上面所给的目标选择原则，设计程序(参见数字课程网站)，运行后可得到直达、换乘一次和换乘两次的结果，下面举例说明。

(1) S3359 → S1828

程序运行结果如下：

从 S3359 到 S1828 无直达车

从 S3359 到 S1828，你可以先乘坐 L436 在 S1784 换乘 L167

所需费用为：3 所花时间为：101

L436 行车路线为：S3359→S2026→S1132→S2266→S2263→S3917→S2303→S2301→S3233→S618→S616→S2112→S2110→S2153→S2814→S2813→S3501→S3515→S3500→S756→S492→S903→S1768→S955→S480→S2703→S2800→S2192→S2191→S1829→S3649→S1784

L167 行车路线为：S1784→S1828

从 S3359 到 S1828，你可以先乘坐 L15 在 S2903 换乘 L201 后再在 S1671 换乘 L41

所需费用为：3 所花时间为：73

L15 行车路线为：S3359→S2903

L201 行车路线为：S2903→S2027→S1327→S1842→S609→S483→S604→S2650→S3470→S2619→S2340→S2182→S992→S2322→S1770→S1790→S458→S1792→S1783→S1671

L41 行车路线为：S1671→S1828

(2) S1557 → S481

程序运行结果如下：

从 S1557 到 S481 无直达车

从 S1557 到 S481，你不能通过换乘一次车来到达目的地

从 S1557 到 S481，你可以先乘坐 L84 在 S1919 换乘 L189 后再在 S3186 换乘 L460

所需费用为：3 所花时间为：106

L84 行车路线为：S1557→S3158→S2628→S3408→S2044→S1985→S2563→S2682→S28→S29→S55→S51→S1919

L189 行车路线为：S1919→S2840→S1402→S3186

L460 行车路线为：S3186→S3544→S2116→S2119→S1788→S1789→S1770→S2322→S992→S2184→S2954→S3117→S2424→S1174→S902→S903→S2101→S481

(3) S971 → S485

程序运行结果如下：

从 S971 到 S485 无直达车

从 S971 到 S485，你可以先乘坐 L13 在 S2184 换乘 L417

所需费用为：3 所花时间为：128

L13 行车路线为：S971→S3832→S3341→S2237→S3565→S3333→S1180→S3494→S1523→S1520→S1988→S1743→S1742→S1181→S1879→S3405→S2517→S3117→S2954→S531→S2184

L417 行车路线为：S2184→S992→S2322→S1770→S1789→S2119→S2116→S3544→S3186→S3409→S2717→S1402→S2840→S643→S2079→S1920→S2480→S2482→S2210→S3332→S3351→S485

从 S971 到 S485，你可以先乘坐 L13 在 S1609 换乘 L140 后再在 S2654 换乘 L469

所需费用为：3 所花时间为：106

L13 行车路线为：S971→S3571→S1609

L140 行车路线为：S1609→S3242→S1481→S3426→S2553→S3903→S1553→S3531→S1967→S12→S2636→S2113→S2112→S2833→S618→S1327→S2303→S2263→S3037→S2654

L469 行车路线为：S2654→S1729→S3766→S1691→S1383→S1381→S1321→S2019→S2017→S2159→S772→S485

(4) S8 → S73

程序运行结果如下：

从 S8 到 S73 无直达车

从 S8 到 S73，你可以先乘坐 L159 在 S400 换乘 L474

所需费用为：2 所花时间为：83

L159 行车路线为：S8→S3412→S2743→S3586→S2544→S913→S2953→S3874→S630→S854→S400

L474 行车路线为：S400→S2633→S3053→S410→S411→S2846→S605→S604→S527→S525→S3470→S2619→S2340→S3162→S2181→S2705→S73

从 S8 到 S73，你可以先乘坐 L198 在 S3766 换乘 L296 后再在 S2184 换乘 L345

所需费用为：3 所花时间为：67

L198 行车路线为：S8→S1383→S1691→S3766

L296 行车路线为：S3766→S1729→S2654→S3231→S3917→S2303→S1327→S618→S3100→S2151→S3746→S3501→S2517→S2184

L345 行车路线为：S2184→S3162→S2181→S73

(5) S148 → S485

程序运行结果如下：

从 S148 到 S485 无直达车

从 S148 到 S485，你不能通过换乘一次车来到达目的地

从 S148 到 S485，你可以先乘坐 L308 在 S36 换乘 L156 后再在 S3351 换乘 L417

所需费用为：3 所花时间为：106

L308 行车路线为：S148→S462→S361→S1797→S2221→S302→S2222→S2737→S1716→S128→S2268→S1308→S1391→S2272→S36

L156 行车路线为：S36→S3233→S618→S617→S721→S2057→S2361→S608→S399→S2535→S2534→S239→S497→S2090→S2082→S2210→S3332→S3351

L417 行车路线为：S3351→S485

(6) S87 → S3676

程序运行结果如下：

从 S87 到 S3676 无直达车

从 S87 到 S3676，你可以先乘坐 L454 在 S3496 换乘 L209

所需费用为：2 所花时间为：65

L454 行车路线为：S87→S857→S630→S1427→S1426→S541→S978→S3389→S1919→S641→S2840→S3496

L209 行车路线为：S3496→S1883→S1159→S2699→S2922→S3010→S583→S1987→S82→S3676

从 S87 到 S3676，你可以先乘坐 L21 在 S88 换乘 L231 后再在 S427 换乘 L97

所需费用为：3 所花时间为：46

L21 行车路线为：S87→S88

L231 行车路线为：S88→S609→S483→S604→S2650→S3693→S1659→S2962→S622→S456→S427

L97 行车路线为：S427→S3676

6.1.4 时间优先、费用次优的模型

基于算法的设计思路，我们以时间优先、费用次优作为目标来进行求解，每个步骤的目标选择如下所述(符号可参见变量说明)。

Step2 中的目标选择为：根据时间 $t(s_1, s_2)$最小原则进行选择。如果选择过程中时间 $t(s_1, s_2)$相等，则按费用 $f(s_1, s_2)$最小原则进行选择。

Step3 中的目标选择为：根据时间 $t(s_1, s_2)=t(s_1, s_i)+t(s_i, s_2)+w(s_i)$最小原则进行选择。如果选择过程中时间 $t(s_1, s_2)$相等，则按费用 $f(s_1, s_2)=f(s_1, s_i)+f(s_i, s_2)$最小原则进行选择。

Step4 中的目标选择为：根据时间 $t(s_1, s_2)=t(s_1, s_i)+t(s_i, s_j)+t(s_j, s_2)+w(s_i)+w(s_j)$最小原则进行选择。如果选择过程中时间 $t(s_1, s_2)$相等，则按费用 $f(s_1, s_2)=f(s_1, s_i)+f(s_i, s_j)+f(s_j, s_2)$最小原则进行选择。

根据上面所给的目标选择原则，设计程序(参见数字课程网站)，运行后可得到直达、换乘一次和换乘两次的结果，下面仍举 6.1.3 中的例子来说明。

(1) S3359 → S1828

程序运行结果如下：

从 S3359 到 S1828 无直达车

从 S3359 到 S1828，你可以先乘坐 L436 在 S1784 换乘 L167

所花时间为：101 所需费用为：3

L436 行车路线为：S3359→S2026→S1132→S2266→S2263→S3917→S2303→S2301→S3233→S618→S616→S2112→S2110→S2153→S2814→S2813→S3501→S3515→S3500→S756→S492→S903→S1768→S955→S480→S2703→S2800→S2192→S2191→S1829→S3649→S1784

L167 行车路线为：S1784→S1828

从 S3359 到 S1828，你可以先乘坐 L15 在 S2903 换乘 L201 后再在 S1671 换乘 L41

所花时间为：73 所需费用为：3

L15 行车路线为：S3359→S2903

L201 行车路线为：S2903→S2027→S1327→S1842→S609→S483→S604→S2650→S3470→S2619→S2340→S2182→S992→S2322→S1770→S1790→S458→S1792→S1783→S1671

L41 行车路线为：S1671→S1828

(2) S1557 → S481

程序运行结果如下：

从 S1557 到 S481 无直达车

从 S1557 到 S481，你不能通过换乘一次车来到达目的地

从 S1557 到 S481，你可以先乘坐 L84 在 S1919 换乘 L189 后再在 S3186 换乘 L460

所花时间为：106 所需费用为：3

L84 行车路线为：S1557→S3158→S2628→S3408→S2044→S1985→S2563→S2682→S28→S29→S55→S51→S1919

L189 行车路线为：S1919→S2840→S1402→S3186

L460 行车路线为：S3186→S3544→S2116→S2119→S1788→S1789→S1770→S2322→S992→S2184→S2954→S3117→S2424→S1174→S902→S903→S2101→S481

(3) S971 → S485

程序运行结果如下：

从 S971 到 S485 无直达车

从 S971 到 S485，你可以先乘坐 L13 在 S2184 换乘 L417

所花时间为：128 所需费用为：3

L13 行车路线为：S971→S3832→S3341→S2237→S3565→S3333→S1180→S3494→S1523→S1520→S1988→S1743→S1742→S1181→S1879→S3405→S2517→S3117→S2954→S531→S2184

L417 行车路线为：S2184→S992→S2322→S1770→S1789→S2119→S2116→S3544→S3186→S3409→S2717→S1402→S2840→S643→S2079→S1920→S2480→S2482→S2210→S3332→S3351→S485

从 S971 到 S485，你可以先乘坐 L13 在 S1609 换乘 L140 后再在 S2654 换乘 L469

所花时间为：106 所需费用为：3

L13 行车路线为：S971→S3571→S1609

L140 行车路线为：S1609→S3242→S1481→S3426→S2553→S3903→S1553→S3531→S1967→S12→S2636→S2113→S2112→S2833→S618→S1327→S2303→S2263→S3037→S2654

L469 行车路线为：S2654→S1729→S3766→S1691→S1383→S1381→S1321→S2019→S2017→S2159→S772→S485

(4) S8 → S73

程序运行结果如下：

从 S8 到 S73 无直达车

从 S8 到 S73，你可以先乘坐 L159 在 S400 换乘 L474

所花时间为：83 所需费用为：2

L159 行车路线为：S8→S3412→S2743→S3586→S2544→S913→S2953→S3874→S630→S854→S400

L474 行车路线为：S400→S2633→S3053→S410→S411→S2846→S605→S604→S527→S525→S3470→S2619→S2340→S3162→S2181→S2705→S73

从 S8 到 S73，你可以先乘坐 L198 在 S3766 换乘 L296 后再在 S2184 换乘 L345

所花时间为：67 所需费用为：3

L198 行车路线为：S8→S1383→S1691→S3766

L296 行车路线为：S3766→S1729→S2654→S3231→S3917→S2303→S1327→S618→S3100→S2151→S3746→S3501→S2517→S2184

L345 行车路线为：S2184→S3162→S2181→S73

(5) S148 → S485

程序运行结果如下：

从 S148 到 S485 无直达车

从 S148 到 S485，你不能通过换乘一次车来到达目的地

从 S148 到 S485，你可以先乘坐 L308 在 S36 换乘 L156 后再在 S3351 换乘 L417

所花时间为：106 所需费用为：3

L308 行车路线为：S148→S462→S361→S1797→S2221→S302→S2222→S2737→S1716→S128→S2268→S1308→S1391→S2272→S36

L156 行车路线为：S36→S3233→S618→S617→S721→S2057→S2361→S608→S399→S2535→S2534→S239→S497→S2090→S2082→S2210→S3332→S3351

L417 行车路线为：S3351→S485

(6)S87 → S3676

程序运行结果如下：

从 S87 到 S3676 无直达车

从 S87 到 S3676，你可以先乘坐 L454 在 S3496 换乘 L209

所花时间为：65 所需费用为：2

L454 行车路线为：S87→S857→S630→S1427→S1426→S541→S978→S3389→S1919→S641→S2840→S3496

L209 行车路线为：S3496→S1883→S1159→S2699→S2922→S3010→S583→S1987→S82→S3676

从 S87 到 S3676，你可以先乘坐 L21 在 S88 换乘 L231 后再在 S427 换乘 L97

所花时间为：46 所需费用为：3

L21 行车路线为：S87→S88

L231 行车路线为：S88→S609→S483→S604→S2650→S3693→S1659→S2962→S622→S456→S427

L97 行车路线为：S427→S367

6.2 问题二的求解

6.2.1 广义站点概念的引入

对于问题二，既要考虑公共汽车线路，又要考虑地铁线路。因此，考虑的站点也应包括地铁站点和公共汽车站点两种。而地铁站点和公共汽车站点之间又存在着联系，同一地铁站对应的任意两个公共汽车站点之间可以通过地铁换乘(无需支付地铁费)。

联想电路分析中广义节点的概念与思想，我们提出广义站点的概念，以完整体现公共汽车站点和地铁站点的换乘关系。图 3 所示是一个有广义节点的电路，图中的黑点就是电路中的节点，常用于电路分析。而广义节点可视为包含有电路元器件的一个闭合区。根据广义节点列出的基尔霍夫电流定律的方程与一般节点列出的在形式上是统一的。基尔霍夫电流定律是指流入节点的电流和流出节点的电流相等，用数学表达式表示为：$\sum I_{\text{in}} = \sum I_{\text{out}}$。这种形式上的统一，为我们分析问题提供了有利的武器，同时，在使用上也很方便。

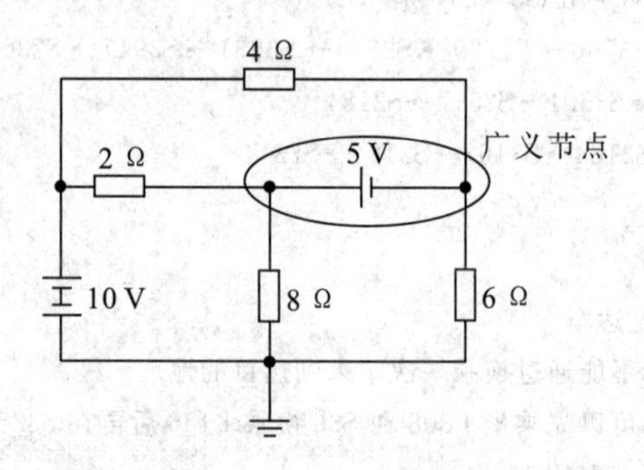

图 3 广义节点的电路

回到公交线路选择的问题上来，我们也可以相似地定义广义站点。把因地铁站联系起来的公共汽车站点和地铁站点用广义站点表示出来。把包括且仅包括这些站点的范围用广义站点来表示，甚至可以抽象成一个具体的站点，所有进出这个范围的公共汽车和地铁都可以相互换乘，就像是在一个站点一样。这样，与之平行地，也可认为所有可以因这个地铁站换乘的公共汽车站点和地铁站点都看作是等价的，能换乘通过这个广义站点的任何现实站点的所有线路，如图 4 所示。

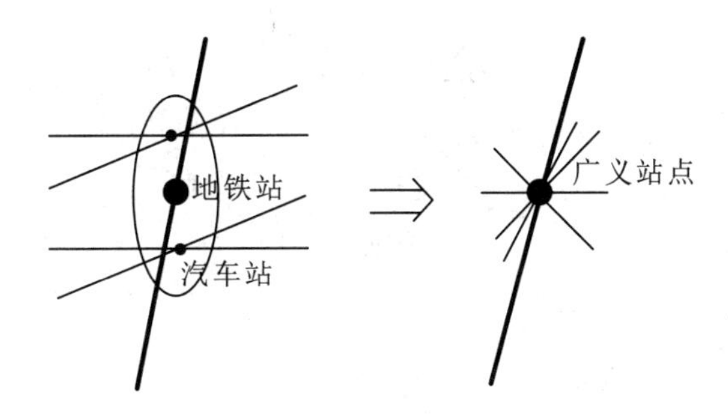

图 4　通过广义站点的任何现实站点的所有换乘线路

对于广义站点，有四种不同的换乘方式，所以广义站点的换乘时间 w 不像实际站点一样是一个定值，而是有四种取值，视进出站状况而定，具体如下：

$$w=\begin{cases}5\text{，若进站和出站都是公共汽车}\\4\text{，若进站和出站都是地铁}\\7\text{，若进站是地铁，出站是公共汽车}\\6\text{，若进站是公共汽车，出站是地铁}\end{cases}$$

这样处理就能同等对待那些本来不能通过公共汽车换乘而只能通过地铁换乘的站点了。

6.2.2　数学模型的建立

根据上述处理，就可以建立问题二的数学模型了。

对于任意两个站点 s_0 和 s_n(这里的站点和以下的站点都可以是广义站点)，设以 s_0 为起始点、s_n 为目的地的路线有 m 条，路线集合 $C=\{c_1, c_2, \cdots, c_m\}$，其中任意一条路线 $c_i=(s_0, s_1, s_2, \cdots, s_{n-1}, s_n)$，路线 c_i 中有 q 个站点换乘，分别为 $s_{j1}, s_{j2}, \cdots, s_{jq}$，由于同时考虑公共汽车线路与地铁线路，因此任一路线 c_i 上的站点可为公共汽车站点或地铁站点，则 $f(s_i, s_j)$与 $g(s_i, s_j)$的关系如下：

$$f(s_i, s_j)=\begin{cases}3\text{，若乘地铁}\\1\text{，若乘公共汽车单一计价}\\1\text{，若乘公共汽车，且 }1\leqslant g(s_i, s_j)\leqslant 20\\2\text{，若乘公共汽车，且 }21\leqslant g(s_i, s_j)\leqslant 40\\3\text{，若乘公共汽车，且 }g(s_i, s_j)\geqslant 41\end{cases}$$

且

$$t(s_k, s_{k+1})=\begin{cases}3\text{，若在相邻站点 }s_k\text{ 与 }s_{k+1}\text{之间通过乘公共汽车到达}\\2.5\text{，若在相邻站点 }s_k\text{ 与 }s_{k+1}\text{之间通过乘地铁到达}\end{cases}$$

$$w(s_i)=\begin{cases}5\text{，若在站点 }s_i\text{ 处公共汽车换乘公共汽车}\\4\text{，若在站点 }s_i\text{ 处地铁换乘地铁}\\7\text{，若在站点 }s_i\text{ 处地铁换乘公共汽车}\\6\text{，若在站点 }s_i\text{ 处公共汽车换乘地铁}\end{cases}$$

则路线 c_i 上所需费用为

$$F(c_i)=\begin{cases} f(s_0, s_n), q=0 \\ f(s_0, s_{j1})+f(s_{j1}, s_n), q=1 \\ f(s_0, s_{j1})+\sum_{k=1}^{q-1} f(s_{jk}, s_{j(k+1)})+f(s_{jq}, s_n), q\geqslant 2 \end{cases}$$

令决策变量

$$x_i=\begin{cases} 1，若在站点 s_i 换乘 \\ 0，否则 \end{cases}$$

则

$$q=\sum_{i=1}^{n-1} x_i$$

路线 c_i 上所花费的时间为

$$T(c_i)=\sum_{k=0}^{n-1} t(s_k, s_{k+1})+\sum_{i=1}^{n-1} x_i w(s_i)$$

设 $A=\{L_1, L_2, \cdots, L_h\}$表示经过起始点 s_0 的所有交通工具的集合，$B=\{L_1', L_2', \cdots, L_u'\}$表示到达目的地 s_n 的所有交通工具的集合，令

$$y_i=\begin{cases} 1，若在起始点 s_0 处选择交通工具 L_i \\ 0，否则 \end{cases}$$

$$z_i=\begin{cases} 1，若选择交通工具 L'_i 到达目的地 s_n \\ 0，否则 \end{cases}$$

则分别以花费时间最小和所需费用最小为目标，建立多目标规划模型：

$$\min T(c_i)$$

$$\min F(c_i), \forall c_i\in C$$

$$\text{s. t.} \begin{cases} \sum_{i=1}^{n-1} x_i \leqslant 2 \\ \sum_{i=1}^{h} y_i=1 \\ \sum_{i=1}^{u} z_i=1 \end{cases}$$

6.2.3　算法的设计思路

在算法设计中，我们根据问题二的要求在公共汽车线路的基础上加入了地铁线路和地铁站点与公共汽车站点相连的情况，建立了以费用和时间为主次目标的两个模型来分别求解，但其算法的基本思想是完全相同的。若选择其他目标来求解，也完全可以用这个算法的设计思路，这也体现了算法具有很好的通用性。

我们将地铁站点及线路和公共汽车站点及线路统一称为站点和线路，在地铁站点和与其相连的公共汽车站点经过的所有公共汽车和地铁都可以连接所有的这些站点，这样就可以在问题一的算法设计思路的基础上来设计问题二的算法，其中我们可以对地铁站点及线路和公共汽车站点及线路采用标记法来区分。

针对个别数据，我们增加假设如下：当起始站点和目的站点是地铁站点或与其相连的

公共汽车站点中的其中一个时，忽略在这些站点间的平均耗时。

这里我们首先将算法的设计思路列出来，再在下面的两个模型中进行求解。算法的设计思路描述如下。

Step0：从文件中读取数据并保存在存储结构中；

Step1：输入起始站点 s_1 和目的站点 s_2；

Step2：对于起始站点 s_1 和目的站点 s_2，首先调用子函数 Function(s_1，s_2)判断是否可以直达，若返回真则进行目标选择求得最优解，并将结果输出；

Step3：从起始站点 s_1 向前搜索每一条通过它的路线上的站点 s_i，并调用子函数 Function(s_i，s_2)判断是否可以直达，若返回真则可以通过换乘一次到达目的地，并进行目标选择求得最优解，并将结果输出；

Step4：从起始站点 s_1 向前搜索每一条通过它的路线上的站点 s_i，再从目的站点 s_2 向后搜索每一条通过它的路线上的站点 s_j，调用子函数 Function(s_i，s_j)判断是否可以直达，若返回真则可以通过换乘两次到达目的地，并进行目标选择求得最优解，并将结果输出。

这里我们也输出直达、换乘一次、换乘两次三个结果，目的在于给使用系统的用户提供更多的选择余地。

6.2.4　费用优先、时间次优的模型

基于算法的设计思路，我们以费用优先、时间次优作为目标来进行求解，每个步骤的目标选择如下所述(符号可参见变量说明)。

Step2 中的目标选择为：根据费用 $f(s_1, s_2)$最小原则进行选择。如果选择过程中费用 $f(s_1, s_2)$相等，则按时间 $t(s_1, s_2)$最小原则进行选择。

Step3 中的目标选择为：根据费用 $f(s_1, s_2)=f(s_1, s_i)+f(s_i, s_2)$最小原则进行选择。如果选择过程中费用 $f(s_1, s_2)$相等，则按时间 $t(s_1, s_2)=t(s_1, s_i)+t(s_i, s_2)+w(s_i)$最小原则进行选择。

Step4 中的目标选择为：根据费用 $f(s_1, s_2)=f(s_1, s_i)+f(s_i, s_j)+f(s_j, s_2)$最小原则进行选择。如果选择过程中费用 $f(s_1, s_2)$相等，则按时间 $t(s_1, s_2)=t(s_1, s_i)+t(s_i, s_j)+t(s_j, s_2)+w(s_i)+w(s_j)$最小原则进行选择。

根据上面所给的目标选择原则，设计程序(参见数字课程网站)，运行后可得到直达、换乘一次和换乘两次的结果，下面仍举 6.1.3 中的例子来说明。

(1) S3359 → S1828

程序运行结果如下：

从 S3359 到 S1828 无直达车和地铁

从 S3359 到 S1828，你可以先乘坐 L436 在 S1784 换乘 L167

所需费用为：3 所花时间为：101

L436 行车路线为：S3359→S2026→S1132→S2266→S2263→S3917→S2303→S2301→S3233→S618→S616→S2112→S2110→S2153→S2814→S2813→S3501→S3515→S3500→S756→S492→S903→S1768→S955→S480→S2703→S2800→S2192→S2191→S1829→S3649→S1784

L167 行车路线为：S1784→S1828

从 S3359 到 S1828，你可以先乘坐 L484 在 S2027 换乘 L201 再在 S1790 换乘 L41

所需费用为：3 所花时间为：73

L484 行车路线为：S3359→S2023→S2027

L201 行车路线为：S2027→S1327→S1842→S609→S483→S604→S2650→S3470→S2619→S2340→S2182→S992→S2322→S1770→S1790

L41 行车路线为：S1790→S458→S1792→S1783→S1671→S1828

(2) S1557 → S481

程序运行结果如下：

从 S1557 到 S481 无直达车和地铁

从 S1557 到 S481，你不能通过换乘一次来到达目的地

从 S1557 到 S481，你可以先乘坐 L457 在 S1920 换乘 L294 再在 S2049 换乘 L516

所需费用为：3 所花时间为：160

L457 行车路线为：S1557→S3158→S2628→S3408→S2044→S1985→S2563→S2996→S3567→S884→S2566→S2907→S2313→S3131→S3046→S1721→S1920

L294 行车路线为：S1921→S181→S209→S237→S3506→S2534→S2535→S399→S1376→S608→S2361→S2057→S614→S626→S889→S2049

L516 行车路线为：S2049→S3709→S607→S3045→S527→S525→S537→S2651→S3013→S1808→S1173→S910→S3517→S453→S2424→S1174→S902→S903→S2101→S481

(3) S971 → S485

程序运行结果如下：

从 S971 到 S485 无直达车和地铁

从 S971 到 S485，你可以先乘坐 L13 在 S2184 换乘 L417

所需费用为：3 所花时间为：128

L13 行车路线为：S971→S3832→S3341→S2237→S3565→S3333→S1180→S3494→S1523→S1520→S1988→S1743→S1742→S1181→S1879→S3405→S2517→S3117→S2954→S531→S2184

L417 行车路线为：S2184→S992→S2322→S1770→S1789→S2119→S2116→S3544→S3186→S3409→S2717→S1402→S2840→S643→S2079→S1920→S2480→S2482→S2210→S3332→S3351→S485

从 S971 到 S485，你可以先乘坐 L310 在 S1659 换乘 L17 再在 S2082 换乘 L450

所需费用为：3 所花时间为：127

L310 行车路线为：S971→S3832→S3341→S2237→S3565→S3333→S1180→S3494→S1523→S1521→S3755→S1030→S2877→S1774→S1808→S3013→S2651→S3693→S1659

L17 行车路线为：S1659→S2962→S622→S456→S427→S582→S577→S1895→S3648→S668→S3081→S3078→S2082

L450 行车路线为：S2082→S2213→S2211→S2377→S1495→S1269→S772→S72→S771→S485

(4) S8 → S73

程序运行结果如下：

从 S8 到 S73 无直达车和地铁

从 S8 到 S73，你可以先乘坐 L159 在 S2633 换乘 L474

所需费用为：2 所花时间为：80

L159 行车路线为：S8→S3412→S2743→S3586→S2544→S913→S2953→S3874→S630→S854→S400→S2633

L474 行车路线为：S2633→S3053→S410→S411→S2846→S605→S604→S527→S525→S3470→

S2619→S2340→S3162→S2181→S2705→S73

从 S8 到 S73，你可以先乘坐 L472 在 S3874 换乘 L231 再在 S1659 换乘 L480

所需费用为：3 所花时间为：82

L472 行车路线为：S8→S3412→S2743→S3586→S2544→S3900→S913→S2953→S3874

L231 行车路线为：S1426→S1427→S630→S854→S88→S609→S483→S604→S2650→S3693→S1659

L480 行车路线为：S1659→S888→S1183→S2619→S2340→S2183→S2181→S73

(5) S148 → S485

程序运行结果如下：

从 S148 到 S485 无直达车和地铁

从 S148 到 S485，你不能通过换乘一次来到达目的地

从 S148 到 S485，你可以先乘坐 L308 在 S2388 换乘 L378 再在 S2027 换乘 L469

所需费用为：3 所花时间为：157

L308 行车路线为：S148→S3182→S2215→S474→S2477→S1234→S345→S1419→S3558→S2105→S3835→S1418→S2388

L378 行车路线为：S2388→S1687→S2071→S2068→S1487→S3750→S303→S710→S127→S2312→S3849→S1347→S3885→S1868→S1710→S2363→S3877→S3727→S3697→S1746→S2027

L469 行车路线为：S2027→S2023→S3359→S2026→S1132→S2265→S2654→S1729→S3766→S1691→S1383→S1381→S1321→S2019→S2017→S2159→S772→S485

(6) S87 → S3676

程序运行结果如下：

从 S87 到 S3676，你可以乘坐直达车 L231

所需费用为：1 所花时间为：30

行车路线为：S88→S609→S483→S604→S2650→S3693→S1659→S2962→S622→S456→S427

从 S87 到 S3676，你可以先乘坐 L28 在 S608 换乘 L17

所需费用为：2 所花时间为：35

L28 行车路线为：S87→S608

L17 行车路线为：S608→S483→S604→S2650→S3693→S1659→S2962→S622→S456→S427

从 S87 到 S3676，你可以先乘坐 L454 在 D32 换乘 T2 再在 S577 换乘 L381

所需费用为：3 所花时间为：36.5

L454 行车路线为：S87→S827→S630→S1427→S1426→S541→S978

T2 行车路线为：D32→D18→D33→D34

L381 行车路线为：S577→S582→S427

注：输出结果中对于连不起来的路线表示可以通过地铁站连接各个路线。实际上，最后一条给出的换乘两次的最优解是条直达线路，这是由于未考虑起始站点和目的站点的换乘时间引起的。可以认为，在实际中，是不建议选择换乘两次的线路的。针对它的算法改进将在第 7 部分予以考虑。

6.2.5 时间优先、费用次优的模型

基于算法的设计思路，我们以时间优先、费用次优作为目标来进行求解，每个步骤的目标选择如下所述(符号可参见变量说明)。

Step2 中的目标选择为：根据时间 $t(s_1, s_2)$ 最小原则进行选择。如果选择过程中时间

$t(s_1,s_2)$相等，则按时间 $f(s_1, s_2)$最小原则进行选择。

Step3 中的目标选择为：根据时间 $t(s_1, s_2)=t(s_1, s_i)+t(s_i, s_2)+w(s_i)$最小原则进行选择。如果选择过程中时间 $t(s_1, s_2)$相等，则按费用 $f(s_1, s_2)=f(s_1, s_i)+f(s_i, s_2)$最小原则进行选择。

Step4 中的目标选择为：根据时间 $t(s_1, s_2)=t(s_1, s_i)+t(s_i, s_j)+t(s_j, s_2)+w(s_i)+w(s_j)$最小原则进行选择。如果选择过程中时间 $t(s_1, s_2)$相等，则按费用 $f(s_1, s_2)=f(s_1, s_i)+f(s_i, s_j)+f(s_j, s_2)$最小原则进行选择。

根据上面所给的目标选择原则，设计程序(参见数字课程网站)，运行后可得到直达、换乘一次或换乘两次的结果，下面仍举 6.13 中的例子来说明。

(1) S3359 → S1828

程序运行结果如下：

从 S3359 到 S1828 无直达车和地铁

从 S3359 到 S1828，你可以先乘坐 L436 在 S1784 换乘 L167

所花时间为：101 所需费用为：3

L436 行车路线为：S3359→S2026→S1132→S2266→S2263→S3917→S2303→S2301→S3233→S618→S616→S2112→S2110→S2153→S2814→S2813→S3501→S3515→S3500→S756→S492→S903→S1768→S955→S480→S2703→S2800→S2192→S2191→S1829→S3649→S1784

L167 行车路线为：S1784→S1828

从 S3359 到 S1828，你可以先乘坐 L15 在 S2903 换乘 L201 再在 S1671 换乘 L41

所花时间为：73 所需费用为：3

L15 行车路线为：S3359→S2903

L201 行车路线为：S2903→S2027→S1327→S1842→S609→S483→S604→S2650→S3470→S2619→S2340→S2182→S992→S2322→S1770→S1790→S458→S1792→S1783→S1671

L41 行车路线为：S1671→S1828

(2) S1557 → S481

程序运行结果如下：

从 S1557 到 S481 无直达车和地铁

从 S1557 到 S481，你不能通过换乘一次来到达目的地

从 S1557 到 S481，你可以先乘坐 L84 在 S1919 换乘 L189 再在 S3186 换乘 L460

所花时间为：106 所需费用为：3

L84 行车路线为：S1557→S3158→S2628→S3408→S2044→S1985→S2563→S2682→S28→S29→S55→S51→S1919

L189 行车路线为：S1919→S2840→S1402→S3186

L460 行车路线为：S3186→S3544→S2116→S2119→S1788→S1789→S1770→S2322→S992→S2184→S2954→S3117→S2424→S1174→S902→S903→S2101→S481

(3) S971 → S485

程序运行结果如下：

从 S971 到 S485 无直达车和地铁

从 S971 到 S485，你可以先乘坐 L13 在 S2184 换乘 L417

所花时间为：128 所需费用为：3

L13 行车路线为：S971→S3832→S3341→S2237→S3565→S3333→S1180→S3494→S1523→

S1520→S1988→S1743→S1742→S1181→S1879→S3405→S2517→S3117→S2954→S531→S2184

L417 行车路线为：S2184→S992→S2322→S1770→S1789→S2119→S2116→S3544→S3186→S3409→S2717→S1402→S2840→S643→S2079→S1920→S2480→S2482→S2210→S3332→S3351→S485

从 S971 到 S485，你可以先乘坐 L94 在 S567 换乘 T1 再在 S466 换乘 L51

所花时间为：93 所需费用为：5

L94 行车路线为：S971→S3571→S1609→S345→S1419→S2389→S567

T1 行车路线为：D1→D2→D3→D4→D5→D6→D7→D8→D9→D10→D11→D12→D13→D14→D15→D16→D17→D18→D19→D20→D21

L51 行车路线为：S466→S3189→S2810→S2385→S71→S485

(4) S8 → S73

程序运行结果如下：

从 S8 到 S73 无直达车和地铁

从 S8 到 S73，你可以先乘坐 L159 在 S2633 换乘 L474

所花时间为：80 所需费用为：2

L159 行车路线为：S8→S3412→S2743→S3586→S2544→S913→S2953→S3874→S630→S854→S400→S2633

L474 行车路线为：S2633→S3053→S410→S411→S2846→S605→S604→S527→S525→S3470→S2619→S2340→S3162→S2181→S2705→S73

从 S8 到 S73，你可以先乘坐 L200 在 S2534 换乘 T1 再在 S609 换乘 L57

所花时间为：62.5 所需费用为：5

L200 行车路线为：S8→S3412→S2743→S2544→S2953→S778→S2534

T1 行车路线为：D15→D14→D13→D12

L57 行车路线为：S609→S483→S604→S2650→S3470→S2619→S2340→S3162→S2181→S73

(5) S148 → S485

程序运行结果如下：

从 S148 到 S485 无直达车和地铁

从 S148 到 S485，你不能通过换乘一次来到达目的地

从 S148 到 S485，你可以先乘坐 L24 在 S1487 换乘 T1 再在 S466 换乘 L50

所花时间为：87.5 所需费用为：5

L24 行车路线为：S148→S927→S2830→S2070→S1487

T1 行车路线为：D2→D3→D4→D5→D6→D7→D8→D9→D10→D11→D12→D13→D14→D15→D16→D17→D18→D19→D20→D21

L50 行车路线为：S466→S964→S3189→S2810→S2385→S71→S485

(6) S87 → S3676

程序运行结果如下：

从 S87 到 S3676，你可以乘坐地铁 T2

所花时间为：25 所需费用为：3

行车路线为：D27→D28→D29→D30→D31→D32→D18→D33→D34→D35→D36

从 S87 到 S3676，你可以先乘坐 L206 在 D28 换乘 T2

所花时间为：29 所需费用为：3

L206 行车路线为：S87→S857

T2 行车路线为：D28→D29→D30→D31→D32→D18→D33→D34→D35→D36

从 S87 到 S3676，你可以先乘坐 L206 在 D28 换乘 T2 再在 S582 换乘 L381

所花时间为：35.5 所需费用为：4

L206 行车路线为：S87→S857

T2 行车路线为：D28→D29→D30→D31→D32→D18→D33→D34→D35

L381 行车路线为：S582→S427

注：输出结果中连不起来的路线表示可以通过地铁站连接各个路线。最后一个算例给出的换乘两次的最优解实际是一条换乘一次的线路，同样的，可以认为系统不建议乘客换乘两次到达目的站点。

6.3 问题三的求解

6.3.1 增广站点概念的引入

对于问题三，由于多了步行的路线选择方式，步行时不用沿着公共汽车或地铁的路线走，因此，任何两个站点之间都可以步行到达。但是，每个人步行时间也总有个限度，即每次步行都应该有个最大步行时限，这里设为 M。本文认为若步行时间超过这个时限，则乘客不再选择走路。由于步行方式的选择，换乘的范围进一步被扩大，本来不在同一公共汽车站点停靠的，或者也没有因地铁站而联系起来的两个公共汽车站点，都可以通过步行，走过去换乘。

这里，我们比前面提到的广义站点更进一步地提出增广站点的概念。在这一问题中，对于一个站点，若要在这个站点换乘，则对应的站点是个增广站点。把包括且仅包括步行可达的站点的范围用增广站点来表示。在这个步行范围内，所有的站点等价，即可以换乘任何一辆在这些站点停靠的交通线路(包括公共汽车和地铁)。

如图 5 所示，对于站点 0 而言，它和 1、2、3、4、5 站点原本都是不连通的。但考虑了步行之后，只要走的时间少于或等于 M，则可以把它们看作是可以换乘的。如图 5 中的 1、3、4、5 站点只要步行时间少于或等于 M 就能换乘，而步行站点 2 的时间要大于 M，所以不能换乘。可见，画圈的范围可以作为一个增广站点。这个站点的换乘线路包括了经过站点 0、1、3、4、5 的所有线路。这里所指的线路包括了公共汽车线路和地铁线路。而站点 0、1、3、4、5 本身也完全可能是广义站点。若是，则要在计算步行时间时也得算上在广义站点里的步行时间。这样，与之平行地，可以认为这个增广站点里的每个站点就都等价了，在这个增广站点可以换乘的线路是经过它包含的实际站点的线路并集。

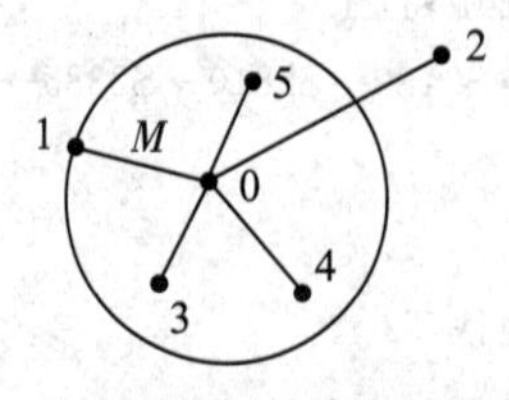

图 5 站点 0 不连通图

当然，增广站点的换乘时间 w 的取值也相应地发生了变化，有五种取法，有无数种值。因为有五种不同的换乘方式，所以 w 的取值如下：

$$w=\begin{cases}5，若进站和出站都是公共汽车\\4，若进站和出站都是地铁\\7，若进站是地铁，出站是公共汽车\\6，若进站是公共汽车，出站是地铁\\t_{等}+t_{走}，若通过步行到其他站点换乘\end{cases}$$

其中，$t_{等}$表示换乘交通工具所要等待的时间，其值等于在同站点换乘的时间减去在同站点步行的时间，即

$$t_{等}=\begin{cases}3，等待公共汽车时间\\2，等待地铁时间\end{cases}$$

而$t_{走}$表示从增广站点中的一个实际站点步行到另一个站点的时间。这个时间在题目数据中没有给出，且是因人而异的。有的人可能走得快一点，或是知道近路，而有的人走得慢，或绕远路等等，导致时间有所不同。

需要特别提出的是，这个增广站点的大小是可以变化的。这个也很好理解，步行的极限时间越大，乘客越愿意走更多的路去乘交通工具，那么增广站点的范围也就越大，所包含的站点也就越多，则在这个增广站点能换乘的线路也就越多，这也是称其为增广站点的原因。而相反地，M越小，增广站点的范围也就越小，所包含的站点也就越少。在极端的情况下，若$M=0$，则表示乘客不愿走一步路，那么问题三自动转化为问题二，而本模型也自动退化为问题二的模型。

6.3.2 数学模型的建立

根据上述处理，就可以建立问题三的数学模型了。

对于任意两个站点s_0和s_n(这里的站点和以下的站点都可以是增广站点)，设以s_0为起始点、s_n为目的地的路线有m条，路线集合$C=\{c_1, c_2, \cdots, c_m\}$，其中任意一条路线$c_i=(s_0, s_1, s_2, \cdots, s_{n-1}, s_n)$，路线$c_i$中有$q$个站点换乘，分别为$s_{j1}, s_{j2}, \cdots, s_{jq}$，由于假设已经知道所有站点之间的步行时间，此时还需要同时考虑公共汽车线路与地铁线路，则$f(s_i,s_j)$与$g(s_i, s_j)$的关系如下：

$$f(s_i, s_j)=\begin{cases}3，若乘地铁\\1，若乘公共汽车单一计价\\1，若乘公共汽车，且\ 1\leqslant g(s_i, s_j)\leqslant 20\\2，若乘公共汽车，且\ 21\leqslant g(s_i, s_j)\leqslant 40\\3，若乘公共汽车，且\ g(s_i, s_j)\geqslant 41\end{cases}$$

且

$$t(s_k, s_{k+1})=\begin{cases}3，若在相邻站点\ s_k\ 与\ s_{k+1}\ 通过乘公共汽车到达\\2.5，若在相邻站点\ s_k\ 与\ s_{k+1}\ 通过乘地铁到达\end{cases}$$

$$w(s_i)=\begin{cases}5，若在该站点处公共汽车换乘公共汽车\\4，若在该站点处地铁换乘地铁\\7，若在该站点处地铁换乘公共汽车\\6，若在该站点处公共汽车换乘地铁\\t_{等}(s_i)+t_{走}(s_i)，若在增广站点\ s_i\ 处通过步行到其他站点换乘\end{cases}$$

其中，$t_{等}(s_i)$表示在增广站点 s_i 处换乘交通工具所要等待的时间，且

$$t_{等}(s_i)=\begin{cases}3，等待公共汽车时间\\2，等待地铁时间\end{cases}$$

$t_{走}(s_i)$表示从增广站点 s_i 的一个站点步行到另一个站点的时间，该值由题目中假设已知。

则路线 c_i 上所需费用

$$F(c_i)=\begin{cases}f(s_0,\ s_n),\ q=0\\f(s_0,\ s_{j1})+f(s_{j1},\ s_n),\ q=1\\f(s_0,\ s_{j1})+\sum\limits_{k=1}^{q-1}f(s_{jk},\ s_{j(k+1)})+f(s_{jq},\ s_n),\ q\geqslant 2\end{cases}$$

令决策变量

$$x_i=\begin{cases}1，若在站点\ s_i\ 换乘\\0，否则\end{cases}$$

则

$$q=\sum_{i=1}^{n-1}x_i$$

路线 c_i 上所花费的时间为

$$T(c_i)=\sum_{k=0}^{n-1}t(s_k,\ s_{k+1})+\sum_{i=1}^{n-1}x_i w(s_i)$$

设 $A=\{L_1,L_2,\cdots,L_h\}$表示经过起始点 s_0 的所有交通工具的集合，$B=\{L_1',L_2',\cdots,L_u'\}$表示到达目的地 s_n 的所有交通工具的集合，令

$$y_i=\begin{cases}1，若在起始点\ s_0\ 处选择交通工具\ L_i\\0，否则\end{cases}$$

$$z_i=\begin{cases}1，若选择交通工具\ L_i'\ 到达目的地\ s_n\\0，否则\end{cases}$$

则分别以花费时间最小和所需费用最小为目标，建立多目标规划模型：

$$\min T(c_i)$$

$$\min F(c_i),\ \forall c_i\in C$$

$$\text{s. t.}\begin{cases}\sum\limits_{i=1}^{n-1}x_i\leqslant 2\\\sum\limits_{i=1}^{h}y_i=1\\\sum\limits_{i=1}^{u}z_i=1\end{cases}$$

6.3.3 算法描述

把增广站点应用到该问题中，给出本题的具体算法如下所述。

Step0：根据前文中提出的数据构架建立公共汽车站点数据库。同时，以矩阵的形式保存站点之间的步行时间，其中元素的值表示任意两实际站点之间的步行时间。

Step1：输入起始站点 A 和目的站点 B 以及步行极限时间 M。

Step2：对于起始站点 A 与目的站点 B 判断有无直达线路(由于此判断程序需要多次调

用，具体的判断程序的算法在整体算法后附上，详见数字课程网站，与前文中Function函数调用相同，但算法不同)，若有唯一的一条直达线路则输出，若有不止一条则按评价条件和评价的关键字优先等级取最优的输出。

Step3：判断起始站点 A 和目的站点 B 有无一次换乘路线。

Step3.1：从公共汽车站点数据库中查出经过起始站点 A 的线路 $L_i(i=1, 2, \cdots, m)$。

Step3.2：查出公共汽车线路 L_i 经过的站点 G_{ig}，对于每一个站点 G_{ig} 与目的站点 B 判断有无直达线路，若有，记乘车路线为 R。计算时间和费用，与当前经一次换乘到达的最佳路线 R^* 比较，若当前还没有经一次换乘到达的最佳路线，即 $R^*=\varnothing$，或本次查到的路线比当前最佳路线更优，则将本次查到的路线作为最佳路线，即 $R\to R^*$；否则，不做处理。

Step3.3：若存在一次换乘到达的最佳路线 R^*，即 $R^*\neq\varnothing$，则输出 R^*。

Step4：判断起始站点 A 和目的站点 B 有无两次换乘路线。

Step4.1：从公共汽车站点数据库中查出经过起始站点 A 的线路 $L_i(i=1, 2, \cdots, m)$ 和经过目的站点 B 的公共汽车线路 $S_j(j=1, 2, \cdots, n)$。

Step4.2：查出公共汽车线路 L_i 经过的站点 G_{ig} 和 S_j 经过的站点 H_{jh}，对于所有站点 G_{ig} 与所有站点 H_{jh} 判断有无直达线路，若有，记乘车路线为 R。计算时间和费用，与当前经一次换乘到达的最佳路线 R^* 比较，若 $R^*=\varnothing$ 或 R 比 R^* 更优，则将本次查到的路线作为最佳路线，即 $R\to R^*$；否则，不做处理。

Step4.3：若存在两次换乘到达的最佳路线 R^*，即 $R^*\neq\varnothing$，则输出 R^*。

Step5：若前面的步骤有输出，则停止；否则，报告无合适路线。

对于本文提到的判断两站点 X 与 Y 之间是否有直达线路的子程序的算法描述如下。

Step1：查出与站点 X 相距小于或等于 M 的站点 $U_i(i=1, 2, \cdots, n)$，其中包括站点 X 本身，查出与站点 Y 相距小于或等于 M 的站点 $V_j(j=1, 2, \cdots, n)$，其中包括站点 Y 本身。

Step2：查出经过站点 U_i 的所有线路 G_{ig}，查出经过站点 V_j 的所有线路 H_{jh}。

Step3：判断有无 $G_{ig}=H_{jh}$，若有，则返回真；若没有，则返回假。

由于增广站点的引入，故这个算法得以实现。它其实与前两个问题的算法有相同的框架。最主要的区别就在于判断两站点是否直达时应用了增广站点，等价了一定范围内的实际站点。这样不仅使前两个问题的算法得以继续沿用，也使得程序实现的变动幅度有效降低。同时，寻到的解也能保证是在规定了换乘次数、限定了步行极限且按一定目标求得的最优解。

7　模型评价与改进方向

本文建立的三个问题的模型是相互递进的，它们都可以向下兼容。问题二的模型兼容了问题一，问题三的模型兼容了问题二，它们之间的递进通过引入新的概念和处理方式得以实现，所有的模型都给出了其相应的算法，算法之间也具有相同的递进关系。

这里建立的算法都是搜索算法，成功地实现了一个子程序的多次调用，降低了编程的难度，同时也使效率得到了提高，对于本文要求的6个算例程序，其运行的平均时间在30秒左右。其中，仅在第4个和第6个算例中运行时间较长，其他都运行得很快。这与数据的好坏有关系，而不是算法本身存在问题。不过，在算法编程具体实现时，由于交通工具的类型不同，包括行车方式、收费方式等都有很大的不同，还是需要在判断时进行严密考虑。不过算法给出了在三种换乘条件下、不同目标的最优路线选择，为乘客提供了更多的选择。

不过，本文设计的算法在涉及地铁站点时，假设了不考虑在起始站点和目的站点的换乘时间。但实际上，这部分时间还是应该要计算在内的。可以通过增加判断起始站点和目的站点的特性，若有步行去其他站点的现象，则对它进行特殊处理，预先计一次换乘时间，但不累计换乘次数，或者增加人工干预来解决问题。

另外，本文假设了换乘次数不大于两次，但如果起始站点和目的站点相距甚远或由于其他原因确实不能通过换乘两次到达，而乘客又确实要乘交通工具去那里，这时如果还用搜索算法，可能考虑的站点会相当多，导致运行时间难以忍受，这时可以尝试采取蚁群算法、遗传算法等智能算法。

8 模型扩展

(1) 本文在模型中提出两个目标，一个是时间最短，一个是费用最小，然后按目标的主次之分，即先满足主要目标，然后再满足次要目标，来建立两个模型。把目标按主次之分时，其实已经默认这两个目标是不同的等级，它们的优先级不同。若考虑两个目标是同一优先级的，则此时可以对这两个目标赋以权值，然后以加权和来作为目标函数，此时本文算法依然有效，只需在比较路线时依据该目标来进行比较即可。

(2) 在本文的模型中，假设同类交通工具相邻站点的间距是相同的。其实，当相邻站点的间距不同时，本文的模型还是适用的。但是站点间的行进时间将不同，不再是 3 和 2.5 这两种值，而是视具体的行车时间而赋予不同的值。在应用算法求解的实现中需要把每一段路所花的时间一个一个累加起来，而不能通过统计过了多少站，再乘上时间了事。这会导致编程实现上增加一定的难度，但并不影响算法的正确性。

(3) 本文所设计的模型和算法都是针对确定量设计的，无法直接适用于随机量的模型。但是，考虑到现实生活中更普遍的情况，公共汽车和地铁都不是匀速的，人步行的速度也都不是匀速的，更有上下班高峰等情况，导致行车时间和换乘时间其实都是一个随机量。这时，本文模型中所设的值就都变成了随机量，本文中的算法将不能直接适用。但采用随机模拟的方法，把这些量都模拟出来后，这些值可以再次变回确定量，本文的模型和算法就可以再度适用了。

参考文献

[1] LIPPMAN S B，等. C++Primer 中文版[M]. 李师贤，等译. 北京：人民邮电出版社，2006.
[2] ALEXANDER C K，等. 电路基础[M]. 刘巽亮，等译. 北京：电子工业出版社，2003.
[3] 严蔚敏，吴伟民. 数据结构(C语言版)[M]. 北京：清华大学出版社，1997.
[4] 张存宝，李华，严新平. 基于 Web GIS 的城市公交问路系统[J]. 武汉理工大学学报，

2004，28(1)：99－102.

论文点评

该论文获得 2007 年“高教社杯”全国大学生数学建模竞赛 B 题的一等奖。

1. 论文采用的方法和步骤

该论文首先采用结构体和 Vector 顺序容器相结合的数据结构对数据预处理，在此基础上：

(1) 对于问题一，以花费时间最小和所需费用最小为目标，建立了多目标非线性规划模型，为求解该模型，提出了在只考虑公共汽车线路的情况下分别以费用优先、时间次优和以时间优先、费用次优作为目标来设计搜索算法，引入了可以被反复调用的站点直达判断函数，有效地降低了编程的难度，同时也使计算效率得到了提高，可得到直达、换乘一次、换乘两次三个结果。

(2) 对于问题二，将地铁站点和由地铁站联系起来的公共汽车站点进行等价处理，使得它们之间的换乘关系都能得以描述。然后，类似于问题一建立数学模型，给出算法设计与直达、换乘一次、换乘两次三个结果。

(3) 对于问题三，通过定义步行的极限时间，引入增广站点概念，对乘客步行范围内的公共汽车站点和地铁站点进行了处理，使得它们之间也能换乘，通过控制步行的极限时间范围，可将问题三退化为问题二，同样的，以花费时间最小和所需费用最小为目标，建立了多目标非线性规划模型，并在原搜索算法的基础上主要通过改变站点直达判断函数给出了新的搜索算法，使搜索算法在考虑步行时也能发挥作用。

2. 论文的优点

该论文的最大优点是对数据建立了合理的存储结构，为问题解决提供了方便之门。对于乘车最佳路线的选择，通过引入相关概念，合理处理了公共汽车和地铁两种交通工具，并与人步行相关联。论文分别以费用优先、时间次优和以时间优先、费用次优两种目标函数给出了直达、换乘一次、换乘两次搜索最优线路的算法与最优计算结果，论文表达清晰，论述严密。

3. 论文的缺点

该论文只给出了最多两次换乘的结果，没有讨论最多通过多少次换乘可以全部实现任意站点间的互达，且对于给出的算法设计没有复杂性分析。

第3篇 数码相机定位①

队员：蒋一琛(软件工程)，陈浩杰(软件工程)，齐保振(通信工程)
指导教师：数模组

摘 要

本文基于数码相机的成像模型主要讨论了如何实现从物平面到像平面的坐标变换，根据靶标和像平面的图像关系建立了系统标定的数学模型，从而确立了像平面上与物平面上点的一一对应关系。

(1) 通过从世界坐标系到像平面坐标系的一系列坐标变换，建立了靶标上任意一点在像平面上的像坐标的数学模型，给出了在考虑畸变的情况下，从靶标上任意一点到像平面的坐标转化公式。

(2) 由于靶标上的圆映射到像平面后会变形，故首先选择了重心法来确定靶标上圆的圆心在像平面内的像坐标，然后将要计算的图以 0－1 矩阵的形式存入计算机，根据5个圆的圆心在世界坐标系中的坐标及其在像平面上的像坐标，利用 RAC 两步法结合最小二乘法计算出旋转正交矩阵 $\boldsymbol{R}$ 和平移矩阵 $\boldsymbol{T}$，从而确定了相机与物平面的相对位置。靶标上各圆的圆心坐标在像平面上的坐标也随之确定。随后将原图各圆心在像平面计算出来的坐标与拍摄出来的实际坐标进行对比，得出了计算坐标值与实际坐标值之间的偏移量。

(3) 在对模型精度和稳定性进行分析时，首先在物平面的圆外新找出 3 个点，然后再与 5 个圆心合成 8 个点，计算这 8 个点在像平面的坐标，通过与拍摄出来的实际坐标对比，计算偏移量及偏移量的方差，以此来检验稳定性，最后算出这 8 个点的偏移量的方差为 0.00312；检验精度时，运用计算机扫描出大量的点，然后应用坐标变换计算这大量的点在像平面上的位置，将计算坐标和实际图像分别转化成两个 1024×768 的图像矩阵存入计算机，再将这两个矩阵相减，置非零项为 1，得到判别误差的图像矩阵 $\boldsymbol{A}_3$，根据 $\boldsymbol{A}_3$ 对应的图像来反映两个图像的不吻合度，黑色区域越多表示误差越大，精度越低。

(4) 根据两部相机 C_1、C_2 各自拍摄的图像，利用 RAC 两步法可分别算得相对位置参数 $\boldsymbol{R}_1$、$\boldsymbol{t}_1$ 与 $\boldsymbol{R}_2$、$\boldsymbol{t}_2$，从而确定出了各相机与靶标的相对位置，实现了对整个系统的标定，两部相机的相对位置也随之确定。在对原图的举例计算中，由于只给出了一部相机的拍摄图，故另外选择了一个位置对图 1 进行拍照，将得到的相片和图 2 一同作为这个模型中两部相机拍摄的图像进行计算，确定出了两部相机的相对位置。

在模型改进中，考虑了不同类型的畸变和其他误差对坐标位置计算的影响，但是在计算过程中，并不是畸变因子越多结果越精确，这就需要一个利用显性检验和相关系数检验

---

①此题为 2008 年“高教社杯”全国大学生数学建模竞赛 A 题(CUMCM2008—A)，此论文获该年全国一等奖。

对畸变参数进行筛选的过程，以剔除非显著性参数。

关键词：成像模型；坐标变换；RAC两步法；计算机扫描；畸变因子

1　问题重述

数码相机定位在交通监管(如电子警察)等方面有广泛的应用。数码相机定位是指用数码相机摄制物体的相片，以确定物体表面某些特征点的位置。最常用的定位方法是双目定位，即用两部相机来定位。对物体上某一个特征点，用两部固定于不同位置的相机摄得物体的像，分别获得该点在两部相机像平面上的坐标。只要知道两部相机精确的相对位置，就可用几何的方法得到该特征点在固定一部相机的坐标系中的坐标，即确定了特征点的位置。由此可见，对双目定位，精确地确定两部相机的相对位置就是关键，这一过程称为系统标定。

标定的一种做法是：在一块平板上画若干个点，同时用这两部相机照相，分别得到这些点在它们的像平面上的像点，利用这两组像点的几何关系就可以得到这两部相机的相对位置。然而，无论在物平面还是在像平面上，我们都无法直接得到没有几何尺寸的“点”。实际的做法是在物平面上画若干个圆(称为靶标)，它们的圆心就是几何的点。而它们的像一般会变形，所以必须从靶标上这些圆的像中把圆心的像精确地找到，标定就可实现。

有人设计靶标如下，取1个边长为100 mm的正方形，分别以4个顶点(对应为A、C、D、E)为圆心，以12 mm为半径作圆。以AC边上距离A点30 mm处的B点为圆心，以12 mm为半径作圆，如图1所示。

用一位置固定的数码相机摄得其像，如图2所示。

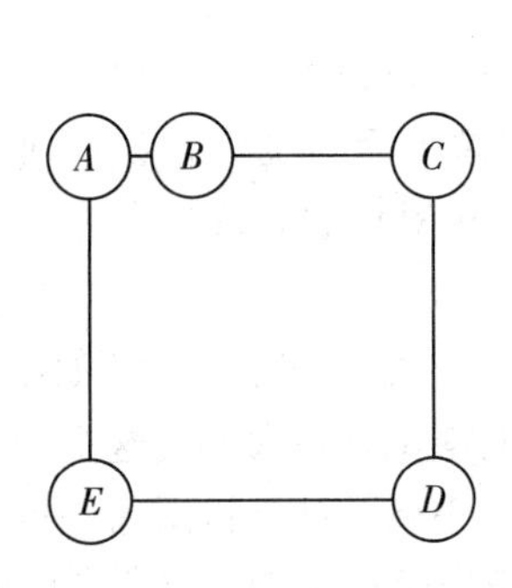

图1　靶标示意图

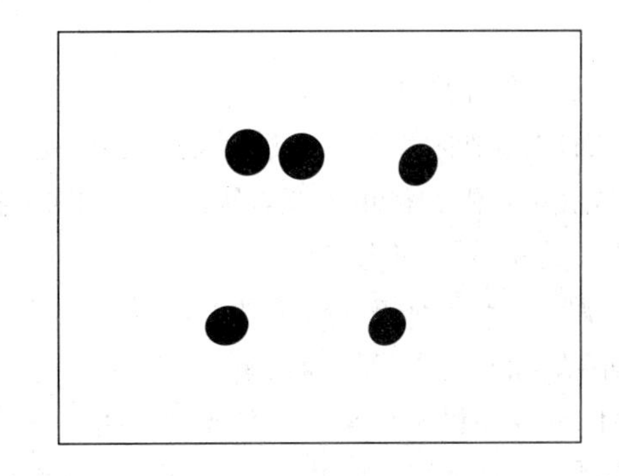
图2　靶标的像

需要解决如下问题：

问题一，建立数学模型并设计其算法以确定靶标上圆的圆心在该相机像平面上的像坐标，这里坐标系原点取在该相机的光学中心，$x-y$平面平行于像平面。

问题二，对由图1、图2分别给出的靶标及其像，计算靶标上圆的圆心在像平面上的像坐标，该相机的像距(即光学中心到像平面的距离)为1577个像素单位(1毫米约为3.78个像素单位)，相机分辨率为1024×768。

问题三，设计一种方法检验所建立的模型，并对方法的精度和稳定性进行讨论。

问题四，建立“用此靶标给出两部固定相机相对位置”的数学模型。

2 模型假设与符号设定

2.1 模型假设

当考虑畸变因子时，只考虑径向畸变的影响。

2.2 符号设定

f ——相机焦距；

(x_w, y_w, z_w)——P 点在世界坐标系中的三维坐标；

(x, y, z)——P 点在相机坐标系中的三维坐标；

(x_u, y_u)——P 点对应的像平面的坐标计算值；

(x_d, y_d)——P 点的实际图像坐标；

(u, v)——P 点的计算机图像坐标，以像素为单位；

(u_0, v_0)——计算机图像中心坐标，以像素为单位；

$\boldsymbol{R}$——旋转正交矩阵；

$\boldsymbol{T}$——平移矩阵；

k_1——离散图像中的水平畸变因子；

k_2——离散图像中的垂直畸变因子。

3 问题分析

数码相机定位问题可以分成三个过程：第一个过程是坐标变换并建模，确立物平面上的点在像平面中的坐标；第二个过程是系统标定，利用像平面的坐标和物平面的坐标来计算旋转正交矩阵 $\boldsymbol{R}$ 和平移矩阵 $\boldsymbol{T}$，从而找到相机与物的相对位置；第三个过程是设计方法检验上述算法的精确度和稳定性。

对于问题一，考虑到相机与物平面不在同一个平面，以及一些畸变因子的干扰，必须要通过空间内的坐标变换在像平面和物平面之间找到一一对应的转变关系，这个坐标变换过程是由世界坐标系→相机坐标系→理想图像坐标→实际图像坐标→计算机图像坐标。对变换过程中的一系列公式求解后，总结出一个算法计算靶标上圆的圆心在像平面的像坐标。

对于问题二，由于靶标上的圆映射到像平面后会变形，故首先要确定一种在像平面内根据变形后圆周上的点找圆心的方法，然后将要计算的图以 0－1 矩阵的形式存入计算机，根据这 5 个圆的圆心在物平面和像平面的坐标位置，利用 RAC 两步法结合最小二乘法计算旋转正交矩阵 $\boldsymbol{R}$ 和平移矩阵 $\boldsymbol{T}$，从而确定相机与物平面的相对位置。

对于问题三，在对模型精度和稳定性进行分析时，可以分别就圆的外部点和内部点采用外部检验和内部检验。通过计算检验点在像平面坐标的计算值及其在像平面拍摄出来的坐标实际值之间的偏移量和方差来判断精度和稳定性。

对于问题四，用两部相对位置固定的相机分别对靶标进行拍摄，可得到两张照片，由这两张照片和原图像并利用问题二中的 RAC 两步法就可确定旋转正交矩阵和平移矩阵，从而得到该相机与靶标的相对位置，于是整个系统就被标定了，两个相机之间的相对位置也便确定了。

4　模型建立及求解

4.1　建立靶标上圆心像坐标的数学模型

4.1.1　针孔成像的启发

如图3所示，S屏上1、2、3均为小针孔，物点A、B均可透过小针孔在屏S'上成一自己的针孔像，设想在1、3两针孔后各放置一个小三棱镜，适当选择三棱镜的顶角和放置方位，可以使1、3两针孔对物点A所成之像A_1、A_3与针孔2所成的像A_2重合。此时所得A的像A'显然要比单独一个针孔所成的像亮些。事实上，只要适当调整棱镜的顶角和放置方位，就能使物点B经1、2、3三个针孔所成的像会于某点，反复调节直至A_1、A_2、A_3会于一点A'，同时B_1、B_2、B_3会于另一点B'。但A'与B'在空间的位置不是唯一的。为使第三个物点C经三个“针孔—棱镜”系统所成之三个像点会于一点，又要反复调节A、B、C三个物点的三组像点，使之各会聚于一点。当最后调好时，三个物点的三个像点在空间的活动范围又进一步受到限制。当考虑整个屏面布满针孔情况下的所有针孔成像时，若屏S是一个圆面，我们使用一个以此圆面为其横截面的透镜即可在顷刻之间完成对整个物体O的成像，此时像在空间的位置是唯一确定的。

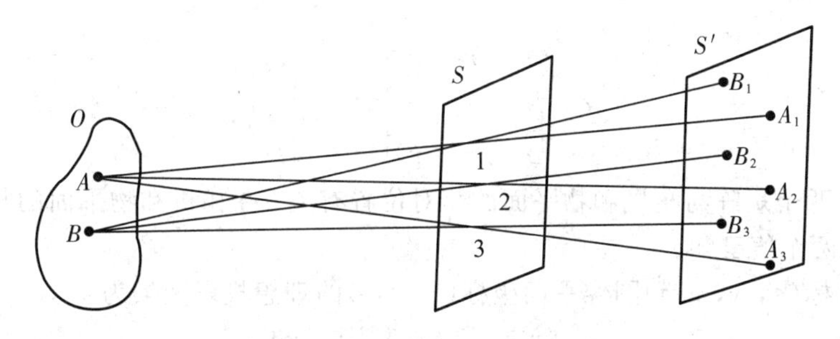

图3　小孔成像

由上面的分析，我们容易认识到，通常的透镜成像实际上可以看作是先由透镜中心或光学中心(作为针孔)对物体的针孔成像，然后以这个针孔所成的针孔像为基础，透镜物质(玻璃)将投射到透镜其余部分的、本来要在各个点上进行针孔成像的光偏折，使得由物上同一点来到透镜各点上的光被偏折到像平面上的同一点。透镜可以看作是处处刺了针孔的屏S[1]，因为处处刺了针孔，故屏S就变成了完全透明的，因此，对于接下来要讨论的靶标上的点到像平面坐标的转化问题，本文就采用类似上述针孔成像的思想，透镜所成的像就是在透镜光心针孔所成像的基础上将各点的针孔像叠加起来。

4.1.2　世界坐标系到像平面坐标系的变换

要建立数学模型来确立靶标上圆的圆心在该相机像平面上的像坐标，关键就是从世界坐标(x_w, y_w, z_w)到像平面的计算机图像坐标(u, v)的变换，如图4所示，这个过程必须要经过相机坐标系的转化。相机坐标系是指过相机透镜光学中心的截面并以光学中心为坐

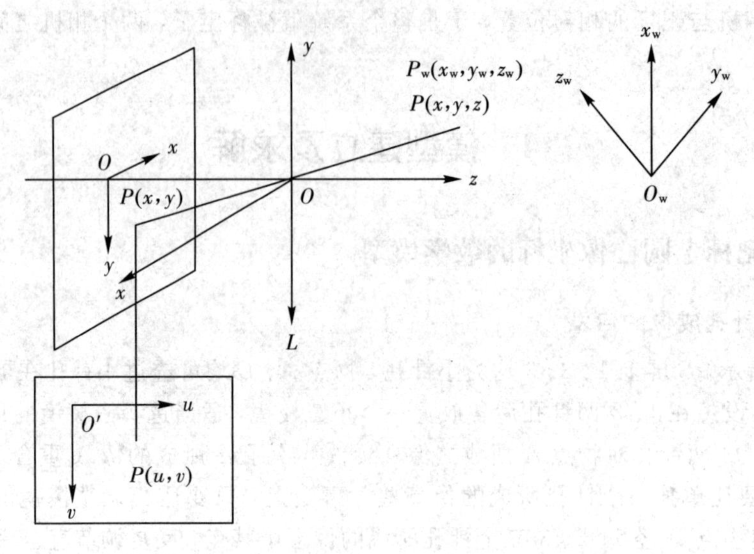

图 4 坐标变换图

标原点建立的坐标系，具体过程如下[2]：

$$\begin{bmatrix} x \\ y \\ z \end{bmatrix} = [\boldsymbol{R} \quad \boldsymbol{T}] \begin{bmatrix} x_w \\ y_w \\ z_w \\ 1 \end{bmatrix} \tag{1}$$

其中，

$$\boldsymbol{R} = \begin{bmatrix} r_1 & r_2 & r_3 \\ r_4 & r_5 & r_6 \\ r_7 & r_8 & r_9 \end{bmatrix}, \boldsymbol{T} = \begin{bmatrix} t_x \\ t_y \\ t_z \end{bmatrix} \tag{2}$$

$\boldsymbol{R}$ 和 $\boldsymbol{T}$ 这两个矩阵与相机和物平面的相对位置有关，在相机和物平面的相对位置确定的情况下，这两个值已知。

摄像机坐标(x, y, z)到图像平面坐标(x_u, y_u)的理想投影变换为

$$z \begin{bmatrix} x_u \\ y_u \\ 1 \end{bmatrix} = \begin{bmatrix} f & 0 & 0 \\ 0 & f & 0 \\ 0 & 0 & 1 \end{bmatrix} \begin{bmatrix} x \\ y \\ z \end{bmatrix} \tag{3}$$

式中，f 为相机焦距。

考虑到相机拍摄照片时，由镜头畸变引起的坐标位置的偏移也是不容忽视的一个重要方面，它包含径向畸变和切向畸变。一般情况下，径向畸变是影响机器视觉精度的主要因素。径向畸变会引起图像点沿径向移动，离中心点越远，其变形量越大。正的径向变形量会引起点向远离图像中心的方向移动，其比例系数增大；负的径向变形量会引起点向靠近图像中心的方向移动，其比例系数减小。像平面的原点定义为相机光轴与图像平面的交点，一般位于图像中心。由于图像离散化时，水平和垂直两个方向的尺度可能不同，于是对上述的理想坐标(x_u, y_u)再做如下转换，即可得到成像点的实际坐标(x_d, y_d)，即

$$\begin{cases} x_d = x_u(1 + k_1 x_d^2 + k_2 y_d^2) \\ y_d = y_u(1 + k_1 x_d^2 + k_2 y_d^2) \end{cases} \tag{4}$$

由此得到了实际图像坐标(x_d，y_d)，计算时将它化成计算机图像坐标(u，v)，以像素为坐标单位，即

$$\begin{cases} u=u_0+\dfrac{x_d}{dx} \\ v=v_0+\dfrac{y_d}{dy} \end{cases} \tag{5}$$

式中：dx是x方向像素点间距；dy是y方向像素点间距。由于1毫米＝3.78像素，因此$dx=dy=0.265$，$u_0=1024/2=512$像素，$v_0=768/2=384$像素。

上述式(1)～式(5)便完成了从世界坐标系到像平面坐标系的变换。

4.1.3　靶标上圆心像坐标的数学模型

在相机与物平面的相对位置确定的情况下，只要已知任意一点(x_w，y_w，z_w)，均可通过变换式(1)～式(5)计算出该点在相机像平面上的像坐标(u，v)，即

$$\begin{cases} u=\dfrac{(1+k_1x_d^2+k_2y_d^2)(r_1x_w+r_2y_w+r_3z_w+t_x)f}{0.265(r_7x_w+r_8y_w+r_9z_w+t_z)}+u_0 \\ v=\dfrac{(1+k_1x_d^2+k_2y_d^2)(r_4x_w+r_5y_w+r_6z_w+t_y)f}{0.265(r_7x_w+r_8y_w+r_9z_w+t_z)}+v_0 \end{cases} \tag{6}$$

要求靶标上圆的圆心在像平面上的坐标，只需将靶标上的图像转化成单色图读入MATLAB，求出靶标上圆心的坐标(x_0，y_0，0)，便可得到圆心的像坐标。在一般情况下，若考虑畸变因子，则有如下计算公式：

$$\begin{cases} u=\dfrac{(1+k_1x_d^2+k_2y_d^2)(r_1x_0+r_2y_0+t_x)f}{0.265(r_7x_0+r_8y_0+t_z)}+u_0 \\ v=\dfrac{(1+k_1x_d^2+k_2y_d^2)(r_4x_0+r_5y_0+t_y)f}{0.265(r_7x_0+r_8y_0+t_z)}+v_0 \end{cases} \tag{7}$$

若不考虑畸变因子，即认为透镜模型为一个理想的成像模型，则坐标变换公式如下：

$$\begin{cases} u=\dfrac{(r_1x_0+r_2y_0+t_x)f}{0.265(r_7x_0+r_8y_0+t_z)}+u_0 \\ v=\dfrac{(r_4x_0+r_5y_0+t_y)f}{0.265(r_7x_0+r_8y_0+t_z)}+v_0 \end{cases} \tag{8}$$

在下面各问题的计算中，我们都是基于理想的成像模型考虑的，利用式(8)来计算物平面和像平面的坐标变换。在模型改进中，我们再扩展到一般情况，考虑畸变因子对位置偏移造成的影响。

在实际应用中，若相机与物平面的相对位置不确定，即$\boldsymbol{R}$、$\boldsymbol{T}$值未知时，可先将物体的原图和相机拍摄的图分别转化成单色图，由MATLAB软件读取，然后根据两图各圆的相对位置关系求出$\boldsymbol{R}$、$\boldsymbol{T}$的值，从而确定相机与物平面的位置关系，进而求出靶标上圆心在相机像平面上的坐标。在下面的4.2中我们会利用图1和图2作具体的计算。

4.2　利用图1和图2来具体计算靶标上圆心的像坐标

4.2.1　图像的存入和像平面上圆心的确定方法

首先，在画图软件中先将图2转化成单色图，即图像中仅有黑白两色，在读入计算机时，白色用0来表示，黑色用1来表示，由于相机分辨率为1024×768，故在创建一个1024×768

的像素图后，所有的图都可以用1024行768列的0－1矩阵的形式来存入计算机。下面讨论两种确定像平面圆心坐标的方法。

方法一：用最值点相连求交点

首先利用MATLAB中的edge函数求出各圆的边缘点，然后再确定像平面上圆的圆心位置坐标。边缘点在像素图中的计算机存储位置见数字课程网站，5个圆的边缘点的图像如图5所示。

一般情况下，相机所处的平面不与物平面平行，此时靶标上的圆被拍摄到像平面后会发生形状畸变，如变成了椭圆。而要确立靶标上圆的圆心在像平面中的坐标，必须要通过畸变后的图像来寻找该圆的圆心。

此种方法确定圆心的具体做法是，在像素图中以最左上角的点为原点建立直角坐标系，横向为x轴，纵向为y轴，坐标轴单位为1像素(见图6)，由此得到像平面中图像曲线的各点坐标。在图中，分别找出x值最大和最小的点a、c，将a、c两点连成一条线段，根据两端点的坐标可得到此直线方程；同理再分别找出y值最大和最小的点b、d，将b、d两点连成一条线段，两线段交于M点。

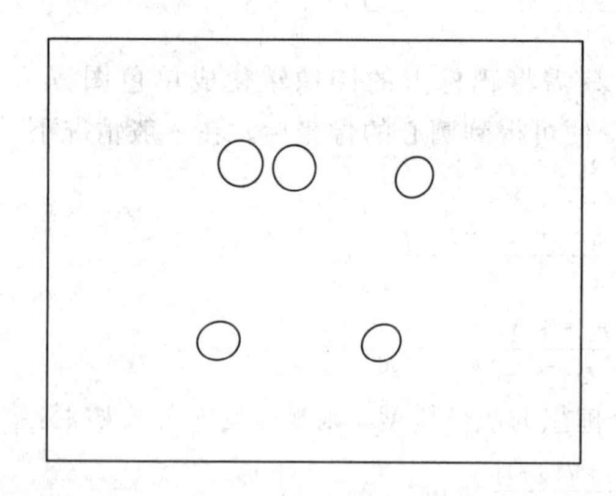

图5　5个圆的边缘点

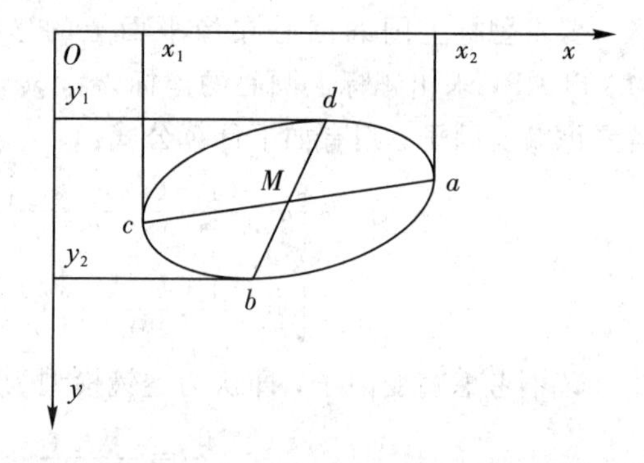

图6　图像中心点位置的确定

设$a(x_2, y_3)$、$b(x_3, y_2)$、$c(x_1, y_4)$、$d(x_4, y_1)$、$M(x, y)$，则

$$\begin{cases} y_3 = a_1 x_2 + b_1 \\ y_4 = a_1 x_1 + b_1 \\ y_2 = a_2 x_3 + b_2 \\ y_1 = a_2 x_4 + b_2 \\ y = a_1 x + b_1 \text{ 或 } y = a_2 x + b_2 \end{cases}$$

根据两线段所在直线的方程便可求出交点M的坐标(x, y)(程序见数字课程网站)，我们认为M点为这个图像的中心点，即靶标上圆的圆心。

当x值最小时，若y有多个值，即像素图在最左端恰好有某一竖直小段，则取这几个y值的平均值作为该最小点的y坐标，其他最值情况也可同样处理。

在图2中，一共有5个圆，为避免多个圆用上述方法搜索最值时对彼此结果产生干扰，我们对它们进行单个读入。

最终汇总结果如表1所示。

表1　各圆的最值坐标和圆心坐标　　像素

圆的序号	(x_2, y_3)	(x_1, y_4)	(x_3, y_2)	(x_4, y_1)	圆心坐标(x, y)
1(*A*)	231，321	149，324.5	188，365	192，282	190.036，322.748
2(*B*)	237，420	157，426	194，464	200，383	197.037，422.997
3(*C*)	252，635	176，645	208.5，677	218，604	213.303，640.092
4(*E*)	538，280.50	467，289	498.5，324	505.5，246	502.017，284.808
5(*D*)	536，576.50	471，589	497，618	508.5，549	502.854，582.874

方法二：用重心法确定圆心

这种方法是通过求圆在像坐标上的图像的重心来作为靶标上圆心在像平面上的位置。用这个方法计算这5个圆的圆心坐标结果如表2所示。

表2　方法二算得的圆心坐标　　像素

圆的序号	圆心坐标(x, y)
1(*A*)	189.4935，322.8948
2(*B*)	196.9423，422.996
3(*C*)	213.1522，639.8994
4(*E*)	501.7731，284.6657
5(*D*)	502.9824，582.7329

将上述两种方法对比，得到表3。

表3　两种方法的对比表

圆的序号	圆心坐标(x, y)	
	方法一	方法二
1(*A*)	190.036，322.748	189.494，322.895
2(*B*)	197.037，422.997	196.942，422.996
3(*C*)	213.303，640.092	213.152，639.899
4(*E*)	502.017，284.808	501.773，284.666
5(*D*)	502.854，582.874	502.982，582.733

由表3可以看出，两种方法求得的圆心坐标位置很接近，但是当用方法一进行计算时，若椭圆倾斜的角度比较大，则这种方法确立的圆心坐标点误差较大，因此，为了更具一般性，本文在下面的计算中采用方法二来计算。

至此，得到了实际靶标上5个圆的圆心在像平面上的像坐标(x_d, y_d)，接下来要通过RAC两步法计算***R***、***T***参数，将图1的圆心坐标代入坐标变换公式进行求解，在不考虑畸变因子的情况下可获得理想像坐标(x_u, y_u)。

4.2.2 基于 RAC 约束的两步法计算 $\boldsymbol{R}$、$\boldsymbol{T}$ 参数

第一步：计算旋转正交矩阵 $\boldsymbol{R}$ 和平移矩阵 $\boldsymbol{T}$ 中的 t_x 和 t_y 分量。由式(1)可得

$$\begin{cases} x=r_1x_w+r_2y_w+r_3z_w+t_x \\ y=r_4x_w+r_5y_w+r_6z_w+t_y \\ z=r_7x_w+r_8y_w+r_9z_w+t_z \end{cases}$$

RAC 意味着 $\dfrac{x}{y}=\dfrac{X_d}{Y_d}=\dfrac{r_1x_w+r_2y_w+r_3z_w+t_x}{r_4x_w+r_5y_w+r_6z_w+t_y}$，选取世界坐标系时，不失一般性，使 $z_w=0$，于是有

$$X_d=[x_wY_d \quad y_wY_d \quad Y_d \quad -x_wX_d \quad -y_wX_d]\begin{bmatrix} r_1/t_y \\ r_2/t_y \\ t_x/t_y \\ r_4/t_y \\ r_5/t_y \end{bmatrix} \tag{9}$$

由该式可解出 r_1、r_2、r_4、r_5 共 4 个独立变量。而正交阵加上一个比例($1/t_y$)也正好有 4 个独立变量，故式(9) 可唯一地确定(当方程数>4 时) 旋转正交矩阵 $\boldsymbol{R}$ 和平移分量 t_x、t_y。

选取一幅含有 N 个共面特征点的标定图形，确定这 N 个点的图像坐标(X_{fi}，Y_{fi}) 和世界坐标(x_{wi}，y_{wi})，$i=1$，…，N。根据式(9)，计算：

$$\begin{cases} X_{di}=\dfrac{X_{fi}-X_c}{N_X} \\ Y_{di}=\dfrac{Y_{fi}-Y_c}{N_Y} \end{cases}$$

式中，(X_c，Y_c)表示像素中心坐标，(N_X，N_Y)表示实际图像平面中单位距离上的像素点数。

利用式(9)对每个物体点 P_i，可列出一个方程，联立这 N 个方程

$$X_{di}=[x_{wi}Y_{di} \quad y_{wi}Y_{di} \quad Y_{di} \quad -x_{wi}X_{di} \quad -y_{wi}X_{di}]\begin{bmatrix} r_1/t_y \\ r_2/t_y \\ t_x/t_y \\ r_4/t_y \\ r_5/t_y \end{bmatrix} \tag{10}$$

令

$$\boldsymbol{W}=[x_{wi}Y_{di} \quad y_{wi}Y_{di} \quad Y_{di} \quad -x_{wi}X_{di} \quad -y_{wi}X_{di}],\ \aleph=\begin{bmatrix} r_1/t_y \\ r_2/t_y \\ t_x/t_y \\ r_4/t_y \\ r_5/t_y \end{bmatrix}$$

则有 $\boldsymbol{W}\cdot\aleph=X_{di}$，用最小二乘法求解这个超定方程组，再利用 $\boldsymbol{R}$ 的正交性计算 t_y 和 $r_1\sim r_5$，可得

$$t_y^2=\frac{S-\left[S^2-4\left(\dfrac{r_1r_5}{t_y^2}-\dfrac{r_2r_4}{t_y^2}\right)^2\right]^{1/2}}{2\left(\dfrac{r_1r_5}{t_y^2}-\dfrac{r_2r_4}{t_y^2}\right)^2},\ S=\frac{r_1^2}{t_y^2}+\frac{r_2^2}{t_y^2}+\frac{r_4^2}{t_y^2}+\frac{r_5^2}{t_y^2} \tag{11}$$

求得$|t_y|$后，需要确定它的符号。由成像几何关系可知，X_d与x、Y_d与y应有相同符号，可以在求得t_y后，任选一特征点P_k，首先假设t_y为正，通过计算r_1、r_2、r_4、r_5和t_x，然后根据下式求x、y：

$$\begin{cases} x = r_1 x_w + r_2 y_w + t_x \\ y = r_4 x_w + r_5 y_w + t_y \end{cases} \tag{12}$$

若此时x与X_d、y与Y_d同号，则t_y符号就为正，否则t_y为负。

利用正交性和右手系特性可计算：

$$R = \begin{bmatrix} r_1 & r_2 & (1-r_1^2-r_2^2)^{1/2} \\ r_4 & r_5 & -\mathrm{sgn}[r_1 r_4 + r_2 r_5](1-r_4^2-r_5^2)^{1/2} \\ r_7 & r_8 & r_9 \end{bmatrix}$$

或

$$R = \begin{bmatrix} r_1 & r_2 & -(1-r_1^2-r_2^2)^{1/2} \\ r_4 & r_5 & \mathrm{sgn}[r_1 r_4 + r_2 r_5](1-r_4^2-r_5^2)^{1/2} \\ -r_7 & -r_8 & r_9 \end{bmatrix} \tag{13}$$

sgn(·)为符号函数，若括号里的数值为正则返回1，为零则返回0，为负则返回−1，r_7、r_8、r_9根据旋转矩阵的性质由前两行叉乘得到。具体选取哪一个$\boldsymbol{R}$，可由试探法确定，即先任选一个，向下计算，若依此$\boldsymbol{R}$值由第2步计算出的$f<0$，则放弃这个$\boldsymbol{R}$；若$f>0$；则选取正确。

第二步：计算平移矩阵的t_z分量和有效焦距f。

对每个特征点P_i计算：

$$\begin{cases} y_i = r_4 x_{wi} + r_5 y_{wi} + t_y \\ z_i = r_7 x_{wi} + r_8 y_{wi} + t_z \end{cases}$$

设$w_i = r_7 x_{wi} + r_8 y_{wi}$，若不计透镜畸变，则有

$$\begin{bmatrix} y_i & -(Y_f - Y_c)/N_Y \end{bmatrix} \begin{bmatrix} f \\ t_z \end{bmatrix} = (Y_f - Y_c)\frac{w_i}{N_Y}$$

解此超定方程，可分别求出有效焦距f和平移矩阵$\boldsymbol{T}$的t_z分量。

在得到旋转矩阵$\boldsymbol{R}$、平移向量$\boldsymbol{T}$和f的解后，令$k=k_1=k_2=0$，可以通过下式用非线性优化方法计算f、t_z和k的优化值：

$$\begin{cases} x_d(1+kr^2) = f\dfrac{r_1 x_{wi} + r_2 y_{wi} + t_x}{r_7 x_{wi} + r_8 y_{wi} + t_z} \\ y_d(1+kr^2) = f\dfrac{r_4 x_{wi} + r_5 y_{wi} + t_y}{r_7 x_{wi} + r_8 y_{wi} + t_z} \end{cases} \tag{14}$$

其中，$r^2 = x_d^2 + y_d^2$。

4.2.3　计算结果及分析

1）计算求解

按照上面的步骤，在物平面中，以圆E为圆心，建立空间直角坐标系，如图7所示，得到5个圆的圆心坐标如下：

A点坐标$(x_{w1}, y_{w1}, z_{w1}) = (0, 100, 0)$

B点坐标$(x_{w2}, y_{w2}, z_{w2}) = (30, 100, 0)$

C点坐标$(x_{w3}, y_{w3}, z_{w3})=(100, 100, 0)$

E点坐标$(x_{w4}, y_{w4}, z_{w4})=(0, 0, 0)$

D点坐标$(x_{w5}, y_{w5}, z_{w5})=(100, 0, 0)$。

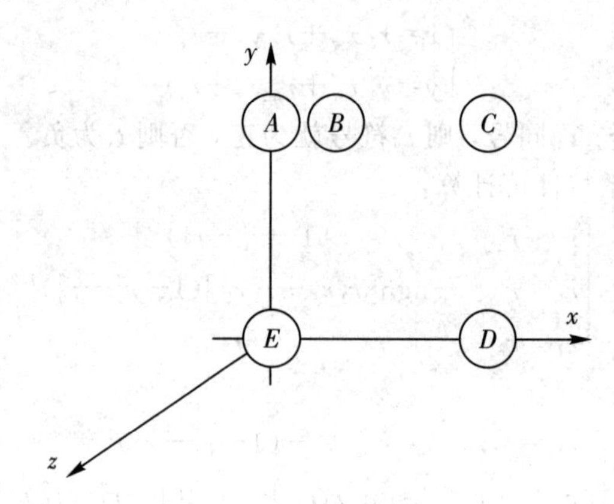

图 7　圆的圆心坐标

在像平面中，由图 7 可得这 5 个圆心 A、B、C、E、D 的坐标分别为

A点坐标$(x_{d1}, y_{d1})=(-51.5873, -50)$

B点坐标$(x_{d2}, y_{d2})=(-49.4709, -23.545)$

C点坐标$(x_{d3}, y_{d3})=(-45.2381, 33.86243)$

E点坐标$(x_{d4}, y_{d4})=(31.21693, -60.0529)$

D点坐标$(x_{d5}, y_{d5})=(31.48148, 18.78307)$

由式(10)可计算出 $r_1'=\frac{r_1}{t_y}$，$r_2'=\frac{r_2}{t_y}$，$r_3'=\frac{t_x}{t_y}$，$r_4'=\frac{r_4}{t_y}$，$r_5'=\frac{r_5}{t_y}$这 5 个值，如表 4 所示。

表 4　最小二乘法计算 r_i' 值

圆心	$x_{wi}Y_{di}$	$y_{wi}Y_{di}$	Y_{di}	$-x_{wi}X_{di}$	$-y_{wi}X_{di}$	X	r_i'
1(A)	0	−5000	−50	0	5158.73	−51.5873	−0.0005
2(B)	−706.349	−2354.5	−23.545	1484.127	4947.09	−49.4709	0.0132
3(C)	3386.243	3386.243	33.86243	4523.81	4523.81	−45.2381	−0.5198
4(E)	0	0	−60.0529	0	0	31.21693	−0.0134
5(D)	1878.307	0	18.78307	−3148.15	0	31.48148	−0.0022

代入式(11)计算出$|t_y|=70.3027$，下面通过任选一点(圆 B 的圆心)来判断 t_y的正负符号，从而确定坐标，如表 5 所示。

表 5　由 t_y的正负号确定坐标

t_y	t_x	x	y
70.3027	36.5434	54.7146	27.5098
−70.3027	36.5434	−54.7146	−27.5098

而圆 2 圆心在像平面的坐标为$(x_{d2}, y_{d2})=(-49.4709\quad -23.545)$，由于 x_{d2}与 x，y_{d2}与 y

应有相同符号，于是 $t_y=-70.3027$。至此，可求出 $r_1=0.035151$，$r_2=-0.928$，$t_x=36.5434$，$r_4=0.942056$，$r_5=0.154666$。

由式(13)可算出

$$\boldsymbol{R}_1=\begin{bmatrix}0.035151 & -0.928 & 0.37093\\ 0.942056 & 0.154666 & 0.29767\\ -0.333608 & 0.33897 & 0.879661\end{bmatrix}$$

$$\boldsymbol{R}_2=\begin{bmatrix}0.035151 & -0.928 & -0.37093\\ 0.942056 & 0.154666 & -0.29767\\ 0.333608 & -0.33897 & 0.879661\end{bmatrix}$$

用 $\boldsymbol{R}_1$ 和 $\boldsymbol{R}_2$ 分别往下用最小二乘法来计算相机焦距 f 和 t_z，舍弃 $f<0$ 的 $\boldsymbol{R}$ 值，表 6 为计算结果。

表 6　$\boldsymbol{R}_1$、$\boldsymbol{R}_2$ 计算结果对照表

$\boldsymbol{R}_1$ 所求			$\boldsymbol{R}_2$ 所求		
y_i	$(Y_f-Y_c)/N_Y$	$y_i\times w_i$	y_i	$(Y_f-Y_c)/N_Y$	$y_i\times w_i$
−54.8361	−50	−1694.86	−54.8361	−50	1694.86
−26.5744	−23.545	−562.465	−26.5744	−23.545	562.465
39.3695	33.86243	18.1638	39.3695	33.86243	−18.1638
−70.3027	−60.0529	0	−70.3027	−60.0529	0
23.9029	18.78307	−626.618	23.9029	18.78307	626.618
t_z	f		t_z	f	
−498.4294	−424.7395		498.4294	424.7395	

从表中可得，$\boldsymbol{R}_1$ 的 f 值为负，舍去。于是得到了旋转正交矩阵(求解程序见数字课程网站)：

$$\boldsymbol{R}=\begin{bmatrix}0.035151 & -0.928 & -0.37093\\ 0.942056 & 0.154666 & -0.29767\\ 0.333608 & -0.33897 & 0.879661\end{bmatrix}$$

$t_z=498.4294$，$f=424.7395$，$k=1.73\times10^{-6}$，因此平移矩阵为

$$\boldsymbol{T}=\begin{bmatrix}36.5434\\ -70.3027\\ 498.4294\end{bmatrix}$$

2）结果分析检验

为了检验这个计算结果的正确性，我们将 5 个圆心在物平面的坐标代入整个坐标变换公式(1)、(3)，求出它们在像平面的坐标，即得到一组坐标的计算值，然后再用图 2 中的各圆心在像平面的坐标位置，即实际测量值作对比，观察计算值与实际值之间的误差，结果如下：

表 7　5 个圆心坐标实际值和计算值对比表　　mm

圆		1(*A*)	2(*B*)	3(*C*)	4(*E*)	5(*D*)
计算值	x_u	−51.4372	−49.4085	−44.9921	31.14067	31.99462
	y_u	−50.1387	−23.7855	33.58509	−59.9089	19.09119
实际值	x_d	−51.5873	−49.4709	−45.2381	31.21693	31.48148
	y_d	−50	−23.545	33.86243	−60.0529	18.78307
偏移量		0.020891	0.03088	0.068728	0.013284	0.179126

偏移量给出的是该点的计算值和实际值的距离。

4.3　模型的检验

1) 八点法检验稳定性

对圆外三点求偏移量：在物平面内任取三个不共线的能在像平面图像上准确找到的点(如取 *AD* 与 *BE* 的交点 *F*、*AD* 与 *CE* 的交点 *G*、*BD* 与 *CE* 的交点 *H* 这三点)，通过上文中坐标变换和旋转正交矩阵 **R**、平移矩阵 **T** 的求解结果，可以算出这三个点在像平面上的坐标计算值。然后在图 2 上，通过圆心的连线可找到这三个点 F'、G'、H'并得出它们的坐标实际值。下面就对 *F*、*G* 和 *H* 这三点来计算检验，如图 8 所示。

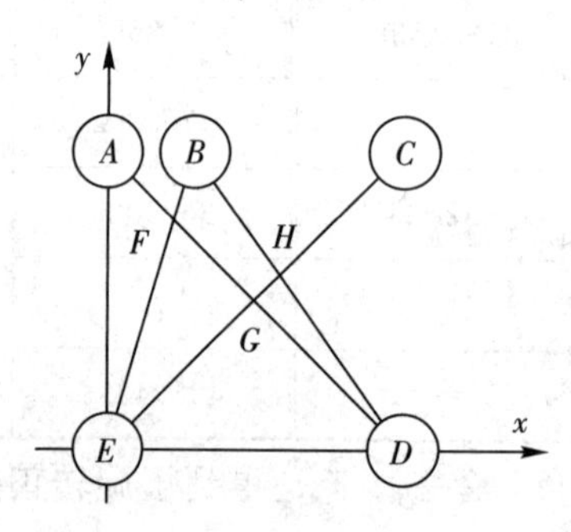

图 8　三点法图示

经过计算后(程序见数字课程网站)得到表 8。

表 8　三点法检验结果　　mm

参数	*F*		*H*		*G*	
	计算值	实际值	计算值	实际值	计算值	实际值
x	−29.988	−30.01587	−13.6926	−13.6852	−6.940806	−6.92804
y	−32.3368	−32.35661	−4.9619	−4.84259	−13.25506	−13.1579
偏移量	0.0058596		0.07144846		0.0479747	

从这个结果的偏移量可以看出误差很小。

接下来用各圆心 *A*、*B*、*C*、*D*、*E* 及这三个点 *F*、*G*、*H* 共 8 个点用上述方法对模型进行检验，由于 *F*、*G*、*H* 这三个点的选取不在原图这 5 个圆内，因此在物平面内具有一般性，可以根据这8个点两组值的对比，求出偏移量的方差，来用作原模型稳定性的检验。结果如表9所示。

表9　八点检验结果

点	偏移量/mm
A	0.020891
B	0.03088
C	0.068728
D	0.179126
E	0.013284
F	0.0059
H	0.0714
G	0.0480
偏移量的方差	0.00312
平均偏移量	0.05478

计算出偏移量的方差为0.00312，说明模型的稳定性较好。

2）利用计算机扫描大量的点来检验模型精度

通过上文的坐标变换和旋转正交矩阵 $\boldsymbol{R}$、平移矩阵 $\boldsymbol{T}$ 的求解结果，可以求得物平面上任意一点在像平面的坐标。接下来我们要详细讨论利用计算机扫描物平面各圆内大量的点来检验精度的方法。

首先，建立直角坐标系，如图9所示。

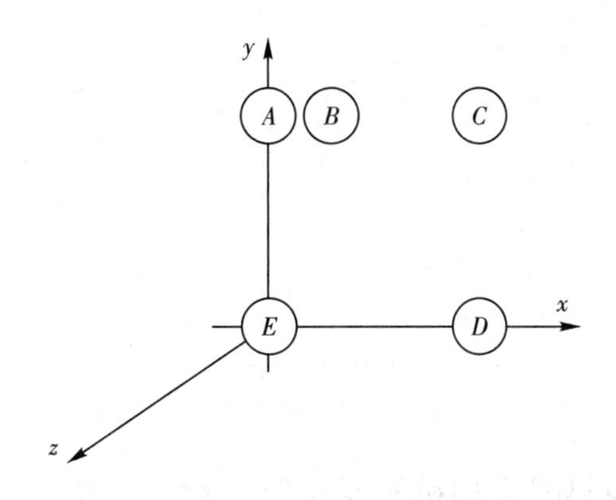

图9　建立坐标系

每个实心圆内和圆上的点都能通过坐标变换在像平面中找到一对应点，若将原图用一定的方式将各点通过坐标变换映射到像平面上，从而在像平面形成一个新的图像，将这个新图像存入1024×768的0-1矩阵 $\boldsymbol{A}_1$，又将像平面的拍摄图像也以1024×768存入矩阵 $\boldsymbol{A}_2$ 作为实际图像用以对比，我们要检验这个坐标变换模型的精度便可通过对照这两个矩阵的0-1差异性来衡量算法精度的高低。这个差异性对比可由矩阵 $\boldsymbol{A}_1$ 与 $\boldsymbol{A}_2$ 的相减得到一个矩阵 $\boldsymbol{A}_3$，显然，$\boldsymbol{A}_3$ 中非零点就是误差点。将 $\boldsymbol{A}_3$ 中的非零点都置成1，则可得到一张显示误差点的直观图，图中黑色的区域越多表明误差点越多，精度越低。

在这样的设想下，我们利用计算机对原图像上的点进行扫描，例如扫描圆 E，对实心圆实行一圈圈地读点，从最外层半径 $r=12$ mm 的圆周开始，以每增加 $\Delta\theta=0.01$ 弧度取点遍历整个圆周，再将 r 以 0.05 mm 的幅度减少遍历实心圆内部的点，直到 $r=0$ 时结束。其他实心圆也同样这样读点。然后用获得的这些点按照上述设想的思路进行变换，进而计算误差。

下面利用上文算出的 $\boldsymbol{R}$、$\boldsymbol{T}$ 矩阵，用上述方法读取图 1 中的点，算出它们在像平面的像坐标(程序见数字课程网站)，图像如图 10 所示。

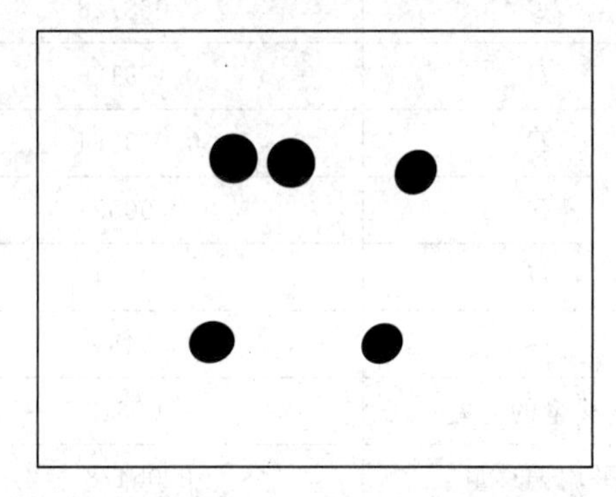

图 10　物平面各点坐标计算后在像平面的分布图

由于图 2 为像平面上拍摄的图，故利用图像矩阵的相减得到新矩阵 $\boldsymbol{A}_3$，这个矩阵即可作为误差矩阵来评价算法的精度。$\boldsymbol{A}_3$ 对应的图像如图 11 所示。图中黑色的点即为计算有误差的点，从这个图中可以看出，黑色区域仅为一些细曲线，除了圆 D 的误差较大外，其他各圆的计算值和实际值基本都是比较吻合的，这说明本题中的算法还是比较精确的。

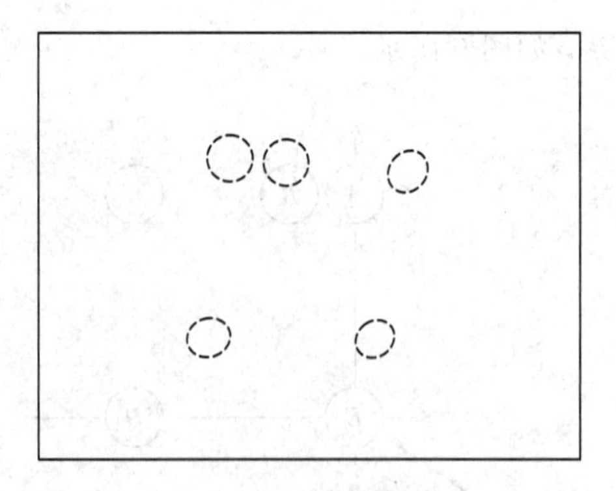

图 11　误差矩阵图像

4.4　用此靶标给出两部固定相机相对位置的数学模型

4.4.1　用此靶标给出两部固定相机相对位置的数学模型

在前面的讨论中，可以得出，用一部照相机拍摄物体 P，可以根据物体的原图像和拍摄图像，用 RAC 两步法求出旋转正交矩阵 $\boldsymbol{R}$ 和平移矩阵 $\boldsymbol{T}$，从而算得从物体到像平面的坐标变换关系，确定物体 P 与相机的相对位置。在这个基础上，我们设想，固定物体不动，若采用两部固定相机对它进行拍摄，分别得到两幅图，利用单相机定标方法可分别得到两个相机各自内外参数，确定每部相机与固定物体的相对位置，那么，这两部相机之间的相对位置也就可以确定了。下面就依据此思路建立测量两部固定相机相对位置的数学模型。

如图 12 所示，物体 P 可以看成靶标上某个圆的圆心，设它在世界坐标系、c_1坐标系与 c_2坐标系下的坐标分别为(x_{w1}, y_{w1}, z_{w1})、(x_{c1}, y_{c1}, z_{c1})、(x_{c2}, y_{c2}, z_{c2})，记 $\boldsymbol{Q}_{w1}^{T}=[x_{w1}, y_{w1}, z_{w1}]$，$\boldsymbol{Q}_{c1}^{T}=[x_{c1}, y_{c1}, z_{c1}]$，$\boldsymbol{Q}_{c2}^{T}=[x_{c2}, y_{c2}, z_{c2}]$，照相机 C_1、C_2的外参数(旋转正交矩阵 $\boldsymbol{R}$ 和平移矩阵 $\boldsymbol{T}$)分别用$(\boldsymbol{R}_1, \boldsymbol{t}_1)$，$(\boldsymbol{R}_2, \boldsymbol{t}_2)$表示，则

$$\begin{cases}\boldsymbol{Q}_{c1}=\boldsymbol{R}_1\boldsymbol{Q}_{W1}+\boldsymbol{t}_1\\ \boldsymbol{Q}_{c2}=\boldsymbol{R}_2\boldsymbol{Q}_{W1}+\boldsymbol{t}_2\end{cases}$$

上式消去 $\boldsymbol{Q}_{W1}$后得到

$$\boldsymbol{Q}_{c1}=\boldsymbol{R}_1\boldsymbol{R}_2^{-1}\boldsymbol{Q}_{c2}+\boldsymbol{t}_1-\boldsymbol{R}_1\boldsymbol{R}_2^{-1}\boldsymbol{t}_2$$

即

$$\begin{pmatrix}x_{c1}\\ y_{c1}\\ z_{c1}\end{pmatrix}=\boldsymbol{R}_1\boldsymbol{R}_2^{-1}\begin{pmatrix}x_{c2}\\ y_{c2}\\ z_{c2}\end{pmatrix}+\boldsymbol{t}_1-\boldsymbol{R}_1\boldsymbol{R}_2^{-1}\boldsymbol{t}_2 \tag{15}$$

由此得到了两个相机的相对位置，也可以用 $\boldsymbol{R}$、$\boldsymbol{t}$ 来表示：

$$\begin{cases}\boldsymbol{R}=\boldsymbol{R}_1\boldsymbol{R}_2^{-1}\\ \boldsymbol{t}=\boldsymbol{t}_1-\boldsymbol{R}_1\boldsymbol{R}_2^{-1}\boldsymbol{t}_2\end{cases} \tag{16}$$

以上关系式表示，如果对两个相机分别定标，得到 $\boldsymbol{R}_1$、$\boldsymbol{t}_1$ 与 $\boldsymbol{R}_2$、$\boldsymbol{t}_2$，则这两个相机的相对位置便可由式(16)计算。

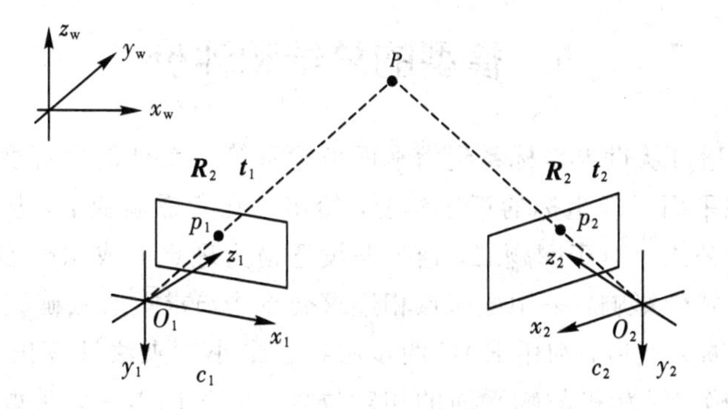

图 12　两部相机拍摄物体 P

4.4.2　利用不同位置拍摄的两张照片应用模型

由于原题中只提供了一张拍摄的相片图 2，为了应用上述模型进一步计算，于是用照相机在另一个位置对原图 1 拍摄了另一张图，得到的图像如图 13 所示。

图 13　另一部相机对原图拍摄的图

由图2和图13作为上述模型中两部固定相机对此靶标的拍摄图像，设这两个图像分别由相机 C_1、C_2 拍得，决定相机 C_1、C_2 与靶标相对位置的外参数(旋转正交矩阵 $\boldsymbol{R}$ 和平移矩阵 $\boldsymbol{T}$)分别用($\boldsymbol{R}_1$，$\boldsymbol{t}_1$)、($\boldsymbol{R}_2$，$\boldsymbol{t}_2$)表示，两相机的相对位置外参数分别用($\boldsymbol{R}$，$\boldsymbol{t}$)来表示，然后用问题二的RAC两步法求出外参数的值，如下所示：

$$\boldsymbol{R}_1=\begin{bmatrix}0.029034 & -0.92183 & -0.3865\\0.921831 & 0.174204 & -0.34624\\0.386504 & -0.34624 & 0.85483\end{bmatrix},\ \boldsymbol{t}_1=\begin{bmatrix}36.5974\\-72.5851\\462.0065\end{bmatrix}$$

$$\boldsymbol{R}_2=\begin{bmatrix}0.028893 & -0.94769 & -0.31788\\0.953471 & -0.06934 & 0.293402\\-0.3001 & -0.31156 & 0.901594\end{bmatrix},\ \boldsymbol{t}_2=\begin{bmatrix}47.1419\\-57.7861\\298.3252\end{bmatrix}$$

由公式

$$\begin{cases}\boldsymbol{R}=\boldsymbol{R}_1\boldsymbol{R}_2^{-1}\\\boldsymbol{t}=\boldsymbol{t}_1-\boldsymbol{R}_1\boldsymbol{R}_2^{-1}\boldsymbol{t}_2\end{cases}$$

可得

$$\boldsymbol{R}=\begin{bmatrix}0.9973 & -0.0218 & -0.0700\\-0.0284 & 0.7653 & -0.6431\\0.0676 & 0.6433 & 0.7626\end{bmatrix},\ \boldsymbol{t}=\begin{bmatrix}179.8593\\61.0306\\224.9782\end{bmatrix}$$

至此，便确定了拍摄这两张图的两相机 C_1、C_2 的相对位置。

5 模型的总结和评价

对于问题一，通过从世界坐标系到像平面坐标系等一系列的坐标变换，建立了确定靶标上任意一点在像平面上像坐标的算法模型，给出了在考虑畸变下，从靶标上任意一点到像平面的坐标转化公式。对于问题二，通过假设透镜为理想的成像模型，即没有考虑畸变因子对计算坐标位置的影响，采用最值点相连求交点法与求重心法确定圆心两种优化方法确定像平面圆心坐标；然后，利用RAC两步法结合最小二乘法计算出旋转正交矩阵 $\boldsymbol{R}$ 和平移矩阵 $\boldsymbol{T}$，从而确立了相机与物平面的相对位置。对于问题三，采取了掺和圆内外共8个点进行稳定性检验，体现了取点的一般性；而利用计算机扫描物平面内大量的点来对模型的精度进行检验是本文的一个亮点。另外，在模型的介绍和检验计算中，采用了大量的图表来说明，增加了论述的直观性，使结果更加明了。从检验结果来看，误差整体较小，稳定性和精度都比较高。

但是，在像平面内确定变形圆圆心的方法不是最精确的，若能有更好的确定方法将会使结果的误差更小。另外，上述模型还是有一些理想化，事实上，畸变因子对坐标位置的影响是客观存在的。因此，在模型改进中，我们将对畸变因子影响下的模型作进一步的讨论。

6 模型的改进

在问题一中的针孔模型中，本文只考虑了相机的径向畸变。但由于相机的光学系统在设计和安装过程中，不可避免地存在各种不同类型的畸变，使得影像平面的影像坐标(x_u，y_u)

产生偏差，即

$$\begin{cases} x_d = x_u + \delta_u(x_u, y_u) \\ y_d = y_u + \delta_v(x_u, y_u) \end{cases}$$

式中：$\delta_u(x_u, y_u)$、$\delta_v(x_u, y_u)$为在受畸变影响下坐标的偏离值。

造成影像坐标的偏差除了物镜的径向畸变、切向畸变、偏心畸变、仿射畸变外，电路刻划工艺误差、光电转换误差、镜头光轴与影像阵列平面倾角误差、电噪声等同时存在于成像系统，也会使影像坐标偏离正常值而产生误差，这些畸变共同作用于成像系统，对于一个固定的标定环境，它们是稳定不变的，因此认为这些畸变是决定标定精度的内在因素。

在成像系统中，引起畸变的主要是物镜的几何畸变，即径向畸变、切向畸变、偏心畸变、仿射畸变，其中径向畸变、偏心畸变、仿射畸变的模型表示为

$$\begin{cases} \delta_u(x_u, y_u) = k_1 x_u(x_u^2 + y_u^2) + \rho_1(3x_u^2 + y_u^2) + 2\rho_2 x_u y_u + s_1(x_u^2 + y_u^2) \\ \delta_v(x_u, y_u) = k_1 y_u(x_u^2 + y_u^2) + \rho_2(3x_u^2 + y_u^2) + 2\rho_1 x_u y_u + s_2(x_u^2 + y_u^2) \end{cases}$$

事实上，在选择畸变模型时，并不是畸变参数选择越多，对畸变改正越有利；相反，畸变参数选择过多，反而会降低精度。因此，在选择畸变参数时，要用显性检验和相关系数检验的技术来选择畸变参数。

在选择物镜畸变模型时，先尽量考虑物镜存在的多种畸变，然后再对每个参数进行显著性检验，删除非显著性参数。特别地，显著性检验和相关性检验应同时进行，有时可能因显著水平给定限制难以找到显著与不显著的畸变参数，这时可借助于相关系数来协助判定。具体的计算实现过程可参考文献[5]。

参考文献

[1] 彭石安. 从针孔成像到透镜成像:关于透镜成像的一种新观点[J]. 铁道师院学报，1999，16(1)：62－65.

[2] 张丹，段锦，顾玲嘉，等. 基于图像的模拟相机标定方法的研究[J]. 红外与激光工程2007，36(增刊)：293－297.

[3] 郑南宁. 计算机视觉与模式识别[M]. 北京：国防工业出版社，1998.

[4] 鲁光泉. 基于普通相机的交通事故现场三维重建关键技术研究[D]. 长春：吉林大学，2004.

[5] 周国清，保宗，唐晓芳. 论CCD相机标定的内、外因素：畸变模型与信噪比[J]. 电子学报，1996，24(11)：12－17.

论文点评

该论文获得2008年“高教社杯”全国大学生数学建模竞赛A题的一等奖。

1. 论文采用的方法和步骤

论文首先利用透镜径向畸变的针孔成像模型建立了确定靶标上任意一点在像平面上的

像坐标的数学模型，给出了在考虑畸变下，从靶标上任意一点到像平面的坐标变换公式。然后由图 1、图 2 分别给出的靶标及像，通过对最值点相连求交点法和求重心法的比较，选择了用重心法来确定实际靶标上 5 个圆的圆心在像平面上的像坐标，利用径向排列约束方法并结合最小二乘法，确立了相机与物平面的相对位置及靶标上各圆的圆心坐标在像平面上的坐标。随后将原图各圆心在像平面计算出来的坐标与拍摄出来的实际坐标进行对比，得出计算坐标值与实际坐标值之间的偏移量。进一步，在物平面的圆外新找出 3 个点，再与 5 个圆心共合成 8 个点，利用 8 点法及计算机扫描的大量点，检验模型的精度和稳定性。最后对两部相机分别取固定在其上的光心坐标系，把确定两部相机的相对位置转化为确定这两个坐标系之间的变换关系，坐标变换分解为原点(即光心)的平移和绕原点的旋转。根据靶标上若干圆的圆心及其像的坐标，利用径向排列约束方法并结合最小二乘法，可以标定出两部相机各自的外部参数矩阵，推导出两相机相对位置的外参数矩阵，就能确定这两部相机的相对位置。

2. 论文的优点

该论文考虑了相机的径向畸变。通过最值点相连求交点法与求重心法确定圆心这两种优化方法的讨论、比较，确定了圆心在像平面中的像坐标。检验模型的方法是用自己设计的逆向设计数据，可操作性强。

3. 论文的缺点

当相机镜头是非理想的光学镜头时，该论文并没有考虑非线性和畸变对圆心投影的影响。像平面内变形圆的圆心确定的选择优化方法不是最好的。

第 4 篇　高等教育学费分析模型①

队员：吴建金(信息与计算科学)，李琳(信息与计算科学)，
王磊(计算机科学与技术)
指导教师：数模组

摘　要

本文利用微观经济学图形解释了学费的经济学原理。

首先，建立了生均成本的两种计算模型，从宏观和微观上讨论了生均成本的组成，通过建立学费的合理度评价模型 $\mu=\dfrac{F-C\times a}{C\times a}$，对各省市高校的学费进行了合理度分析并给予了评价，进一步对 μ 的各种解的情况进行了细致的讨论和平稳性分析。

其次，分析了影响学费制定标准的七类主要影响因素，包括生均成本、学校类型及办学水平、国家投入与补助、专业差别、不同地域与经济状况、学生需求与预期收益、居民高等教育支付能力，通过选取相应的指标对其量化，得到了每类因素的综合评分，并进行合理性分析，得出了现今学费收取标准的不合理之处。

再者，考虑到各种因素的综合影响，我们结合实际问题，利用层次分析法求得了各类影响因素的权重，得到了一个综合评价值，同时利用每所院校的六类因素(不包括居民高等教育支付能力)的评分值进行了模糊聚类分析，并在各类中选取具有代表性的大学进行了实证分析。

在前面所做分析的基础上，本文还建立了一个政府-个人成本分担系数的数理模型，通过计算各省市、各类院校的最佳成本分担策略，得到了学费最佳定价与 a 值。此外，a 值可以作为学费合理度分析模型的参数。至此，论文很好地解决了学费的定价问题。

最后，本文通过对前面模型的讨论，将得到的结论联系实际，给有关部门作了相关报告，提出了合理性建议。

关键词：生均成本；合理度评价模型；经济学图形定价；层次分析；模糊聚类；数理模型

1　问题的背景与重述

1.1　问题背景

随着社会主义市场经济体制的建立，我国国民收入分配日益向个人倾斜，再加上高校扩招政策的实施，由国家独自承办高等教育就显得力不从心又很不公平。为促进我国高等

①此题为 2008 年“高教社杯”全国大学生数学建模竞赛 B 题(CUMCM2008—B)，此论文获该年全国一等奖。

教育事业的发展，作为高等教育受益者的个人，有责任分担与补偿高等学校培养成本，即应交纳学费。高等教育属于非义务教育，其经费在世界各国都由政府财政拨款、学校自筹、社会捐赠和学费收入等几部分组成，用恰当的指标和适当的方法确定高等学校学费标准，是一件涉及政府、高校、学生及家庭利益的大事，因此受到党和政府及社会各方面的高度重视和广泛关注。高等教育学费问题也关系到每一个大学生及其家庭的切实利益，是一个敏感而又复杂的问题：过高的学费会使很多学生无力支付，过低的学费又使学校财力不足而无法保证教学质量。

我们知道，不同的学科、专业因为培养方向的区别造成学费有所差异，不同地区不同高校的学费也不尽相同。另外，对适合接受高等教育的经济困难的学生，还可以通过贷款和学费减、免、补等方式获得资助，品学兼优者还能享受政府、学校、企业等给予的奖学金。学费问题近来在各种媒体上引起了热烈的讨论。因此，对我国当前高等教育学费的收取现状进行分析评价和深入研究,并给出较为恰当的制定标准，是非常有现实意义的。

1.2 问题重述

我们需要完成如下任务：

(1) 收集我国现阶段国情下的教育经费数据，如国家生均拨款、培养费用、家庭收入等；

(2) 根据收集到的数据，通过数学建模的方法，就几类学校或专业的学费标准进行定量分析，力争给出明确、有说服力的结论；

(3) 建模过程中，将数据的收集和分析作为建模分析的基础和重要组成部分，使观点鲜明、分析有据、结论明确；

(4) 根据建模分析的结果，给有关部门写一份报告，提出具体建议。

2 问题的基本假设

在建立高等教育学费分析模型的过程中，基于以下基本假设：

(1) 在劳动力市场中，人才可以进行自由竞争；

(2) 高等教育体制长期运营，不考虑高等院校在短期内的改革或经营状况的巨变所产生的影响；

(3) 假设会计年度为每年的 9 月 1 日到次年的 8 月 31 日，我们以此定义年度周期；

(4) 本文涉及的经济数据均以人民币记账(除特殊声明外)；

(5) 官方公布的各高校学费均为真实数据，即这些数据是学生所交学费的真实反映；

(6) 针对高等教育所面向的多层次学生(高职、专科、本科、硕士、博士、进修生等)，依据教育部的学生折合办法，以普通高校本科生为1，将各高校与之有关的数据(人数、成本等)按照折合比折合成本科生的统计数据，在分析问题时则可认为所有讨论对象都为本科生。折合比例为：高职(专科)∶本科∶硕士∶博士∶留学生∶进修生=1∶1∶1.5∶2∶3∶1。

3 问题分析

高等教育不是公共产品也不是私人产品，它属于准公共产品(quasi-public goods)，兼有社会属性(公共性)与个人属性(私人性)。对高等教育学费水平进行监控需要建立兼顾国家利益、社会利益和个人利益的较全面的指标体系。

作为一项牵涉个人和国家利益的社会决策，我们需要谨慎地确定其影响因素与衡量指标。确定学费标准既要考虑高校的具体地理位置及办学水平、具体专业，也要考虑国家财政对高等教育的负担能力与公民的支付能力和投资回报率。使用任何一个单维度的指标进行决策，必然会充满风险，因此在实际操作中，迫切需要建立一套三者兼顾的综合指标体系来指导学费水平的确定。

根据经济学的成本分担说，我们可以了解到高等教育成本分担政策的实施，使高等教育的个人成本提高，社会成本下降；个人收益降低，社会收益提高。即高等教育个人成本曲线将向上抬高，社会成本曲线下移；社会收益曲线抬高，个人收益曲线下移。其示意如图 1 所示。

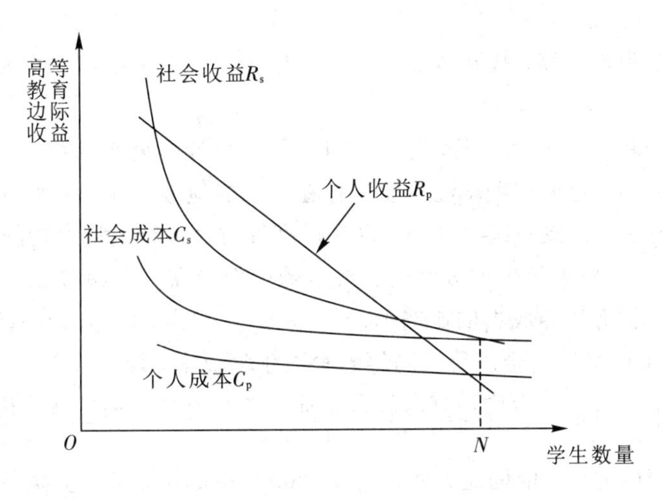

图 1　高等教育的成本与收益

4　学费收取影响因素及现状分析

影响高等教育学费收取标准的因素有很多，通过显著性类比，我们选取生均成本、学校类型及办学水平、国家投入与补助、专业差别、不同地域与经济状况、学生需求与预期收益以及居民高等教育支付能力等七个因素作为影响学费收取标准的主要因素，并进行定性及定量分析。

4.1　影响因素的分析

下面我们借助从各官方网站及文献资料中收集到的数据，分析这七个因素对学费的影响，讨论我国目前学费收取的现状，并对发现的相应问题进行总结说明。

4.1.1　生均成本

生均成本是高等教育经济学的核心概念之一。标准生均成本是生均成本计量与运用上的一个分类，它是以教学质量评价体系为基础，以培养一个合乎一定教学质量的学生为前提，通过研究、分析而测算出来的生均成本，可以作为制定教育财政拨款标准和学费标准的重要依据。这里运用标准生均成本测算在当前的经济水平与现行的教学水平下培养一个合格的学生所需的年成本。

教育成本通常由如表1所列的几种成分组成。

表1　教育成本分类表

类　别	社　会　成　本	个　人　成　本
直接成本	教职工薪金	学费(扣除平时的奖学金、助学金)
	购买商品或劳务费用	书籍文具费
	其他经费性支出	额外的生活费用(交通、伙食等)
	固定资产折旧	
间接成本	因办学放弃的收入	因上学放弃的收入

1）生均成本的计算

由于间接成本很难测算，故在本文中我们只考虑社会直接成本和个人直接成本中的学费部分。

生均成本在校际之间不存在很大差异，但从国家统计局公布的数据来看，由于所在地不同，普通高等院校教育运行生均经费还是存在一定的地域悬殊。我们在进行生均成本统计的时候，首先把各高校按照区域划分，以获得高等教育运行生均经费的数据。

根据“高等学校学费占年生均教育培养成本的比例最高不得超过25%”(即预算内教育经费支出占年生均教育培养成本的比例不低于75%)的规定，借鉴《全国教育经费执行情况统计公告》数据，可以推算出全国普通高等教育的生均成本，即

$$\text{生均成本}=\frac{\text{生均预算内教育事业费}+\text{预算内公用经费支出}}{0.75} \tag{1}$$

这是比较简便的方法，依据此方法，借鉴《2006年全国教育经费执行情况统计公告》，我们得到了2006年各省、市、自治区生均成本的数据，如表2所示。

表2　2006年各省、市、自治区生均成本与学费统计　　元

省、市、自治区	2006年生均预算内教育事业费	2006年生均预算内公用经费	生均成本	生均成本×0.25	2006年各地平均学费
北京市	18228.36	11389.27	39490.17	9872.543	4200～6000
天津市	9158.63	4458.83	18156.61	4539.153	4200～5000
河北省	3625.97	974.93	6134.53	1533.633	3500～5000
山西省	3939.48	1128.57	6757.40	1689.35	2800～3800
内蒙古自治区	4109.84	889.36	6665.60	1666.4	3000～3500
辽宁省	4386.89	1613.14	8000.04	2000.01	4200～5500
吉林省	4024.89	2104.04	8171.91	2042.977	3500～4500
黑龙江省	3844.39	1158.20	6670.12	1667.53	3500～4800
上海市	11942.85	7043.95	25315.73	6328.933	5000
江苏省	5315.15	2227.27	10056.56	2514.14	4000～4600
浙江省	7154.51	2331.51	12648.03	3162.007	4000～4800
安徽省	3485.29	671.21	5542.00	1385.5	3500～5000

续表

省、市、自治区	2006年生均预算内教育事业费	2006年生均预算内公用经费	生均成本	生均成本×0.25	2006年各地平均学费
福建省	4522.93	1531.68	8072.81	2018.203	3900～5200
江西省	2219.41	503.11	3630.03	907.5067	—
山东省	3371.39	848.02	5625.88	1406.47	3600～5000
河南省	4487.95	1873.67	8482.16	2120.54	2700～3100
湖北省	3325.72	1367.31	6257.37	1564.343	3600～5000
湖南省	2722.43	840.62	4750.73	1187.683	3100～5500
广东省	8272.89	3591.04	15818.57	3954.643	4560～5760
广西壮族自治区	4084.73	1444.92	7372.87	1843.217	3200～4500
海南省	2693.09	386.68	4106.36	1026.59	3800～4200
重庆市	3597.32	2045.05	7523.16	1880.79	3200～4500
四川省	2352.76	1207.24	4746.67	1186.667	4000～4600
贵州省	3905.26	891.12	6395.17	1598.793	2500～4000
云南省	4663.75	2100.14	9018.52	2254.63	2800～3400
西藏自治区	9872.67	2932.52	17073.59	4268.397	—
陕西省	3466.76	1249.96	6288.96	1572.24	3500～4500
甘肃省	4734.26	1551.38	8380.85	2095.213	4200～5000
青海省	7343.27	1126.37	11292.85	2823.213	2800～3300
宁夏回族自治区	5861.48	1238.84	9467.09	2366.773	3000
新疆维吾尔自治区	3651.19	1357.19	6677.84	1669.46	3500
总计	5868.53	2513.33	11175.81	2793.953	—

观察表2中的数据，我们发现：北京、天津、上海的实际生均学费小于生均成本的25％，其余各省、市、自治区的实际生均学费比生均成本的25％高，而且基本上在生均成本25％的1.5倍以上，这说明我国现行收取的实际学费要超出学生实际应该支付的费用。分析其原因，我们不难得出，这是在我国现行的财政拨款政策下收费标准不明细造成的。

2）成本分类近似计算模型

问题分析：由于生均成本是指高等学校培养一个标准学生的平均成本，故要评价高等教育的学费收取标准，我们必须知道生均成本，它是评价学费收取是否恰当的前提。下面我们建立模型，计算各院校各专业生均成本。

依据前面的说法，成本包括社会直接成本、个人直接成本、社会间接成本和个人间接成本，由于我们只考虑现行的收费标准和除了生活费以外的第三类学费，因此我们暂且不考虑机会成本(社会、个人间接成本)，只考虑高校教育成本(社会直接成本)。

高校教育培养成本由人员支出、对个人和家庭的补助支出、公用支出和固定资产折旧支出四部分构成。

(1) 生均人员支出。

人员的统计口径指与教学和教学管理有直接关系的人员,包括教学及教辅人员、行政管理人员和直接从事后勤服务的附属机构人员,不包括后勤社会化后的后勤人员、专职科研人员、校产经营及管理人员等与教学无直接关联的校内人员。这些人员所获得的生均工资,包括学校支付的基本工资、补助工资、各种校内津贴、授课费、福利费、劳动保险与社会保障费等一切工资性支出。

定义

$$R_1=\frac{S}{r}(1+a_1+a_2) \tag{2}$$

式中:R_1 表示某地区生均人员支出成本;S 表示该地区教师的年平均工资;a_1 表示行政管理人员和后勤服务人员占专任教师的比例(根据教育部的有关规定一般为18%~25%);a_2 表示教辅人员占专任教师的编制比例(一般为10%~15%);r 为教育部本科教学水平评价标准中规定的师生比。

(2) 生均对个人和家庭的补助支出。

对个人和家庭的补助支出主要包括离退休人员离退休金及活动费、医疗费、公积金、养老保险费、失业保险费等。

定义

$$R_2=R_1\cdot(a_3+a_4) \tag{3}$$

式中:R_2 表示生均对个人和家庭的补助支出成本;a_3 表示各类社会保险、公积金等综合费率;a_4 表示国家规定的应上缴的社会养老保险费率(如企业目前按工资总额的19%计算上交)。

(3) 生均公用支出。

生均公用支出包括公务费和业务费。公务费是指学校在教育管理过程中发生的各种日常支出。对这部分数据的测算采用全国高校预算内生均公用支出乘以适当的系数进行调整得到,并用 R_3 表示。

(4) 生均固定资产折旧支出。

生均固定资产折旧支出包括生均土地使用成本、生均教学行政用房成本、生均教学仪器设备成本、生均图书资料使用成本四项。

定义

$$R_4=T_1+T_2+T_3+T_4 \tag{4}$$

式中:R_4 表示生均固定资产折旧支出成本;T_1 表示学校用地折旧支出成本;T_2 表示教学行政用房折旧支出成本;T_3 表示教学仪器设备折旧支出成本;T_4 表示图书资料折旧支出成本。

定义

$$T_1=t\cdot a_5\cdot 2\% \tag{5}$$

式中:a_5 表示某地区每平方米土地的平均价格(元/平方米);2 % 是土地的折旧率;t 表示教育部本科教学水平评价标准中规定的生均占有土地的面积。

定义

$$T_2=s\cdot a_6\cdot 2\% \tag{6}$$

式中:a_6 表示某地区房屋建筑的平均造价(元/平方米);s 表示教育部本科教学水平评价标准中规定的生均教学行政用房的面积;2 %是房屋建筑的折旧率。

定义

$$T_3 = u \cdot 10\% \tag{7}$$

式中：10 %是教学仪器设备的折旧率；u 表示教育部本科教学水平评价标准中规定的生均教学科研仪器设备值。

定义

$$T_4 = m \cdot n \tag{8}$$

式中：m 是图书的单位售价，一般在 20～50 元之间，n 是教育部本科教学水平评价标准中规定的生均图书年增量。

综上所述，建立的模型如下：

$$\begin{aligned} R &= R_1 + R_2 + R_3 + R_4 \\ &= \frac{S}{r}(1+a_1+a_2) + R_1(a_3+a_4) + R_3 + t \cdot a_5 \cdot 2\% + s \cdot a_6 \cdot 2\% + u \cdot 10\% + m \cdot n \\ &= \frac{S}{r}(1+a_1+a_2)(1+a_3+a_4) + (t \cdot a_5 + s \cdot a_6)2\% + u \cdot 10\% + m \cdot n + R_3 \end{aligned} \tag{9}$$

下面我们对 2006 年全国符合教学水平评价标准的各类院校生均成本进行定量分析。依据教育部教发[2004]2 号文件，普通高校本科教育教学水平评价标准见表 3。

表 3　本科高等教育教学水平评价标准

指　　标	综合、师范、民族院校	工科、农、林院校	语文、财经、政法院校	医学院校	体育院校	艺术院校
生师比	18	18	18	16	11	11
具有研究生学位教师占专任教师的比例/(%)	30	30	30	30	30	30
具有高级职务教师占专任教师的比例/(%)	30	30	30	30	30	30
生均教学行政用房/(平方米/生)	14	16	9	16	22	18
生均教学科研仪器设备值/(元/生)	5000	5000	3000	5000	4000	4000
生均图书/(册/生)	4	3	4	3	3	4
生均占地面积/(平方米/生)	54	59	54	59	88	88
生均宿舍面积/(平方米/生)	6.5	6.5	6.5	6.5	6.5	6.5
百名学生配教学用计算机台数/台	10	10	10	10	10	10
百名学生配多媒体教室和语音实验室座位数/个	7	7	7	7	7	7
新增教学科研仪器设备所占比例/(%)	10	10	10	10	10	10

需要注意的是，折合在校生数＝普通本、专科(高职)生数＋硕士生数×1.5＋博士生数×2＋留学生数×3＋预科生数＋进修生数＋成人脱产班学生数＋夜大(业余)学生数×0.3＋函授生数×0.1。根据表3，对于普通高等教育(本科)，式(9)中的有关数据如表4所示。

表4　本科生均成本相关指标的数据

相关指标	综合、师范、民族院校	工科、农、林院校	语文、财经、政法院校	医学院校	体育院校	艺术院校
r	18	18	18	16	11	11
t	54	59	54	59	88	88
s	14	16	9	16	22	18
u	5000	5000	3000	5000	4000	4000
n	4	3	4	3	3	4

通过查阅有关资料，得到全国2006年的相关统计数据如下：全国高等教育职工年平均工资为34272元，考虑到这个统计数据里只含有基本工资，不含工资外的其他收入，根据全国各高校的不同情况，取

$$S=34272\times 0.8\sim 34272\times 1.2=27417.6\sim 41126.4$$

$$a_1=0.25,\ a_2=0.15,\ a_3=0.2+0.3=0.5,\ a_4=0.19$$

全国普通高校生均预算内公用经费2006年为2513.33元，考虑国内各高校的不同情况，取

$$R_3=2513.33\times 0.6\sim 2513.33\times 1.2=1507.998\sim 3015.996$$

全国2006年土地平均价格约为1000.00元/平方米，考虑区域的差异，取

$$a_5=1000.00\times 0.8\sim 1000.00\times 1.2=800.00\sim 1200.00$$

全国2006年建筑物的平均造价约为2100元/平方米，取

$$a_6=2100,\ m=20\sim 50$$

运用数学软件MATLAB计算相关成本结果，如表5所示。

表5　本科高等教育相关成本计算数据　　元

相关成本类型	综合、师范、民族院校	工科、农、林院校	语文、财经、政法院校	医学院校	体育院校	艺术院校
R_1	2132.48～3198.72	2132.48～3198.72	2132.48～3198.72	2399.04～3598.56	3489.51～5234.27	3489.51～5234.27
R_2	1471.41～2207.12	1471.41～2207.12	1471.41～2207.12	1655.34～2483.01	2407.76～3611.65	2407.76～3611.65
R_3	1508.00～3016.00	1508.00～3016.00	1508.00～3016.00	1508.00～3016.00	1508.00～3016.00	1508.00～3016.00
R_4	2032.00～2584.00	2176.00～2738.00	1622.00～2174.00	2176.00～2738.00	2792.00～3586.00	2644.00～3468.00
T_1	864～1296	944～1416	864～1296	944～1416	1408～2112	1408～2112
T_2	588	672	378	672	924	756
T_3	500	500	300	500	400	400
T_4	80～200	60～150	80～200	60～150	60～150	80～200
R	7143.89～11005.83	7287.89～11159.83	6733.89～10595.83	7738.38～11835.56	10197.27～15447.91	10049.27～15329.91

结果表明：2006 年在我国本科院校中，综合、师范、民族院校生均成本为 7143.89～11005.83 元；工科、农、林院校生均成本为 7287.89～11159.83 元；语文、财经、政法院校生均成本为 6733.89～10595.83 元；医学院校生均成本为 7738.38～11835.56 元；体育院校生均成本为 10197.27～15447.91 元；艺术院校生均成本为 10049.27～15329.91 元。

依据教育部教发[2004]2 号文件，普通高校高职(专科)教育教学水平评价标准见表 6。根据表 6，对于高职(专科)类院校，式(9)中的有关数据如表 7 所示。

表 6　高职(专科)高等教育教学水平评价标准

指　　标	综合、师范、民族院校	工科、农、林院校	语文、财经、政法院校	医学院校	体育院校	艺术院校
生师比	18	18	18	16	13	13
具有研究生学位教师占专任教师的比例/(%)	15	15	15	15	15	15
具有高级职务教师占专任教师的比例/(%)	20	20	20	20	20	20
生均教学行政用房/(平方米/生)	15	16	9	16	22	18
生均教学科研仪器设备值/(元/生)	4000	4000	3000	4000	3000	3000
生均图书/(册/生)	3	2	3	2	2	3
生均占地面积/(平方米/生)	54	59	54	59	88	88
生均宿舍面积/(平方米/生)	6.5	6.5	6.5	6.5	6.5	6.5
百名学生配教学用计算机台数/台	8	8	8	8	8	8
百名学生配多媒体教室和语音实验室座位数/个	7	7	7	7	7	7
新增教学科研仪器设备所占比例/(%)	10	10	10	10	10	10

表 7　高职(专科)生均成本相关指标的数据

相关指标	综合、师范、民族院校	工科、农、林院校	语文、财经、政法院校	医学院校	体育院校	艺术院校
r	18	18	18	16	13	13
t	54	59	54	59	88	88
s	15	16	9	16	22	18
u	4000	4000	3000	4000	3000	3000
n	3	2	3	2	2	3

运用同样的方法得到相关结果，如表8所示。

表8 高职(专科)高等教育相关成本计算数据 元

相关成本类型	综合、师范、民族院校	工科、农、林院校	语文、财经、政法院校	医学院校	体育院校	艺术院校
R_1	2132.48～3198.72	2132.48～3198.72	2132.48～3198.72	2399.04～3598.56	2952.67～4429.00	2952.67～4429.00
R_2	1471.41～2207.12	1471.41～2207.12	1471.41～2207.12	1655.34～2483.01	2037.34～3056.01	2037.34～3056.01
R_3	1508.00～3016.00	1508.00～3016.00	1508.00～3016.00	1508.00～3016.00	1508.00～3016.00	1508.00～3016.00
R_4	1954.00～2476.00	2056.00～2588.00	1602.00～2124.00	2056.00～2588.00	2672.00～3436.00	2524.00～3318.00
T_1	864～1296	944～1416	864～1296	944～1416	1408～2112	1408～2112
T_2	630	672	378	672	924	756
T_3	400	400	300	400	300	300
T_4	60～150	40～100	60～150	40～100	40～100	60～150
R	7065.89～10897.83	7167.89～11009.83	6713.89～10545.83	7618.38～11685.56	9170.00～13937.00	9022.00～13819.00

结果表明：2006年在我国高职(专科)院校中，综合、师范、民族院校的生均成本为7065.89～10897.83元；工科、农、林院校的生均成本为7167.89～11009.83元；语文、财经、政法院校的生均成本为6713.89～10545.83元；医学院校的生均成本为7618.38～11685.56元；体育院校的生均成本为9170.00～13937.00元；艺术院校的生均成本为9022.00～13819.00元。

3) 学费合理度评价模型

建立对学费的评价模型，必须找到一个标准。考虑现行学费设定为不超过生均成本的10%～25%，依据此数据，我们可以确立一个评价系数来衡量学费的合理程度，即

$$\mu=\frac{F-C\times a}{C\times a} \tag{10}$$

其中，μ为评价系数，F为实际学费，C为生均成本，a为相对最优的比例。

当$\mu>0$时，说明实际学费偏高；当$\mu<0$时，说明实际学费偏低。但实际情况往往是相对模糊的现象，当μ的绝对值小于0.05时，我们就认为它合理，否则就认为不合理。

利用μ来对学费进行评价的时候，C可以通过上述方法求得。如果C是一个定值，F是一个区间，那么我们可以得到μ的一个区间取值$[\mu(F_{\min}),\mu(F_{\max})]$；如果$C$是一个区间，$F$是一个定值，考虑$\mu$是关于$C$的一个减函数，若$a$确定，那么当$C\in[C_{\min},C_{\max}]$时，我们可以得到$\mu$的一个区间取值$[\mu(C_{\max}),\mu(C_{\min})]$；如果$C$与$F$都是一个区间，那么我们可以得到$\mu$的一个区间取值$[\mu(F_{\min},C_{\max}),\mu(F_{\max},C_{\min})]$。

在这里我们先取a值为19%(即$a=0.19$)[2]，对表2中的各省、市、自治区的μ值作合理度分析，结果如表9所示。

表 9　μ 值的合理度分析表($a=0.19$)

省、市、自治区	$\mu(F_{min})$	$\mu(F_{max})$
北京市	−0.44023378076	−0.20033397252
天津市	0.21747744529	0.44937791106
河北省	2.0028466128	3.2897808754
山西省	1.1808450151	1.9597182348
内蒙古自治区	1.3688000606	1.7636000707
辽宁省	1.763144079	2.6184029606
吉林省	1.2541918146	1.8982466188
黑龙江省	1.76172732	2.7875117531
上海市	0.039503481578	0.039503481578
江苏省	1.0934227588	1.4074361726
浙江省	0.66449886496	0.99739863795
安徽省	2.3238997892	3.7484282702
福建省	1.5426481968	2.3901975957
江西省	—	—
山东省	2.3678941643	3.6776307838
河南省	0.67534287443	0.92354181879
湖北省	2.02800832	3.2055671111
湖南省	2.4343752378	5.0932463897
广东省	0.51720414677	0.91646839592
广西壮族自治区	1.2843350369	2.2123461456
海南省	3.8704935758	4.3831771101
重庆市	1.2387009266	2.1481731781
四川省	3.4352423023	4.1005286476
贵州省	1.0574738024	2.2919580838
云南省	0.63406435926	0.98422100767
西藏自治区	—	—
陕西省	1.9291095239	2.7659979593
甘肃省	1.6375920292	2.1399905109
青海省	0.30497103081	0.53800157202
宁夏回族自治区	0.66782756731	0.66782756731
新疆维吾尔自治区	1.7585345908	1.7585345908

由表 9 我们可以看出，以 $a=0.19$ 来计算的话，北京市的 μ 值为负，说明学费偏低，而其余的均偏高。海南省、四川省、湖南省的 μ 值较大，说明学费偏高。上海是相对合理的。全国各省、市、自治区实际学费与预测值偏离的情况可用直方图表示，如图 2 所示。

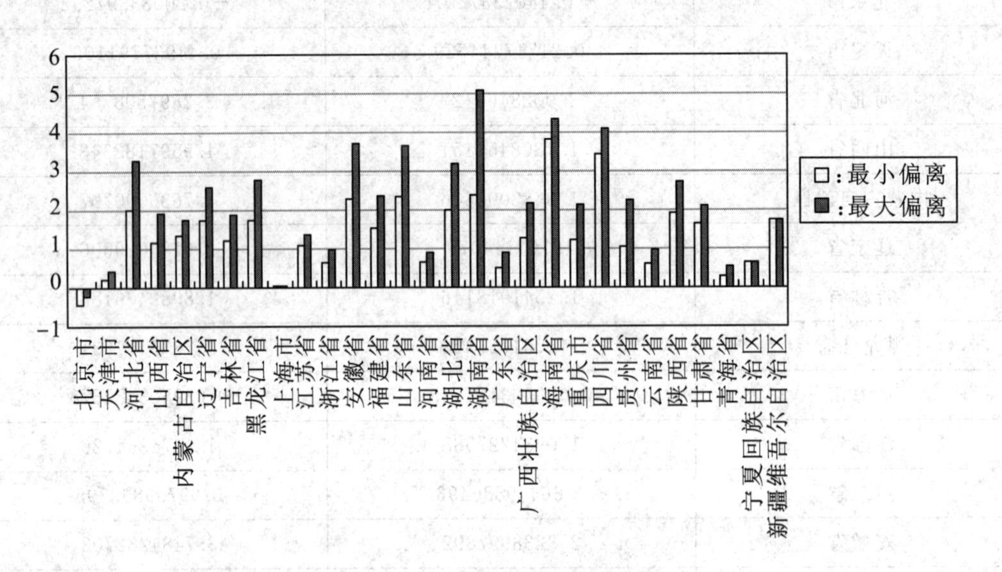

图 2　$a=0.19$ 时全国各地实际学费偏离情况

若我们以 $a=0.25$ 来计算的话，得到的结果如表 10 所示。

表 10　μ 值的合理度分析表($a=0.25$)

省、市、自治区	$\mu(F_{\min})$	$\mu(F_{\max})$	省、市、自治区	$\mu(F_{\min})$	$\mu(F_{\max})$
北京市	−0.44023	−0.20033397	湖北省	2.028008	3.205567111
天津市	0.217477	0.449377911	湖南省	2.434375	5.09324639
河北省	2.002847	3.289780875	广东省	0.517204	0.916468396
山西省	1.180845	1.959718235	广西壮族自治区	1.284335	2.212346146
内蒙古自治区	1.3688	1.763600071	海南省	3.870494	4.38317711
辽宁省	1.763144	2.618402961	重庆市	1.238701	2.148173178
吉林省	1.254192	1.898246619	四川省	3.435242	4.100528648
黑龙江省	1.761727	2.787511753	贵州省	1.057474	2.291958084
上海市	0.039503	0.039503482	云南省	0.634064	0.984221008
江苏省	1.093423	1.407436173	西藏自治区	—	—
浙江省	0.664499	0.997398638	陕西省	1.92911	2.765997959
安徽省	2.3239	3.74842827	甘肃省	1.637592	2.139990511
福建省	1.542648	2.390197596	青海省	0.304971	0.538001572
江西省	—	—	宁夏回族自治区	0.667828	0.667827567
山东省	2.367894	3.677630784	新疆维吾尔自治区	1.758535	1.758534591
河南省	0.675343	0.923541819			

画出直方图，如图3所示，我们可以直观地看出：北京市的μ值依然为负值，其他各地的改变量也不大。我们可以推测，当a的取值在一定范围内时，μ的稳定性较好。

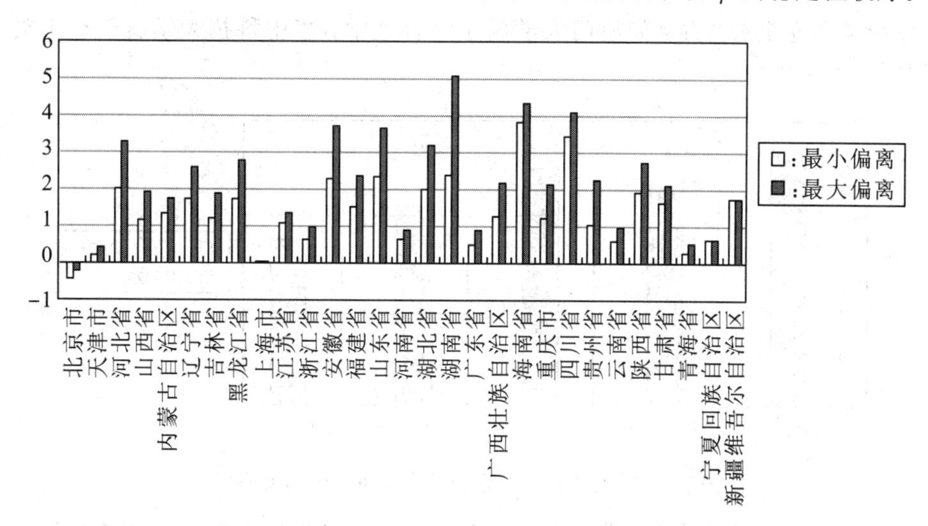

图3　a=0.25时全国各地实际学费偏离情况

利用此种方法求得生均成本，当C值为区间时，给定费用后也可以相应地求得μ值，对各类院校进行比较。

需要注意的是，对于不同的学校，a往往是不同的，a的取值取决于大学类别、综合办学能力、办学地区等各种因素。

4.1.2　学校类型及办学水平

不同类型、不同级别的高校的教育成本、国家投入等因素都是有区别的，故其收费标准不一样。比如名牌大学、重点大学较普通院校收费高，这是优质优价，是一种质量差价。高校类型以及办学水平直接关系到教育成本中的教学运行成本。因此，对不同高校采取不同的收费标准是有必要的，一方面可以缓解国家和高校的压力，另一方面可以对选择名校深造的受教育者有资源和质量上的保证。

通过查阅资料，我们知道大学的办学水平主要体现在综合竞争力的得分排名，通过列举2006年教育地区前10强(见表11)以及名牌大学前50的排名(见数字课程网站)，我们发现综合竞争力强的院校会带动学校所在地的竞争力。比较竞争力在前十的省市的实际学费，可以发现其平均学费达到4000元以上，比同期的其他省份的平均学费要高。可见，学校办学能力影响着其竞争力，进而对学费产生影响。

表11　中国大学教育地区综合竞争力前10强

排名	得分	省、市	排名	得分	省、市
1	100.00	北京市	6	73.05	辽宁省
2	84.20	江苏省	7	69.64	陕西省
3	75.39	上海市	8	68.70	湖北省
4	74.31	山东省	9	61.49	四川省
5	74.14	广东省	10	60.02	河北省

我们从综合、理工、文法、农林和师范这五类院校中各抽取一所具有一定代表性的大学进行学费与高校类别及高校综合竞争力的相关分析，如图 4 所示，图中这五所大学按照以上大学分类从左至右排序，如厦门大学属于综合大学，华中科技大学属于理工类大学，依此类推。

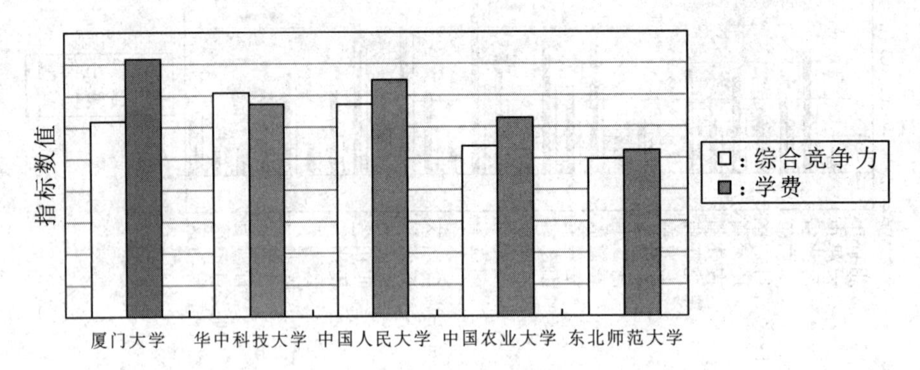

图 4 学费与高校的类别及综合竞争力的相关分析

从图 4 中，我们可以看出学费的高低与大学类别和综合办学能力有一定关系，综合性较强并且各方面综合竞争力较高的高校，其学费标准也相应偏高。

4.1.3 国家投入与补助

高等教育经费的来源主要有四大项：国家财政性教育经费、捐集资、事业收入、其他收入。其中，按照我国现实状况来看，国家财政性教育经费是比例最大的一部分，占到总经费来源的 70%～80%，这部分经费主要是指中央或地方各级财政在本年度内安排并划拨到大学，列入国家财政预算支出科目的经费。

我们先通过国家的财政收入与财政收入占国内生产总值的比重等数据来分析政府对高等教育成本的分担能力，见表 12。

表 12 政府承担高等教育情况

年份	生均预算内教育事业费拨款/元	生均预算内公用费用支出/元	生均预算内教育事业费支出/元	普通本、专科在校生人数/万人	预算内教育事业拨款总额/亿元	财政收入/亿元	国内生产总值/亿元	财政收入占国内生产总值的比重
1978	—	—	—	—	—	1132.26	3645.20	0.31
1980	—	—	—	—	—	1159.93	4545.60	0.26
1985	—	—	—	—	—	2004.82	9016.00	0.22
1990	—	—	—	—	—	2937.10	18667.80	0.16
1991	—	—	—	—	—	3149.48	21781.50	0.14
1992	—	—	—	—	—	3483.37	26923.50	0.13
1993	—	—	—	—	—	4348.95	35333.90	0.12
1994	—	—	—	—	—	5218.10	48197.90	0.11

续表

年份	生均预算内教育事业费拨款/元	生均预算内公用费用支出/元	生均预算内教育事业费支出/元	普通本、专科在校生人数/万人	预算内教育事业拨款总额/亿元	财政收入/亿元	国内生产总值/亿元	财政收入占国内生产总值的比重
1995	—	—	—	—	—	6242.20	60793.70	0.10
1996	—	—	—	—	—	7407.99	71176.60	0.10
1997	—	—	—	—	—	8651.14	78973.00	0.11
1998	6775.19	2892.65	6775.19	340.87	230.95	9875.95	84402.30	0.12
1999	7201.24	2962.37	7201.24	413.42	297.71	11444.08	89677.10	0.13
2000	7309.58	2921.23	7309.58	556.09	406.45	13395.23	99214.60	0.14
2001	6816.23	2613.56	6816.23	719.07	490.13	16386.04	109655.2	0.15
2002	6177.96	2453.47	6177.96	903.36	558.09	18903.64	120332.7	0.16
2003	5772.58	2352.36	5772.58	1108.56	639.93	21715.25	135822.8	0.16
2004	5552.50	2298.41	5552.50	1333.50	740.43	26396.47	159878.3	0.17
2005	5375.94	2237.57	5375.94	1561.78	839.60	31649.29	183867.9	0.17
2006	5868.53	2513.33	5868.53	1738.84	1020.44	38760.20	210871.0	0.18

从表 12 可以看出，财政收入占国内生产总值(GDP)的比重从 1978 年的 0.31 降至 1995 年的 0.10，以后再逐步升至 2006 年的 0.18，各类拨款也呈现相似的变化规律。这种反差导致的结果之一是社会和个人存在着对高等教育很高的需求，而政府负担高等教育的能力却相对下降，人们日益增长的高等教育需求与国家财政支出高等教育能力不足的矛盾日益突出。

我国高等教育在发展中面对的最主要约束之一是不断扩大的高等教育经费需求和政府支持高等教育的有限的财力之间的矛盾。这将明显地引起学费的变化，特别是对不同高校，得到国家不同的财政支持将影响到学生的学费。从前述表 2 中我们也可以看出大学收到国家财政拨款的标准不一，有些是层次高的大学受重视，因而财政拨款多，这也导致了好的大学学费反而低，这与我国现阶段教育收益期待有关联。

4.1.4　专业差别

对于专业差别，主要分为两个方面，一方面是专业与专业之间的差别，另一方面是同一专业不同高校之间的差别。

我们按照分学科专业评价的需要，将我国学科分为 11 个学科门类：哲学、经济学、法学、教育学、文学、历史学、理学、工学、农学、医学、管理学。在这 11 个学科门类中，各所高校综合办学能力各有强弱，因此我们通过对高校各专业综合排名进行数据分析，结合各专业在对应高校所收取的学费，我们可以看到专业差别对具体学费收取的影响作用，该结果将在后面给出。

4.1.5 不同地域与经济状况

教育作为培养人的活动，是社会发展的重要组成部分，教育的发展最终受到经济发展水平的制约。通过比较各个省、市、自治区的经济发展水平、教育发展水平、教育综合竞争力这三个指标的数据，可以比较综合、全面地考虑地域与经济状况对学费的影响。

各地的经济发展水平可以通过年度 GDP 来衡量；对于教育发展水平，当前国际评判教育发达与否的主要标准就是城市或人均 GDP；教育综合竞争力按照各省研究生教育发展水平来综合考虑。这三个因素的构成，不仅是一个强与弱的排名关系，还有了“量”的区分，如在分析各地区研究生综合竞争力时，需分析各个省、市、自治区的上述三个一级指标的情况，然后综合考虑得出评价结果。

4.1.6 学生需求与预期收益

首先，对于需求量来说，应该从两个方面考虑：一方面是毕业生一次就业率可以反映出社会对于各高校毕业生的需求；另一方面，人事部在其官方网站发布的《2005 年高校毕业生就业接收及 2006 年需求情况调查分析》，可以反映出社会对于各专业的需求。综合这两方面的因素，可以确定学生需求的现状。调查显示，2006 年毕业生专业需求排前十位的分别是机械设计与制造类、计算机科学与应用类、信息与电子类、市场营销、管理类、建筑类、电气工程及自动化、英语、医药卫生、财会，共需毕业生约 58.7 万名，占总需求量的 35.3％。除此之外，2006 年需求数量较多的专业还有师范、法律、汉语言文学、经济学、国际贸易、临床医学、化工制药、材料学、通信工程、金融等。

其次，对于预期收益来说，收益大体上可以从经济收益与非经济收益两个方面来确定：

(1) 经济收益即毕业生在就业之后可以衡量的货币收入；

(2) 非经济收益即与毕业生或与毕业生学校相关的人际网络、自身修养、社会影响等一系列无法用货币衡量的收益。

对于非经济收益，我们选用学校声誉来表示(具体参见 2006 年中国大学声誉排行统计数据)；而经济收益这个指标很难考量，我们通过选取相关就业网站对于各高校本科毕业生的货币收入统计结果，作为一个相对指标，其科学性和准确性在今后的研究中还有待分析和改进。

4.1.7 居民高等教育支付能力

高等教育是一种准公共产品，根据成本分担的受益原则，接受高等教育的个人及家庭须承担一定的成本。然而，由于我国高等教育现有管理体制的制约，高校常常处于一种因快速发展使得办学资金需求急剧膨胀，但筹资能力偏低、筹资渠道单一所造成的资金严重匮乏的两难境地之中。1997 年全面并轨后，全国普通高校生均学费逐年上涨。1998 年为 2696 元，比 1997 年增长 38.9％；2005 年平均收费标准涨至 5000 元左右，与 1998 年相比增幅达 85.5％，近年来高等学校学费收入现已成为高等学校经费来源中增长最快的部分。1996—2005 年居民支付能力与学费比例的相关分析如表 13 所示。

表13　居民支付能力与学费比例的相关分析

年份	全国高校平均学费/元	城镇居民家庭人均可支配收入/元	学费占城镇居民人均可支配收入的比例	农村居民家庭人均可支配收入/元	学费占农村居民人均可支配收入的比例
1996	1200	4838.9	25%	1926.1	62%
1997	2000	5160.3	39%	2090.1	96%
1998	3200	5425.1	59%	2162.0	148%
1999	3500	5854.0	60%	2210.3	158%
2000	4500	6280.0	72%	2253.4	200%
2001	4359	6859.6	64%	2366.4	184%
2002	4218	7702.8	55%	2475.6	170%
2003	4424	8472.2	52%	2622.2	169%
2004	4785	9421.6	51%	2936.4	163%
2005	5168	10493.0	49%	3254.9	159%

我们画出1996—2005年学费所占城镇、农村居民可支配收入的对比直方图，如图5所示。

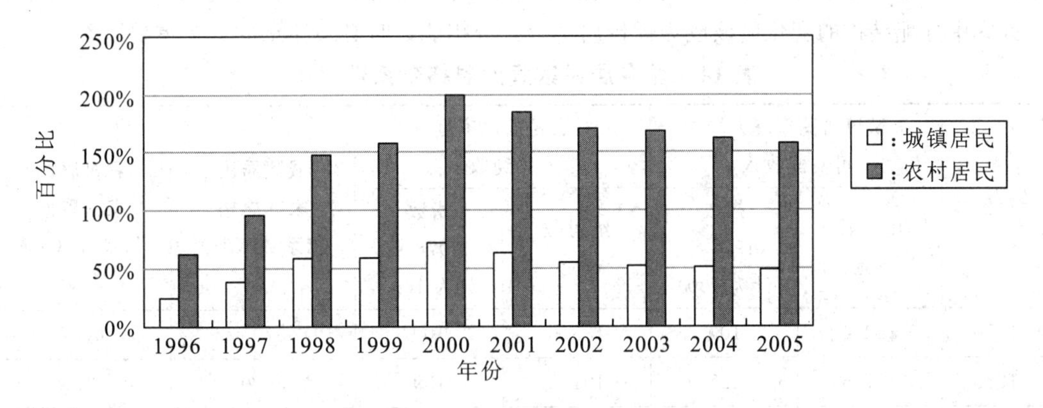

图5　城镇、农村居民可支配收入中学费比例的对比

通过对比同时期的高校收费情况和城乡居民家庭收入情况，我们可以看出：一个大学生一年仅学费项就要耗掉一个城镇居民大部分收入，并超过一个农村居民一年的收入。在2000年学费猛涨之后，全国平均有60%的城镇居民户、72.54%的农村居民户支付不起当年的高等教育学费和生活费。

分析1978—2006年我国城乡居民家庭的恩格尔系数(见表14，图6)可以发现，从1978年到2006年我国城乡居民家庭的恩格尔系数总体呈下降趋势，从1978年到1995年恩格尔系数在高位徘徊，从1995年到2001年恩格尔系数在逐年下降，恩格尔系数的下降表明了城乡居民的生活水平逐步提高。

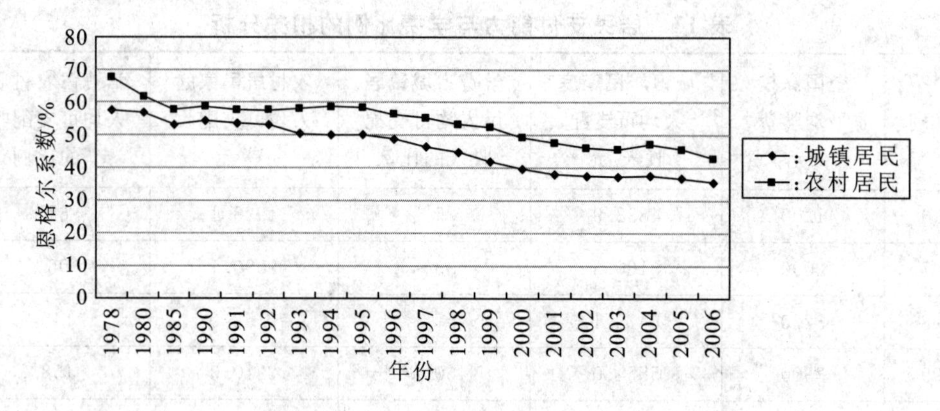

图 6　城乡居民家庭恩格尔系数的变化

从城乡居民收入分析(见表 14，图 7)，2006 年农村居民家庭人均纯收入 3587.0 元，比 1978 年的 133.6 元增长了 67.07 倍；2006 年城镇居民家庭人均可支配收入 11759.5 元，比 1978 年的 343.4 元也增长了 67.07 倍，扣除物价上涨的因素，城乡居民家庭人均收入仍然呈现稳步上升的态势。

因此，从总体上说，我国人民的生活水平在提高。但总体上的提高并不意味着个人分担能力的大幅度上升，而且从图 6 中我们也可以看出我国城乡差别还在继续扩大，如 1990 年城镇居民家庭的恩格尔系数为 54.24%，农村居民家庭的恩格尔系数为 58.8%，两者相差为 4.56%；而到了 2006 年，两者的恩格尔系数分别为 35.8%和 43%，相差将近 10%。因此，在考虑到居民生活水平总体上升的同时，也应注意到贫富分化现象造成的重大影响，财富在居民家庭中分配结构的变化应该成为评价居民个人分担能力时必须注意的一个重要因素。

表 14　城乡居民家庭的恩格尔系数对比

年份	城镇居民家庭人均可支配收入		农村居民家庭人均纯收入		城镇居民家庭恩格尔系数/(%)	农村居民家庭恩格尔系数/(%)
	绝对数/元	指数(1978 年计为 100)	绝对数/元	指数(1978 年计为 100)		
1978	343.4	100	133.6	100	57.5	67.7
1980	477.6	127	191.3	139	56.9	61.8
1985	739.1	160.4	397.6	268.9	53.31	57.8
1990	1510.2	198.1	686.3	311.2	54.24	58.8
1991	1700.6	212.4	708.6	317.4	53.8	57.6
1992	2026.6	232.9	784	336.2	53.04445	57.6
1993	2577.4	255.1	921.6	346.9	50.3167	58.1
1994	3496.2	276.8	1221	364.3	50.03928	58.9
1995	4283	290.3	1577.7	383.6	50.0906	58.6
1996	4838.9	301.6	1926.1	418.1	48.76093	56.3

续表

年份	城镇居民家庭人均可支配收入		农村居民家庭人均纯收入		城镇居民家庭恩格尔系数/(%)	农村居民家庭恩格尔系数/(%)
	绝对数/元	指数(1978 年计为 100)	绝对数/元	指数(1978 年计为 100)		
1997	5160.3	311.9	2090.1	437.3	46.59502	55.1
1998	5425.1	329.9	2162.0	456.1	44.66099	53.4
1999	5854.02	360.6	2210.3	473.5	42.06798	52.6
2000	6280.0	383.7	2253.4	483.4	39.44218	49.1
2001	6859.6	416.3	2366.4	503.7	38.19902	47.7
2002	7702.8	472.1309	2475.6	527.9	37.67637	46.2
2003	8472.2	514.6	2622.2	550.6	37.1	45.6
2004	9421.6	554.2	2936.4	588	37.7	47.2
2005	10493.0	607.4	3254.9	624.5	36.7	45.5
2006	11759.5	670.7	3587.0	670.7	35.8	43

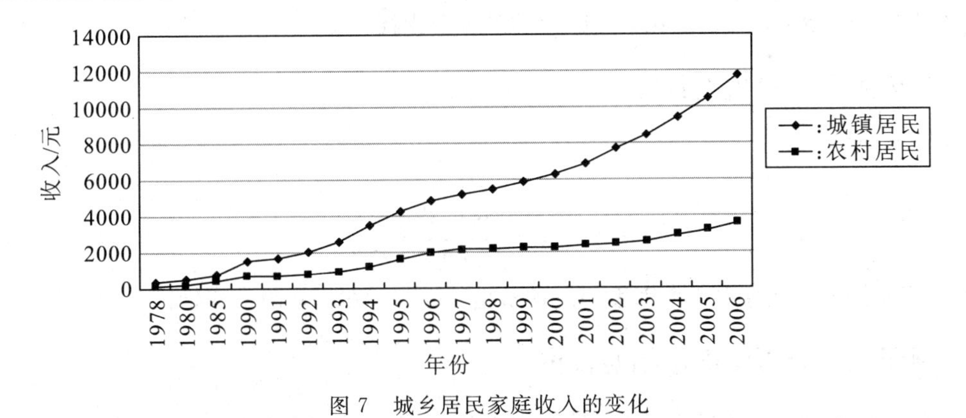

图 7　城乡居民家庭收入的变化

4.2　对当前收费标准的点评

从上面的定性以及定量分析中，我们可以得出如下结论：

(1) 现行的学费制定标准主要受到七个因素的影响，这七个因素分别为生均成本、学校类型及办学水平、国家投入与补助、专业差别、不同地域与经济状况、学生需求与预期收益、居民高等教育支付能力。

(2) 从单个因素的分析中，我们得到现在的学费收取标准普遍偏高，按生均成本的25%计算，除北京、上海、天津外，其他各省的学费均比应收学费高出 1.5 倍以上，显然不合理，这意味着学生承担了他们本不该承担的一部分费用，这有失公平性。

(3) 近年来学费不断增加，对部分家庭，特别是农村家庭来说，学费的支出占总收入的 100%以上，显然这也是我国高等教育学费收取的不合理处之一。

(4) 有些生均成本较高的院校，学费反而要低于其他同类院校。这反映出目前我国对人才特别是社会收益的追求，引起了国家投入及补助的不合理，从而导致了收取学费的标准不甚妥当。

(5) 学费还受到地方经济的影响，同类院校处在不同的地域，地方经济不一样，学生的学费也不一样，由上面的分析可见，往往在经济落后的地方，学费相对低一些。

5 多因素定量综合分析

在前面，我们对影响高等教育学费收取的七个主要因素进行了分析，现在我们对决定大学生费用的各标准进行定量的进一步分析。

5.1 指标数据规范化处理

利用公式

$$x'_{ijk}=\frac{x_{ijk}-\min\{x_{ij}\}}{\max x_{ij}-\min x_{ij}} \tag{11}$$

或

$$x'_{ijk}=\frac{\max\{x_{ij}\}-x_{ijk}}{\max x_{ij}-\min x_{ij}} \tag{12}$$

对极大型数据或极小型数据进行规范化与一致化的处理。式中，x_{ijk} 表示第 k 所大学的第 i 个因素的第 j 个指标，x_{ij} 表示第 i 个因素的第 j 个指标。

5.2 各因素总评价值的计算

利用公式

$$f_{ik}=\frac{\sum_{j} x_{ijk}}{n_i} \tag{13}$$

式中 f_{ik} 表示第 k 所大学第 i 个因素的总评价值，n_i 表示第 i 个因素的指标总数。

5.3 利用层次分析法确定相对权重

层次分析法是对一些较为复杂、较为模糊的问题作出决策的简易方法，它特别适用于那些难以完全定量分析的问题。参考历史经验数据，并结合参考文献，选取综合竞争力、办学资源、教学水平、科学研究、学校声誉、各校学费指标这六个因素两两比较，我们构造判断矩阵：

$$\begin{pmatrix} 1 & 1 & 5 & 3 & 1 & 5 \\ 1 & 1 & 3 & 2 & 1 & 3 \\ 1/5 & 1/3 & 1 & 1/2 & 1/3 & 1 \\ 1/3 & 1/2 & 2 & 1 & 1/2 & 2 \\ 1 & 1 & 3 & 2 & 1 & 4 \\ 1/5 & 1/3 & 1 & 1/2 & 1/4 & 1 \end{pmatrix}$$

利用 MATLAB 程序，求解得到矩阵最大特征值的单位特征向量为

$$w = [0.2893 \quad 0.2274 \quad 0.0662 \quad 0.1164 \quad 0.2378 \quad 0.0630]$$

式中，w 的各元素从左至右依次对应综合竞争力、办学资源、教学水平、科学研究、学校声誉和各学费指标的权重。

进行一致性检验，可得

$$CI = 0.0092, \ CR = 0.0074 < 0.1$$

由此可得，一致性检验结果较为理想。

5.4　通过模糊聚类选取代表性大学

我们从 31 所样本大学里选取具有代表性的大学，这些大学必须尽可能多地保存信息，让信息损失量最小。利用 31 所高校六类指标(除居民高等教育支付能力)的数据(见数字课程网站)，通过聚类分析的结果如图 8 所示。

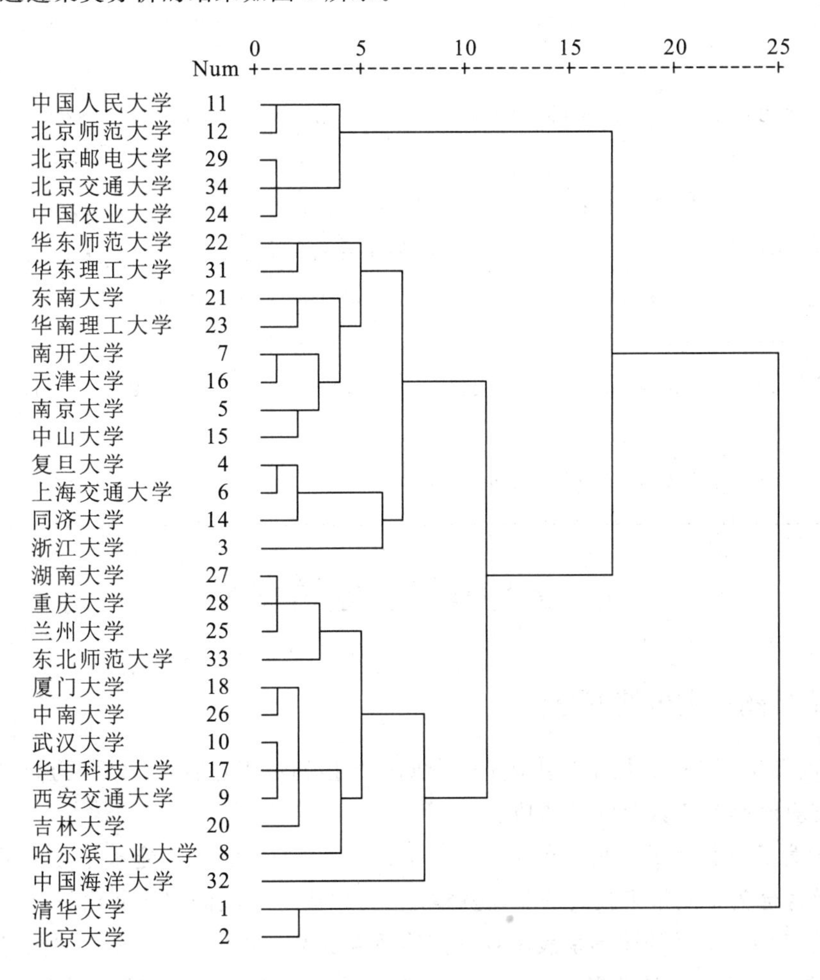

图 8　模糊聚类分析结果

从上述聚类结果看，我国各类大学，在各个因素影响下，具有类似之处，我们将其归为七类，第一类包括中国人民大学、北京师范大学、北京邮电大学、北京交通大学、中国农业大学，第二类包括华东师范大学、华东理工大学、东南大学、华南理工大学、南开大学、天津大学、南京大学、中山大学，第三类包括复旦大学、上海交通大学、同济大学、浙江大学，第四类包括湖南大学、重庆大学、兰州大学、东北师范大学，第五类包括厦门大学、中南大学、武汉大学、华中科技大学、西安交通大学、吉林大学、哈尔滨工业大学、中国海洋大学，第六类包括清华大学、北京大学。

同一类别中的大学在生均成本、办学水平、国家投入与补助、专业差别、不同地域与经济状况、学生需求与预期收益、居民高等教育支付能力等方面有相似之处，我们选取其中几个典型的大学进行分析，如表15所示。

表15 模糊聚类选取代表性大学结果

大学及专业	生均成本	办学水平	国家投入与补助	专业差别	不同地域与经济状况	学生需求与预期收益	综合指数	实际收费水平/元
北京大学文学	1	1	0.396744	0.5	0.552657	0.800752	0.782954	10000
浙江大学工学	0.23	0.739804	0.590357	0.989437	0.511364	0.609723	0.5482294668	10000
复旦大学哲学	0.59	0.690899	0.237894	0.485915	0.676684	0.758075	0.609290506	9000
中国人民大学法学	1	0.38463	0.067724	1	0.552657	0.627536	0.668542	5000
吉林大学历史学	0.1	0.46639	0.140191	0.454225	0.10799	0.285084	0.24034179	6000
华南理工大学法学	0.32	0.099698	0.19034	0.612676	0.692721	0.505567	0.3953094864	8000

6 人均学费的定价模型

6.1 经济学图形定价模型分析

人均学费的制定实际上可以看成是一个成本分担的过程，学费可以作为教育价格的一种反映，它应该有调节教育供求的功能。

高等教育所支付的成本是一种对人力资本的投资，它是带来一定未来收益的源泉。另外，高等教育会为个人带来较高的非经济收益，可以满足个人的精神文化需求。

我们可以用经济学的图形来表示我国高等教育成本分担的情况（见图9）。图9中：横轴需求量的大小反映了消费者各自从高等教育中获益的大小，由于高校是非盈利性组织，因此在纵轴上表现出了其收入＝成本；$\sum AC$ 呈现U字形，是因为高等教育与一般商业产品一样具有拥挤性，一旦超过拥挤点，消费就具有明显的拥挤性，出现明显的消费竞争现象；$\sum D$ 位于 D_1 与 D_2 之上，则是由于高等教育存在正的外部性。

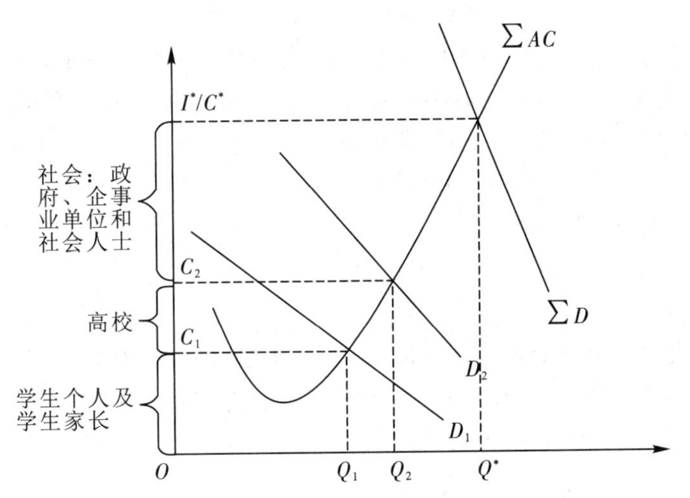

横轴—高等教育产品的需求规模；纵轴—高等教育产品的成本(应获得的收入)；D_1—个人需求曲线；D_2—个人与高校的需求曲线；$\sum D$—社会总需求；$\sum AC$—边际总成本

图 9　中国高等教育成本分担情况的经济学图形解析

6.2　个人、社会收益率的计算

6.2.1　高等教育个人收益率的计算

高等教育个人收益率计算常用的方法有明瑟收益率法和内部收益率法。

1）明瑟收益率法

明瑟收益率是指一个人接受一年高等教育可以带来收入增长的百分比，它主要考察高等教育的边际收益。其基本公式为

$$\ln Y = a + bS + cEX + dEX^2 + \varepsilon \tag{14}$$

式中：Y 表示劳动者的个人收入；S 表示接受高等教育的程度(即一般所说的受高等教育年限)；X 表示劳动者的工作经验(即工作年限)；a 为截距，表示劳动者不受高等教育所能得到的收入；系数 b 表示收入获得者在受教育期间获得的人力资本收益率；系数 c 和 d 为个人在工作经验中获得的人力资本收益率；ε 是误差项。

对式(14)两边求偏导，可得

$$b = \frac{\partial \ln Y}{\partial S} = \frac{\partial Y/Y}{\partial S} \approx \frac{\Delta Y/Y}{\Delta S} \tag{15}$$

则 b 就是因增加一年高等教育而增加的收入，即明瑟收益率。通过调查数据对原始方程进行回归分析，可得出 b 的值。

明瑟收益率主要考察教育的边际收益，没有考虑到货币的时间价值，而且也没有考虑到受高等教育者的直接成本和间接成本，而内部收益率法则弥补了明瑟收益率法的不足。

2）内部收益率法

内部收益率，即财务会计上考虑到货币时间价值的收益率，这里是指高等教育成本的现值和预期收益的现值相等的贴现率。

(1) 货币时间价值的概念。

货币时间价值可用以下公式表示：

$$PV=FV_{mn}(1+r/m)^{-mn} \tag{16}$$

式中：FV 表示以后一定时间单位内的现金收入(如一年、一个月)；PV 表示以后一定时间单位内的现金折现价值；r 表示贴现率，也就是利率；m 是一年内计算复利的次数；n 为所考虑区间的年数。当 $m=1$ 时，式(16)简化为

$$PV=FV_n(1+r)^{-n} \tag{17}$$

当 $m\to\infty$时，式(16)简化为

$$PV=FV_{\infty,n}\times e^{-rn} \tag{18}$$

(2) 内部收益率的计算。

假定一个接受过 m 年高等教育的学生工作 n 年的实际纯收入为 Y_{m+1}，Y_{m+2}，…，Y_{m+n}，并且在接受高等教育期间没有任何收入，只有支出，假定其每年的支付分别为 C_1，C_2，…，C_m，利率水平为 j，则该学生在这 $m+n$ 年中的实际纯收入的现金流量现值为

$$V(Y)=\sum_{j=m+1}^{m+n}\frac{Y_j}{(1+i)^j}-\sum_{j=1}^{m}\frac{C_j}{(1+i)^j} \tag{19}$$

又若该学生不接受高等教育，他在这 $m+n$ 年中的实际纯收入分别为 X_1，X_2，…，X_{m+n}，则该学生在这 $m+n$ 年中的实际纯收入的现金流量现值为

$$V(X)=\sum_{j=1}^{m+n}\frac{X_j}{(1+i)^j} \tag{20}$$

所以，令 $V(Y)=V(X)$，得

$$\sum_{j=m+1}^{m+n}\frac{Y_j}{(1+i)^j}-\sum_{j=1}^{m}\frac{C_j}{(1+i)^j}=\sum_{j=1}^{m+n}\frac{X_j}{(1+i)^j} \tag{21}$$

高等教育的内部收益率即指这里的利率水平 j。根据抽样调查，可以得出相应的 X_j、Y_j、C_j 数值，进而计算出相应的内部收益率。

6.2.2　社会收益率的计算

社会收益率的计算方法可以参照个人收益率的计算方法，只是各符号所代表的意义以及采取样本数据的范围和方式不同而已。在社会收益率的计算过程中：

(1) 明瑟收益率法中的 Y 表示国民经济水平，S 表示国民平均受高等教育程度，X、ε 所代表的意义与计算个人收益率时相同，a 表示国民不接受高等教育时的国民经济水平。

(2) 内部收益率法中的 Y 表示国家培养受高等教育者之后的国民经济水平，C 表示国家对高等教育每年的投入，X 则表示国家不培养受高等教育者时的国民经济水平。

6.3　修正数理分析模型的建立

为研究方便，假设高等教育成本分担主体为个人和国家(除个人外其他分担主体均由国家代替)，并设定高等教育成本为狭义的高等教育成本。按照准公共产品价格理论解释，高等教育成本分担比例是国家支付公共价格和个人支付私人价格的比例关系。我们按准公共产品价格形成机制与优化理论、成本收益理论考虑分担能力，从而进行数理分析。

6.3.1　模型假设与符号说明

为了研究方便，我们只考虑一个学生接受高等教育的成本分担情况。假设：

(1) 一个学生接受高等教育后产生的公共收益为 y_1，私人收益为 y_2；

(2) 国家预先拨出 y_1 中比例为 x_1 的财政收入对该学生进行教育投入，学生家庭也预先从家庭收入中拿出 y_2 中比例为 x_2 的收入来进行教育投入；

(3) 一个学生接受高等教育所发生的直接成本为 E；

(4) 国家分担的成本(公共价格)为 M_1，个人(家庭)分担的成本(私人价格)为 M_2；

(5) 高等教育产生公共收益为 y_1 时需要国家支付转换现实成本，$c_1=a_1y_1^2$，其中 $a_1(a_1>0)$表示公共收益 y_1 的转化效率，a_1 越小，表明转化效率越高；私人收益为 y_2 时需要家庭支付转换现实成本，$c_2=a_2y_2^2$，其中 $a_2(a_2>0)$表示私人收益 y_2 的转化效率，a_2越小，表明转化效率越高。

6.3.2 模型的建立

纯公共收益为

$$\Pi=(1-x_1)y_1-a_1y_1^2 \tag{22}$$

我们可以建立模型：

$$Z=\max \Pi \tag{23}$$

6.3.3 模型求解

对式(22)进行求导并令导数为零，即

$$\Pi'=(1-x_1)-2a_1y_1=0 \tag{24}$$

解得

$$y_1=\frac{1-x_1}{2a_1} \tag{25}$$

此时，$\Pi''=-2a_1<0$，且 $\Pi=\frac{(1-x_1)^2}{4a_1}>0$，因此可以求出国家在一个学生接受高等教育上的最优教育投资额 m 为

$$m=x_1y_1=-2a_1y_1^2+y_1 \tag{26}$$

于是有

$$m'=1-4a_1y_1 \tag{27}$$

且最大投资金额为

$$m_{\max}=\frac{1}{4a_1}-0.5 \tag{28}$$

显然，$m_{\max}$是关于 a_1 的递减函数，随着国家人才社会价值实现效率越来越高，也即国家人才转换现实成本越来越低，国家的高等教育最大投资额会越来越大，分担能力和分担比例也会越来越大。

6.4 国家与家庭共同分担的条件分析

6.4.1 正常家庭经济条件下的分担分析

如果 $m<E$，那么总的教育成本中剩下的那部分 $E-m$ 就需要家庭或个人来分担。这时我们得到

$$N=(1-x_2)y_2-a_2y_2^2=y_2-a_2y_2^2-(E-m) \tag{29}$$

且分担基本条件为

$$\begin{cases}\dfrac{1-\sqrt{1-4a_2(E-m)}}{2a_2}\leqslant y_2\leqslant\dfrac{1+\sqrt{1-4a_2(E-m)}}{2a_2}\\ 1-4a_2(E-m)\geqslant 0\end{cases}\tag{30}$$

由于 a_2 的值一般很小，因此人才的个人回报价值满足的条件也很宽松。

6.4.2 家庭贫困经济条件下的分担分析

考虑家庭的经济条件，则存在分担成本无穷大的情况。因此可以设学费承担总代价为 $k(E-m)$，其中 $k>1$(对经济条件宽裕的家庭来说，$k=1$)。这时有

$$N=(1-x_2)y_2-a_2y_2^2=y_2-a_2y_2^2-k(E-m)\tag{31}$$

如果 N 要大于或不小于 0，则家庭分担基本条件为

$$\begin{cases}\dfrac{1-\sqrt{1-4a_2k(E-m)}}{2a_2}\leqslant y_2\leqslant\dfrac{1+\sqrt{1-4a_2k(E-m)}}{2a_2}\\ 1-4a_2k(E-m)\geqslant 0\end{cases}\tag{32}$$

即使 a_2 的值很小，但是对于农村很多贫困家庭来说，k 的值一般在 1.5～5 之间，可以看出很多农村学生在上大学时存在进退两难的困境。

6.4.3 成本分担比例分析

从上面的分析来看，国家分担的部分为 $m=-2a_1y_1^2+y_1$，个人分担的部分为 $E-(2a_1y_1^2-y_1)$；国家分担比例为 $M_1=m/E$，个人分担比例为 $M_2=1-m/E$。在满足式(30)与式(32)的条件下，个人分担的部分与高等教育直接成本、个人的社会化效率和社会化价值有关。其中，当总的高等教育直接成本下降或人才的社会化效率提高时，个人所分担的教育成本部分就会减少；在人才的社会化效率较高的条件下，人才社会化价值越高，个人承担的教育成本也会越少。

6.4.4 对社会、个人收益率的分析

根据上面的模型，我们作如下几点模型的改进。

对于个人、社会收益率的求解，我们给定了个人收益率、社会收益率的计算方法，但都需要通过大样本的数据进行回归拟合数据，而这样，值会随着样本的变化而变化，容易造成大的偏差。此处，我们参考专家的合理估算数据，如表 16 所示。

表 16 收益率估算数据

地区	社会收益率/(%)			个人收益率/(%)		
	初等教育	中等教育	高等教育	初等教育	中等教育	高等教育
非洲	28	17	13	45	25	32
亚洲	27	15	13	31	15	18
拉丁美洲	26	18	16	32	23	23

由于得到的收益率无法反映到各种指标的变化中，因此我们作如下的改进：假设 a 为综合评价值，a_p 为平均值，b_1、b_2 分别为社会、个人收益率，b_1'、b_2'分别为社会、个人新的收益率，则

$$b_i'=b_i\times\mu\qquad(i=1,2)\tag{33}$$

其中

$$\mu=\begin{cases}0.002 & a\geqslant 0.7\\ 0.001 & 0.5\leqslant a<0.7\\ -0.001 & 0.3\leqslant a<0.5\\ -0.002 & a<0.3\end{cases}$$

在上述分析的前提下，我们可以得到如下最优策略的求解方法：

假设一个本科生读完四年大学所需的费用为 E 万元，人工作年限为 43 年(即 25 岁至 68 岁)，折现率取 p，则大学生平均一年的社会效益为

$$y_{10}=Eb_1{}'$$

一生的外溢收益为

$$y_1=y_{10}\times\frac{(1+p)^{43}-1}{p\,(1+p)^{43}}$$

一个人一年的平均家庭收益为

$$y_{20}=Eb_2'$$

国家应承担的部分为

$$n=-2a_1y_1^2+y_1$$

个人应承担的部分为

$$m=E-n$$

每个学生每年需要负担的学杂费为

$$A=m\times\frac{p\,(1+p)^4}{(1+p)^4-1}$$

个人负担的比例为 m/E。

6.5　实证分析

根据前面的分析，我们对六个典型大学专业的学费制定确立最优策略，如表 17 所示。

表 17　学费制定最优策略

大学及专业	综合指数	实际收费水平/元	b_1/(%)	b_2/(%)	n/万元	m/万元	A/万元	个人负担比例/(%)
北京大学文学	0.782954	10000	0.132	0.182	10.26734	1.732661	0.477331	14.4388
浙江大学工学	0.5482295	10000	0.131	0.181	10.62151	1.378489	0.37976	11.4874
复旦大学哲学	0.6092905	9000	0.131	0.181	10.62151	1.378489	0.37976	11.4874
中国人民大学法学	0.668542	5000	0.131	0.181	10.62151	1.378489	0.37976	11.4874
吉林大学历史学	0.2403418	6000	0.128	0.178	10.91687	1.083133	0.298392	9.0261
华南理工大学法学	0.3953095	8000	0.129	0.179	10.82122	1.17878	0.324742	9.8232

从模型的分析结果可以看到各大学应分担的学费比例，如北京大学文学专业在高等教育学费承担中有约14.44%的承担比例等。表中也显示了高等教育过程中学生个人应支付的学费，如浙江大学工学专业、复旦大学哲学专业与中国人民大学法学专业四年的学费中个人应承担的学费总和均约为1.38万元，对比这几所高校向学生征收的学费数据，可得个人分担的教育成本已超出该最优决策比例，这也正体现了当前高等教育学费征收的现状有待改善。

7 给教育部、财务部的报告

近十几年，我国高校学生人均学费大幅度上涨。1995年，我国高校学生人均学费仅为800元，到了2007年，学费已经涨到4800～6000元，涨幅高于500%，学费在十几年间的膨胀反映了学费标准的制定存在着不完善、不稳定的一面。公办、民办高校的收费相差近万元，不同学校、不同专业的学费更为不同。现在学费的收取标准从生均成本看，全国高校离“学费不超过生均成本的25%”相差甚远，这从结构上反映了我国现行各高校学费的不规范性。有些高校，像北京、天津、上海等地的学费却往往低于25%的比例，这又折射出我国国内教育资源分配的不均衡与教育水平和收费标准不相称的问题。

学费的收取在我国城乡差距较大，2006年农村人均可支配收入为3254.9元，全国平均学费为此收入的1.59倍，这也是造成越来越多的农民没有足够的资金来支付教育费用的原因之一，但我国教育部门在制定学费标准时，没有考虑到我国贫富分化的具体国情，也没有采取有效的干预手段与协调措施，应引起我们的反思。

通过数据的采集与分析，得出我国的学费制定标准主要受生均成本、学校类型及办学水平、国家投入与补助、专业差别、不同地域与经济状况、学生需求与预期收益、居民高等教育支付能力等七个因素的影响。进一步深入分析，我们发现国家的财政投入依然有欠缺，高校的不同待遇导致资源的不合理配置，这是不公平的一种体现。上述的种种因素是相互作用的，学费标准的制定应该建立在对它们的统筹分析上，进而采用统一的标准制定出合理的学费收取制度。

从我们的分析来看，25%的成本-学费比本身有它的不合理性，它也不是一个固定的量，我们应该根据具体学校、具体专业来确定它的取值。由此我们提出几点建议：

(1) 我国大学总体平均学费过高是不争的事实，学费过高会产生许多负面影响，希望有关部门考虑降低学费，并加大政府的投入力度。

(2) 对具体的高校，像北京、天津、上海等地高校的学费普遍较低，不符合经济现象，可以适当调高这三个地方高校的学费。

(3) 严格核定成本费用的计算，控制非学生应该承担的费用的计入，督促各地，避免铺张浪费。

(4) 增加对贫困学生的补助，积极为他们寻找勤工助学的机会。

(5) 时刻关注全国各地学费制定动向，及时有效地做出应对措施，不要让学校变成赚钱机器。

若以上几点意见得到采纳并运用在制定学费标准的过程中，那么，我国高等教育的学费现状必能得到有效的改善，这将使我国的高等教育越来越人性化，上大学在我国的普及率不断提高，高等教育的教学质量也将稳步上升。

8　模型评价与改进

8.1　模型评价

本模型对学费的现实含义及经济学含义作了一定的剖析，从七个影响因素来讨论学费的制定必须遵循的原则，并从这些因素的定量分析中评价了现行学费收取的种种不合理性，得出我国大学总体平均学费偏高但在部分地区又显示偏低的结论，从中反映出我国学费收取的不公平、不合理之处。模型对主要因素分析清楚明了，但缺点是对因素与学费之间微观上的关系未做深入研究。

在各因素分别分析的前提下，综合各因子，利用层次分析法确定出了各个因素之间的相对权重，并求出了综合因子，然后对众多样本利用 SPSS 软件进行模糊聚类，选取出较典型的几个院校作为研究样本，但缺点是聚类的样本还不够大。

最后给出了合理学费制定的数理模型，对其中的收益率进行了修正，使之能反映各种因素的影响，并给出了最优策略，但此模型在初始参数上较主观，很容易使结果与实际相差很大。

8.2　模型改进

我们未具体讨论七个衡量指标之间的相关性，也没有计算它们在实际参与的学费标准制定过程中所应赋予的权重，因此该模型稍微欠缺了一些实际的应用价值。对于这个缺陷，我们可建立 BP 神经网络模型，对具体的不同类别高校的学费确定更具体的学费收取标准，使得模型更完善。

另外，对模型的改进我们还可以参考较为热门的自适应方法 MAR 进行改进与完善，这是一种基于模型参考自适应调整的新的建模方法，它采用智能算法，可以在新的条件下得出稳定的最佳运算模型，在实际中的应用价值较高。

参 考 文 献

[1]　柴效武. 高校学费制度研究[M]. 北京：经济管理出版社，2003.

[2]　甘果华. 高等教育成本分担研究[M]. 上海：上海财经大学出版社，2007.

[3]　张霞. 安徽普通高校生均成本的数学模型[J]. 安徽工业大学学报(社会科学版)，2007，24(3)：139－140.

[4]　王莎. 基于 BP 神经网络的高校硕士研究生收费模型研究[D]. 长沙：湖南大学，2007.

[5]　刘少雪. 对高等学校收费标准的探讨[J]. 高教探索，2001，(2)：71－73.

[6]　段宝霞. 高等学校学费标准探讨[J]. 中国高教研究，2004，(5)：74－75.

[7]　陈爱娟，万威武. 关于我国高等学校学费标准的实证分析[J]. 高等教育研究，2002，23(6)：44－49.

[8]　毛建青. 我国普通高等院校学费制定标准探讨[J]. 湖南师范大学教育科学学报，

2006，5(2)：75－78.

[9] 林道怡. 探求适合我国国情的高等教育收费模式[J]. 价格理论与实践，2007，(4)：45－46.

[10] 数学中国，中国教育经费统计年鉴(1998—2007年)，http://www.madio.cn/mcm/thread－16808－1－1.html，2008－09－20.

[11] 数学中国，中国统计年鉴(1997—2008年)，http://www.madio.cn/mcm/thread－16809－1－1.html，2008－09－20.

附录1　各高校类别、办学能力与学费的相关分析数据

总排序	学校名称	学校所在地	学校类型	综合竞争力总分	办学资源序	教学水平序	科学研究序	学校声誉序	各校学费/元
1	北京大学	京	综合	100.00	2	1	1	1	5000
2	清华大学	京	理工	96.06	1	2	2	2	5000
3	浙江大学	浙	综合	86.22	3	3	3	6	4800
4	复旦大学	沪	综合	83.63	4	5	4	3	5000～5500
5	上海交通大学	沪	理工	80.57	6	4	5	4	5000
6	南京大学	苏	综合	78.79	5	7	6	7	4600
7	武汉大学	鄂	综合	78.78	7	6	7	13	4500～5850
8	吉林大学	吉	综合	71.74	9	8	15	18	3800
9	华中科技大学	鄂	理工	71.17	10	9	11	25	4500～5850
10	中山大学	粤	综合	70.85	12	17	8	16	4560～5760
11	南开大学	津	综合	70.66	13	13	10	12	4200
12	北京师范大学	京	师范	70.46	16	11	12	9	4200～6000
13	西安交通大学	陕	理工	70.41	19	10	13	11	4440～6600
14	中国科学技术大学	皖	理工	69.52	8	14	16	5	4800
15	四川大学	川	综合	69.23	15	12	9	32	4440～6600
16	中国人民大学	京	文法	67.41	17	15	17	8	5000
17	哈尔滨工业大学	黑	理工	66.04	11	18	22	10	4000～5500
18	山东大学	鲁	综合	65.90	21	19	14	33	4300～5000
19	同济大学	沪	理工	65.37	23	16	18	20	5000
20	天津大学	津	理工	64.44	24	21	19	23	4200
21	中南大学	湘	理工	62.66	14	22	21	47	4000～5500
22	厦门大学	闽	综合	62.06	26	23	20	34	5460～6760
23	华东师范大学	沪	师范	61.85	29	20	24	21	5000
24	北京航空航天大学	京	理工	60.46	18	26	25	14	4200～6000
25	东南大学	苏	理工	59.35	20	24	23	46	4600
26	大连理工大学	辽	理工	56.45	25	28	26	38	3800～5200

续表

总排序	学校名称	学校所在地	学校类型	综合竞争力总分	办学资源序	教学水平序	科学研究序	学校声誉序	各校学费/元
27	西北工业大学	陕	理工	54.91	37	25	31	45	3850～4950
28	中国农业大学	京	农林	54.16	22	50	27	35	4200～6000
29	北京理工大学	京	理工	53.64	31	27	52	28	4200～6000
30	重庆大学	渝	理工	52.81	32	29	32	64	3700～5500
31	兰州大学	甘	综合	52.41	34	59	29	24	4200
32	华南理工大学	粤	理工	52.32	30	33	33	53	4560～5760
33	东北大学	辽	理工	51.82	38	30	37	55	2500～5200
34	北京科技大学	京	理工	50.75	33	49	30	56	4200～6000
35	中国矿业大学	苏	理工	50.37	60	35	28	65	4600
36	中国地质大学	鄂	理工	50.13	42	34	42	43	4200～6000
37	东北师范大学	吉	师范	49.97	40	45	38	40	3500
38	湖南大学	湘	理工	49.55	36	40	36	67	4500～5500
39	华中师范大学	鄂	师范	49.09	50	47	35	49	4500～5850
40	南京师范大学	苏	师范	49.07	54	43	40	42	4600
41	电子科技大学	川	理工	48.95	55	32	44	62	4400～6600
42	中国海洋大学	鲁	理工	48.55	53	39	46	57	4300～5000
43	华东理工大学	沪	理工	48.34	45	44	50	50	5000
44	西南交通大学	川	理工	47.67	43	67	34	61	3850～5200
45	北京交通大学	京	理工	47.34	39	41	73	52	4200～6000
46	北京邮电大学	京	理工	47.04	69	54	55	41	4200～6000
47	上海财经大学	沪	文法	46.99	79	46	72	27	5000
48	暨南大学	粤	综合	46.89	47	48	51	74	4560～5760
49	中国石油大学	京	理工	46.80	49	62	43	72	4200～6000
50	上海大学	沪	综合	46.73	48	58	45	75	5000

附录2　各高校需求量与学费的相关分析数据

高等院校	声誉得分	就业率	毕业生薪金/元	学费/元
清华大学	100	0.95	3167	5000
北京大学	100	0.98	2833	5000
浙江大学	92	0.96	2058	4800
复旦大学	92	0.95	3863	5000～5500
南京大学	90	0.93	1442	4600
上海交通大学	89	0.95	3596	5000

续表

高等院校	声誉得分	就业率	毕业生薪金/元	学费/元
南开大学	84	0.97	2465	4200
哈尔滨工业大学	84	0.95	1900	4000～5500
西安交通大学	82	0.95	3682	4440～6000
武汉大学	82	0.93	2759	4500～5850
中国人民大学	82	0.97	2900	5000
北京师范大学	82	0.95	2300	4440～6600
西南交通大学	82	0.95	1757	3850～5200
同济大学	81	0.95	3517	5000
中山大学	81	0.95	3083	4560～5760
天津大学	79	0.98	2047	4200
华中科技大学	78	0.90	3550	4500～5850
厦门大学	78	0.98	2233	5460～6760
四川大学	76	0.90	2065	4440～6600
吉林大学	75	0.91	1454	3800
东南大学	74	0.98	2350	4600
华东师范大学	72	0.97	3033	5000
华南理工大学	70	0.97	2567	4560～5760
中国农业大学	70	0.87	3289	4200～6000
兰州大学	70	0.97	2212	4200
中南大学	69	0.96	2030	4000～5500
湖南大学	66	0.96	1858	4500～5500
重庆大学	65	0.95	2291	3700～5500
北京邮电大学	65	0.96	3129	4200～6000
电子科技大学	64	0.95	4900	4400～6600
华东理工大学	64	0.96	3332	5000
中国海洋大学	64	0.90	1939	4300～5000
东北师范大学	60	0.85	2220	3500
北京交通大学	59	0.95	2649	4200～6000

论文点评

该论文获得2008年“高教社杯”全国大学生数学建模竞赛B题的一等奖。

1. 论文采用的方法和步骤

该论文在确定学费标准中既考虑高校的具体地理位置及办学水平、具体专业，也考虑国家财政对高等教育的负担能力与居民的支付能力和投资回报率等因素，根据微观经济学的成本分担理论对我国的高等教育学费标准进行了深入探讨。在充分收集和分析相关数据的基础上，对不同地区的高校或专业的学费标准进行了定量分析；并结合我国国情，建立了生均成本模型、人均学费的定价模型，个人、社会收益率模型，以及高校学费的定量分析模型。

（1）根据经济学的成本分担说，对高等教育的成本与收益进行了界定与分析。在此基础上，收集和整理了影响学费制定标准的七类主要影响因素，即生均成本、学校类型及办学水平、国家投入与补助、专业差别、不同地域与经济状况、学生需求与预期收益、居民高等教育支付能力等相关数据，并分析了各数据的特征。

（2）在对影响生均成本的要素进行详细分析的基础上，建立了高等教育的生均成本模型，并结合高等教育教学水平评价标准，计算出了全国各省市的理论生均成本。

（3）综合考虑影响学费制定的各种因素，利用层次分析法求得了各类影响因素的权重，得到了一个综合评价值，并结合聚类分析将全国代表性收费标准分为七类，给出了代表性大学专业结果。

（4）在前面所作分析的基础上，最后建立了一个政府-个人成本分担系数的数理模型，计算各省市、各类院校的最佳成本分担策略，得到了学费最佳定价，同时给出了学费合理度分析，并且列举了六个典型大学专业的学费制定最优策略。

2. 论文的优点

该论文较合理有效地选取了影响学费制定标准的主要因素，如生均成本、学校类型及办学水平、国家投入与补助、专业差别、不同地域与经济状况、学生需求与预期收益、居民高等教育支付能力等，数据收集比较充分，对原始数据的统计分析也比较到位。按照题目的要求对高等教育的学费标准进行了讨论，在所收集数据的基础上，建立了生均成本模型、人均学费的定价模型以及综合考虑了影响学费制定的各种因素的人均学费的定价模型和学费最佳定价数学模型，能多角度、全面、综合地对我国的高等教育学费进行定量分析，并在此基础上得到了若干特点鲜明的结论。

3. 论文的缺点

在生均成本模型的计算中，为了计算方便忽略了间接成本，对组成生均成本的有些项作了简化处理；在用层次分析法确定学费制定的影响因素相对权重时，对构造比较矩阵的道理说明不够。

第5篇 眼科病床的合理安排模型[①]

队员:吴斌扬(电子信息技术及仪器),董方(电子信息技术及仪器),
熊伟(计算机科学与技术)
指导教师:数模组

摘要

我们对问题所给数据进行了较为深入的统计分析,从中挖掘到了大量题目中没有说明的隐含信息,明确了不同病症患者住院时间的变化规则,从而为建模做好准备。

首先,我们从医患双方的角度出发,选取了四个较能反映双方利益的评价指标,再从中选取了两个较有代表性的指标,即平均每个患者等待入院时间最少以及医院平均每天入院人数最多,并以其作为目标函数,针对医院当前的情况建立了较为合理的眼科病床安排模型。在模型建立过程中,我们运用动态权重优先法确定就诊后患者入院治疗的先后顺序,其权重初值与病人的入院时间有关,并运用之前提出的评价指标对此模型进行了评价,得到了患者平均等待入院的时间和医院平均每天的入院人数分别为4.49天和6.8人,与医院之前的先到先得原则下的11天和5.6人相比,我们的模型具有明显的优势。为了便于医院实行,基于上面的目标函数,并针对该医院的情况,我们提出了优先权动态变化的病床安排规则和算法。

其次,为了能根据当前的状况预测患者未来的大致入院时间区间,我们结合统计学的思想,用SPSS软件验证了题目中不同病症患者的就诊人数服从泊松分布。接着通过计算机按照泊松分布并结合不同病症患者的情况,模拟出未来几天不同病症患者的就诊人数,从而预测病人可能的入院时间。通过大量重复上述过程,我们得到了大量相应的预测时间,然后求得它们的均值和标准差,用均值当作预测天数的中心值,标准差作为波动范围,从而确定就诊患者的入院时间区间。

再次,在周六、周日不安排手术的前提下,对于如何安排其他日期的手术,我们列举了周一至周五这五天中手术安排的10种组合,并结合每种组合的相关数据求得了每一种组合下的评价函数值,再把它们相互比较,选出最优的组合,从而得到一个较好的手术安排日期。

最后,对于如何合理分配当前总床位数给各种病症的患者,以寻求最优的病床比例分配方法,使得所有病人在系统内的平均逗留时间(含等待入院及住院时间)最短,我们采用了模拟退火算法求得了较好的病床分配方案:6张单眼白内障患者的病床,16张双眼白内障患者的病床,13张青光眼患者的病床,34张视网膜疾病患者的病床,10张外伤患者的

---

① 此题为2009年“高教社杯”全国大学生数学建模竞赛B题(CUMCM2009—B),此论文获该年全国一等奖。

病床。在此模拟退火算法中，我们创新地提出了圆心滚动思想，使得程序更为简单，结果更为准确。

关键词： 动态权重；模拟退火；随机模拟；整数目标规划；区间估计

1 问题重述

医院就医排队是大家都非常熟悉的现象，它常常以这样或那样的形式出现在我们的生活中，例如，患者到门诊就诊、到收费处划价、到药房取药、到注射室打针、等待住院等，往往都需要排队等待以接受某种服务。

我们考虑某医院“眼科病床的合理安排”的数学建模问题。

该医院眼科门诊每天开放，住院部共有病床 79 张。医院眼科手术主要分四大类：白内障、视网膜疾病、青光眼和外伤。原题附录中给出了 2008 年 7 月 13 日至 2008 年 9 月 11 日这段时间里各类病人的情况。

白内障手术较简单，而且没有急症。目前该院是每周一、三做白内障手术，此类病人的术前准备时间只需 1～2 天。做两只眼手术的病人比做一只眼的要多一些，大约占到 60%。如果要做双眼手术是周一先做一只，周三再做另一只。

外伤疾病通常属于急症，病床有空时立即安排入院，入院后第二天便会安排手术。

其他眼科疾病比较复杂，有各种不同的情况，但大致在入院以后 2～3 天就可以接受手术，主要是术后的观察时间较长。这类疾病的手术时间可根据需要安排，一般不安排在周一、周三。由于急症数量较少，建模时可不考虑急症。

该医院眼科手术条件比较充分，在考虑病床安排时可不考虑手术条件的限制，但考虑到手术医生的安排问题，通常情况下白内障手术与其他眼科手术(急症除外)不安排在同一天做。当前该住院部对全体非急症病人是按照先到先得(First Come, First Serve, FCFS)原则安排住院，但等待住院病人队列却越来越长，医院方面希望能通过数学建模来帮助解决该住院部病床合理安排的问题，以提高对医院资源的有效利用。

为此，需要解决如下问题：

问题一，试确定合理的评价指标体系，用于评价病床安排模型的优劣。

问题二，试就该住院部当前的情况，建立合理的病床安排模型，以根据已知的第二天拟出院病人数来确定第二天应该安排哪些病人入院。并利用问题一中的指标体系对所建立的模型作出评价。

问题三，作为病人，自然希望尽早知道自己大约何时能入院，能否根据当时入院病人及等待入院病人的统计情况，在病人门诊时即告知其大致能入院的时间区间。

问题四，若该住院部周六、周日不安排手术，请重新回答问题二，医院的手术时间安排是否应作出相应调整？

问题五，有人从便于管理的角度提出建议，在一般情形下，医院病床安排可采取使各类病人占用病床的比例大致固定的方案，试就此方案，建立使得所有病人在系统内的平均逗留时间(含等待入院及住院时间)最短的病床比例分配模型。

2 模型的假设

在建立模型的过程中，基于以下几点假设：

(1) 假设该医院的医生和手术设备是足够多的，即只要患者的手术日期确定了，则不论这天有多少患者要做手术，医院都可以在这一天内全部完成。

(2) 假设周一和周三只做白内障手术，其他时间不做该手术，且双眼白内障手术只能在周一先做一只眼，在本周的周三再做第二只眼。

(3) 假设白内障患者的手术准备时间是针对医生而言的，也即该医生做好了准备后，其明后天的白内障手术就能按时进行。

(4) 假设其他眼科疾病手术的准备时间一般为 2 天，但是考虑其不能与白内障手术在同一天进行，其准备时间可能会有 3 天的情况(按原假设，若准备进行手术时间为周一或周三，则与白内障手术冲突)。

3 符号说明

在建立模型的过程中，对所用到的符号作如下说明。

k——从统计的第一天(7 月 13 日)开始的累计天数(表示时间的变量)；

x_{1k}——第 k 天就诊并当天入院的单眼白内障患者人数；

x_{2k}——第 k 天就诊并当天入院的双眼白内障患者人数；

x_{3k}——第 k 天就诊并当天入院的青光眼患者人数；

x_{4k}——第 k 天就诊并当天入院的视网膜疾病患者人数；

x_{5k}——第 k 天就诊并当天入院的外伤人数；

O_k——第 k 天出院的病人总数；

N_k——第 k 天已入院病人所占的床位数(当天就诊当天入院所占的床位数不统计在内)；

w_{ij}——第 i 类眼科疾病患者在该周的第 j 天(周一为本周的第一天)入院的权重($i=1$, 2, 3, 4, 5, $j=1, 2, 3, \cdots, 7$)。其中

$$i=\begin{cases}1 & \text{(单眼白内障)}\\ 2 & \text{(双眼白内障)}\\ 3 & \text{(青光眼)}\\ 4 & \text{(视网膜疾病)}\\ 5 & \text{(外伤)}\end{cases}$$

c_{ik}——表示第 i 类病人在该周的第 k 天前来就诊的总人数；

t_{ij}——第 i 类病人在该周的第 j 天就诊直到其能入院所经过的时间；

m——从统计数据的开始到结束这段时间的入院总人数；

G_k——从第 k 天之前处于排队等待的病人中选取当天(第 k 天)能入院的病人总数；

T——患者从门诊到出院的总花费时间；

t_1——患者从门诊到入院所需的等待时间；

t_2——患者从入院到出院的总时间。

4　问题分析

4.1　对各个问题的初步分析

对于问题一，我们可以考虑从两个方面来评价病床安排的优劣。一方面是从医院的角度来看，院方希望在一定时间内入院治疗的病人越多越好，这样可以尽量多地利用有限的床位，从而获得最大的利润；而从患者的角度来看，他们希望可以尽早地住院治疗，且尽量减少住院的时间，从而减少消耗的时间和住院费。其实不难发现，医院的目标和患者的目标不但不冲突，而且从内在关系上来看是一样的，也就是说，我们只要尽量大地满足某一方的目标，另一方的目标也会得到较大的满足，所以，我们只需从患者和医院两方中选取某一方的目标最优化作为病床安排的评价指标即可。

对于问题二，该医院病床的合理安排方案是由多种因素共同作用的，这些因素包括：患者的入院日期、患者的病症、患者是否需要急诊、不同病症手术的安排日期、患者的等待时间(即门诊日期)、各天该医院出院人数等。因此我们需要综合考虑以上因素来安排哪些患者应该优先入院。

对于问题三，由于患者入院时间区间的选取是比较抽象的，且无法预知未来几天内门诊患者的情况，因此我们很难确定一个比较精确的患者入院时间的区间。基于此情况的考虑，我们可以在问题二中建立的模型的基础上，结合统计学知识预测出未来每天各种病症患者门诊的情况，然后将当前实际情况与预测的情况综合考虑，大致给出一个患者的入院时间的区间。

对于问题四，若周六、周日不安排手术，则对白内障手术是没有影响的，受影响的只有其他眼科疾病的手术以及外伤手术，造成的后果必然是等待手术的患者的堆积，由题目得知外伤患者优先手术权是最高的，他们的堆积必将对后面手术的患者造成比较明显的影响。另外，我们还应该考虑对这段时间的充分利用，可以在这两天时间内针对周一、周二的手术进行准备。

对于问题五，关于病床比例的分配，不难想到，不同病症患者的病床所占比例的大小与每天入院的各病症患者所占的比例是有直接关系的，同时也容易想到，不同的病症患者的住院时间长短也是不一样的，这也必将影响病床分配方案。我们可以建立适当的目标函数和约束，用计算机求解出相对较为合理的床位分配方案。

4.2　数据的整理与分析

4.2.1　数据的整理

我们将相关数据按病症类型的不同进行整理，将其拆分为 5 个不同的表格，分别为单眼白内障、双眼白内障、青光眼、视网膜疾病以及外伤。

从整理出的表格中我们可以得到，2008 年 7 月 13 日至 2008 年 9 月 11 日该医院入院的白内障患者总人数为 154 人(单眼白内障 72 人，双眼白内障 82 人)，外伤患者为 55 人，青光眼患者为 39 人，视网膜疾病患者为 101 人。由此可见，在众多眼科疾病中，白内障疾病所占的比例较大。接着，我们对这5张表格作统计，计算出不同种类眼科疾病患者从门诊到入院的时间以及从第一次做手术到出院的时间，并对其做初步的分析，挖掘出数据中所隐含的题目中所没有说明的信息。

4.2.2 手术准备时间的分析

从对不同眼科疾病患者数量的统计中可以看到，白内障患者占患者总数的44.16%，也就是说该医院有将近一半的眼科患者为白内障，由此可看出安排好白内障患者的重要性。问题中又提到，该医院每周一和周三做白内障手术，并且手术的准备时间为1～2天，对于这“1～2”天的含义，我们试图通过所给数据加以理解，从而使对问题的理解更加透彻。

我们从所给数据中挖掘其含义，考虑到白内障患者的手术安排在每周一与周三，从而对于单眼白内障患者，凡是周三以后(包括周三)至周日这段时间入院的，其手术都安排在周一进行，而凡是在周一、周二入院的白内障患者，其手术都安排在周三进行。由此我们可以知道，对于白内障患者的手术准备时间是针对医生而言的，而并非针对某个患者。

换言之，某个医生接到周五有患者的通知，因此其从周六开始对白内障手术作准备，在周五至周日(包括周日)这段时间内，新加入的白内障患者都能在周一对其进行手术。我们不难想到，由于白内障患者人数所占比重最多，医院专门针对白内障患者作此安排也是较为合理的。至于双眼白内障患者，不论他们哪天入院，第一次手术日期只能安排在当天之后的那个周一进行，也即周三是不做白内障(双眼)手术的。

对于其他眼科疾病患者(包括青光眼和视网膜疾病患者)，我们对数据分析后发现，问题中之所以说这类眼科疾病的准备时间为2～3天这样一个模糊的数据，是因为该类疾病一般不安排在周一或周三进行，安排时要考虑避开这个时间。一般情况下这些眼科疾病的准备时间都为2天，但如果2天后的手术日为周一或周三，也即其与白内障患者手术日期发生时间上的冲突时，由题目中信息可知，此时要优先做白内障手术，所以其他眼科疾病手术日期要推迟1天，因此此时的手术准备时间为3天。

以上信息均从所给数据中挖掘得来，随机选取青光眼和视网膜疾病患者入院时间和手术时间间隔为3天的数据，并通过查看日历核实，不难发现，该入院日期后的第三天的确为周一或周三，与我们的推论符合。

我们还对这些眼科疾病的手术日期与入院日期作了另一方面的分析，发现这些手术日期的分布单独来看并没有一定规律，而是根据入院患者的病情种类而定的。也就是说，青光眼和视网膜疾病的手术日期除了不能安排在周一或周三之外，其余时间是没有限制的，手术日期只与这两种病患者的入院日期有关。

4.2.3 门诊时间与入院时间间隔的分析

我们通过对各类眼科疾病患者的门诊时间与入院时间的间隔统计发现，除外伤患者可以在门诊后一天入院外，其他患者均要等候11～13天不等的时间才可以入院，究其等候时间不同的原因，我们推断可能是医院病床满了的缘故。

为了验证我们的推断，我们做了以下统计分析：

由于2008年7月13日之前该医院病人住院与出院的数据我们无从知道，因此在验证过程中我们选取了日期相对靠后的一段时间内该医院的住院情况进行分析。

我们对 8 月 15 日～17 日该医院的住院情况进行了分析。首先我们筛选出出院时间为 8 月 16 日以后(包括 8 月 16 日)的数据，再从中筛选出入院时间为 8 月 15 日之前(包括 8 月 15 日)的数据。

容易推出，这些数据就是 8 月 16 日患者未出院时该医院的患者总人数(其中认为不存在那些 7 月 13 日之前入院但在 8 月 16 日之后出院的数据)。我们统计了这些数据量的个数，发现其值恰好为 79，即等于医院病床的数量。

接着我们从题目所给数据中筛选出院时间为 8 月 16 日的数据，共有 13 组，又从中抽取了入院时间为 8 月 16 日和 8 月 17 日的数据，将两组数据制成一张统一的表格，如表 1 所示。

表 1　该医院 8 月 16 日患者入院、出院情况

序号	类型	入院时间	出院时间	序号	类型	入院时间	出院时间
194	视网膜	2008-8-16	2008-8-24	67	青光眼	2008-8-2	2008-8-16
195	白内障	2008-8-16	2008-8-24	76	视网膜	2008-8-2	2008-8-16
196	视网膜	2008-8-16	2008-8-24	85	白内障	2008-8-4	2008-8-16
197	白内障	2008-8-16	2008-8-24	87	青光眼	2008-8-4	2008-8-16
199	白内障	2008-8-16	2008-8-25	92	青光眼	2008-8-5	2008-8-16
200	白内障	2008-8-16	2008-8-25	102	青光眼	2008-8-6	2008-8-16
201	视网膜	2008-8-16	2008-8-25	119	白内障	2008-8-8	2008-8-16
202	视网膜	2008-8-16	2008-8-25	132	白内障	2008-8-9	2008-8-16
203	白内障	2008-8-16	2008-8-25	141	白内障	2008-8-9	2008-8-16
204	白内障	2008-8-16	2008-8-25	146	白内障	2008-8-9	2008-8-16
205	青光眼	2008-8-16	2008-8-26	154	白内障	2008-8-10	2008-8-16
206	视网膜	2008-8-16	2008-8-26	159	青光眼	2008-8-10	2008-8-16
207	白内障	2008-8-16	2008-8-26	230	外伤	2008-8-8	2008-8-16
208	白内障	2008-8-17	2008-8-27				
209	白内障	2008-8-17	2008-8-27				
210	视网膜	2008-8-17	2008-8-27				
211	白内障	2008-8-17	2008-8-27				
212	白内障	2008-8-17	2008-8-27				
296	外伤	2008-8-17	2008-9-6				

其中 8 月 16 日入院的数据正好也为 13 组，因此出院的人数与入院的人数相等，而就诊时间排在其后的病人由于此时床位已满，因此其被安排在 8 月 17 日入院。这个结果与我们事先猜想的结果一样。

综上所述，我们验证了之前医院中床位已满的假设，即患者的门诊时间与入院时间之间的间隔是受到医院床位数的约束，该患者具体的入院时间与已入院患者的出院时间有关。

4.2.4 手术后留院观察时间的分析

手术后留院观察时间即为患者手术时间与出院时间的间隔。通过对此项数据的分析，我们发现其并没有呈现出较有规律的分布，相同病症的患者手术后的观察时间在某个值之间波动。这是因为患者的术后观察时间除了与手术类型有关外，还主要受到患者个人身体素质因素的影响。

5 模型的建立与求解

5.1 病床安排模型评价指标的确定

由生活中的经验我们可以得知，一个普通病人最为关心的事情首先就是该病何时能治愈，由于治疗的时间越早越有利于疾病的治愈，因此，作为一个病人，当然希望能够尽早地入院接受治疗，这反映在数据中即为某一病人的就诊时间到入院治疗时间越短越好。

对于那些家庭条件不是很富裕的病人来说，看病的同时，住院的费用是一个很大的问题，有些家庭经济负担沉重的人甚至不愿意入院就诊，结果导致病情进一步恶化。作为一家广受老百姓好评的医院，尽量减少病人的住院时间也是一个十分重要的问题。因为医院的长期住院费用不是每个家庭都能够承受得起的，所以住院时间同样也是病人较为关心的问题。

综合考虑以上两个因素，病人从就诊到出院的时间应该越短越好，就诊病人等待入院的时间从另一个角度也直接影响医院的口碑，因为如果病人长期得不到治疗，其就会产生抱怨的情绪，这对于医院的长远利益是非常不利的。

以上两点都是从病人的角度分析的。作为一家医院，其在医治病人的同时，效益也是医院最为关心的。虽然增加床位会使病人等待病床的问题得到较为有效的解决，但是增加床位势必要求医院增加护士以及医生的数量，并且在增加房间的同时，房间内设施的布置同样要花费医院一笔较大的开销。如果床位安排得合理，那么适当地增加床位会给医院带来利益，但是，如果床位安排得不合理，那么在病人较少的时候，甚至会出现许多病床空出无人住的现象，此时病床的利用率包括护士等的工作效率则会有很大的下降，这对于医院的效益是非常不利的。从医院方面考虑，当然希望一天中处于等待入院的病人中能入院治疗的人数越多越好，这样医院的工作效率才能提高。

一定时间内，来医院就诊的不同症状的患者人数占总就诊人数的比例是不同的，我们的安排方案可以针对不同患者所占比例的大小不同来提供不同的床位，但不能严格按照这个比例来安排床位。如果只根据此比例来安排床位，则会出现某些所占总就诊人数比例较小的患者被长时间地滞后，这势必将严重影响患者对医院的评价。如果不按不同患者人数占总就诊人数的比例来安排床位，则必将造成大量患者因小概率患者占床位太多而无法入院治疗的情况发生，这显然会对医院整个排队系统带来严重的影响。

我们先对问题做初步的分析与考虑，我们将每个病人从就诊开始到入院接受手术的时间定义为等待时间，将病人的平均等待时间、病人的平均住院时间、一段时间内医院平均每天的入院人数、不同病症患者所占床位比例与该病症患者人数占患者总人数比例的权衡关系等指标作为评价安排模型优劣的指标。

我们将以上指标用图形表示，如图 1 所示。

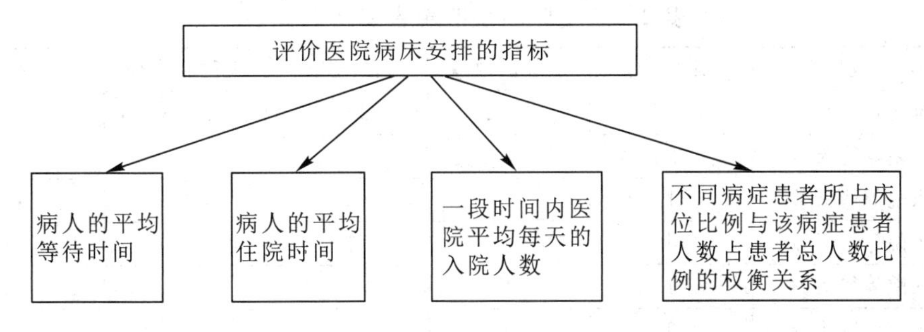

图 1　评价指标图

为了考虑问题的方便，在考虑以下问题时，我们取其中最具有代表性的指标，即一段时间内医院平均每天的入院人数与病人的平均等待天数作为下述模型优劣比较的基本标准。

5.2　病床安排模型的建立

5.2.1　基于加权法的病床安排模型

在医院何时能进行手术受到具体时间的约束，即白内障手术只能在每周一、周三做，并且由于手术医生的安排问题，白内障手术与其他眼科手术(急诊除外)通常不安排在同一天做，双眼白内障手术需要周一做一只，紧接着周三再做另一只。至于其他的手术(包括视网膜疾病和青光眼)，由于周一和周三都用来做白内障手术，因此其他手术的时间就受到了限制，即视网膜疾病和青光眼的手术不能安排在周一或周三进行。

由于手术的等待时间与入院的时间有关，即病人从实际入院到可以进行手术的这段时间受到入院时间的牵制，因此，对于每种眼科疾病，其不同的入院时间所对应的手术时间是不同的，需要分情况讨论。对白内障(单、双眼)患者从入院到手术的时间讨论如下：

(1) 单眼白内障患者的情况分析。对于一个单眼白内障患者来说，若病人在周一入院，则其需要等到周三才可进行手术，其手术准备时间为 2 天，从实际入院到手术的时间(以下称为等待时间)也为 2 天；若病人在周二入院，则其到周三就能进行手术，手术的准备时间为 1 天，等待时间也为 1 天；若病人在每周的周三以后(包括周三在内)入院，则其只能在下周的周一进行手术，其相应的等待时间分别为：5 天、4 天、3 天、2 天以及 1 天，其中，需要注意的是，此时的手术准备时间已经算在从入院到手术的等待时间中了。

(2) 双眼白内障患者的情况分析。对于一个双眼白内障患者来说，其情况较为特殊，因为其需要在周一做一只眼睛的手术，紧接着周三继续做另一只眼睛的手术，所以无论患者何时入院，其只能等到下周的周一才能进行手术。尤其是当患者周一入院时其等待时间最长，为 7 天；其余的从周二到周日入院时，其等待时间分别为：6 天、5 天、4 天、3 天、2 天与 1 天。双眼白内障碍患者手术的准备时间与上述单眼白内障患者的讨论情况一样。

其他患者的情况处理与上述白内障患者类似，我们经过计算，整理成表格，如表 2 所示。

考虑到不同类型的眼科疾病患者等待手术的时间不同，如果单纯地按医院原来的策略(即先到先得原则)，不一定会使医院病房的安排达到最优。例如：周一有一个双眼白内障患者前来就诊，如果按照先到先得原则直接为其安排入院的床位，由于双眼白内障患者的手术只能在周一和紧接着的周三进行，即该患者只能等到下周一做手术，则在未来的几天时间内，该床位一直处于空闲状态，这对于病床这种相对较为短缺的资源来说是一种浪费。

表 2 各类眼科疾病患者等待时间表

类　别	单眼白内障	双眼白内障	青光眼	视网膜疾病	外伤
手术准备天数	1～2	1～2	2～3	2～3	1
周一入院等待天数	2	7	3	3	1
周二入院等待天数	1	6	2	2	1
周三入院等待天数	5	5	2	2	1
周四入院等待天数	4	4	2	2	1
周五入院等待天数	3	3	2	2	1
周六入院等待天数	2	2	3	3	1
周日入院等待天数	1	1	2	2	1

先到先得原则具有其盲目性，因为整体病人的等待时间其实是很长的，这样就不能满足大多数病人的要求，也就是题目中所说的出现排队等待的队伍很长的情况。

为此，我们欲建立一个针对不同类型眼科疾病患者在不同时间就诊时的优化模型，用于解决已知第二天的出院人数，如何拟定第二天的入院人数的问题。

我们利用权重的思想建立优化模型，由于病人在手术完后的康复阶段所花的时间因人而异，其为一个随机变量，从统计的角度分析，我们发现对于同一类型的眼科疾病，病人从手术完成到出院的时间在一个值附近波动，并且波动的不是很强烈，因此我们用每类眼科疾病的统计平均值作为对该类型眼科疾病的病人从手术开始到出院这段时间的估计值(期间也包括了双眼白内障患者需要进行两次手术的情况)，其具体数据如表 3 所示。

表 3 不同种类眼科疾病从手术开始至出院的平均时间

疾病种类	手术开始至出院的平均时间(取整)/天
单眼白内障	3
双眼白内障	5
青光眼	8
视网膜疾病	10
外伤	6

由上述的一系列分析，我们首先建立以平均每天入院人数最多并且兼顾病人平均等待时间最少为目标函数的优化模型。根据不同类型的眼科疾病患者在不同时间的入院情况赋予不同的权重。

考虑到每天入院的有不同类型的眼科病患者，定义变量：第 k 天就诊并当天入院的单眼白内障人数为 x_{1k}、双眼白内障人数为 x_{2k}、青光眼人数为 x_{3k}、视网膜疾病人数为 x_{4k}、外伤人数为 x_{5k}，N_k 为第 k 天已入院病人所占的床位数(当天就诊当天入院所占的床位数不同统计在内)，第 k 天出院的总人数为 O_k，第 k 天的门诊总人数为 c_k，S 为第 1 至 k 天之间就诊了但是尚未入院的病人总人数统计矩阵，其形式如下：

$$\boldsymbol{S}=\begin{bmatrix} s_{11} & s_{21} & s_{31} & s_{41} \\ s_{12} & s_{22} & s_{32} & s_{42} \\ \vdots & \vdots & \vdots & \vdots \\ s_{1,k-1} & s_{2,k-1} & s_{3,k-1} & s_{4,k-1} \end{bmatrix}$$

其中，$s_{i,j}$($i=1, 2, 3, 4$；$j=1, 2, \cdots, k-1$)表示第 i 类眼科病人在第 j 天就诊但在第 k 天(也就是当前考虑的日期)还未能入院的总人数。

$\boldsymbol{W}$ 为剩余病人在 1～k－1 天的等待权重矩阵，其形式如下：

$$\boldsymbol{W}=\begin{bmatrix} k-1 & 0 & \cdots & 0 & 0 \\ 0 & k-2 & \cdots & 0 & 0 \\ 0 & 0 & \cdots & 2 & 0 \\ 0 & 0 & \cdots & 0 & 1 \end{bmatrix} \times \begin{bmatrix} w_{11} & w_{21} & w_{31} & w_{41} \\ w_{12} & w_{22} & w_{32} & w_{42} \\ \vdots & \vdots & \vdots & \vdots \\ w_{1,k-1} & w_{2,k-1} & w_{3,k-1} & w_{4,k-1} \end{bmatrix}$$

我们对 $\boldsymbol{W}$ 矩阵作一解释，其中 w_{ij}($i=1, 2, 3, 4$；$j=1, 2, \cdots, k-1$)表示第 i 类眼科病人在第 j 天入院的权重(其为当天即第 j 天就诊时候的初始权重)。由于我们从整体考虑，尽量满足大多数病人的需求，即让入院到出院的时间 t_2 以及手术准备时间较短的病人优先入院，因此我们将其初始权重定义为该病人在该天情况下(在不同的日期，病人从入院到出院，由于其手术准备时间的不同而改变)从入院到出院所花时间的倒数。考虑到处于等待队列中的病人等待入院的时间越久，病人的抱怨情绪就越强烈，因此我们将权重的取值随着时间的增加而动态地逐渐变大，这样考虑的好处是兼顾到了前面等待的病人，从而在一定程度上避免出现某些病人长期等待的情况，因为该病人等待时间越长则其优先权会相应地增大。

我们建立如下形式的优化模型：

$$\max \sum_{k=1}^{n} \frac{x_{1k}+x_{2k}+x_{3k}+x_{4k}+x_{5k}}{n} \tag{1}$$

$$\min \sum_{j=1}^{m} \frac{t_{1j}+t_{2j}+t_{3j}+t_{4j}}{m} \tag{2}$$

$$\text{s. t.}\begin{cases} G_k+x_{1k}+x_{2k}+x_{3k}+x_{4k}+x_{5k}+N_k-O_k \leqslant M \\ 0 \leqslant x_{1k} \leqslant c_{1k} \\ 0 \leqslant x_{2k} \leqslant c_{2k} \\ 0 \leqslant x_{3k} \leqslant c_{3k} \\ 0 \leqslant x_{4k} \leqslant c_{4k} \\ 0 \leqslant x_{5k} \leqslant c_{5k} \\ x_{1k},\ x_{2k},\ x_{3k},\ x_{4k},\ x_{5k} \in \mathbf{N} \\ G_k = f(\boldsymbol{W}) \end{cases} \tag{3}$$

其中，t_{ij} 表示第 i 类病人在该周的第 j 天(周一为一周的第一天)就诊到其入院所经过的天数，m 表示某一时间段内所统计的入院总人数，c_{ik} 表示第 i 类病人在该周的第 k 天就诊的总人数，M 表示医院中的病床总数(问题中所给为 79 个床位)，G_k 表示从第 k 天之前处于排队等待的病人中选取当天(第 k 天)能入院的病人总数，O_k 表示第 k 天的出院总人数。

我们对该模型作进一步的解释：约束条件的第一个式子中，我们将每天入院的病人总数分为两部分，第一部分为从当天的就诊病人中选入的人数，另一部分为从该天以前处于等待入院状态的病人中选取的人数；模型中最后一个约束条件的含义为 G_k 中病人的选取要与第 k 天就诊的病人的权重统一比较，也即需要将全部病人按权重的大小做一个从大到小的排序，从排序的情况结合当天最初时还剩余的床位情况来选取，也就是 G_k 中病人的选取是受到当天就诊病人的影响的。

此模型为一个动态的整数规划模型，由于模型是动态的，并且我们也不能很好地用统计的方法将其转化为一个静态的模型来求解，因此其动态模型不能求得一个固定不变的最优值。

下面我们通过计算机模拟的方法来验证动态权重法的优越性。在代入 7 月 13 日至 8 月 25 日的数据后，我们能求出在该段时间内医院平均每天的病人入院人数，以及平均每个病人的等待时间。但是，由于题目所给的数据是从 7 月 13 日开始的，因此我们不知道 13 日之前的病人住院情况，也就是说我们无法得知 13 日以后几天内的具体的病人出院的情况，因此我们无法求得精确的结果，只能对数据进行估计。

由于我们大致能知道每种眼科疾病的手术时间距离出院的时间天数，因此我们能够根据病人入院的时间推出病人出院的时间，反过来我们也能从病人出院的时间大致推出其入院的时间。

我们将表 3 的数据结合该病的平均准备时间，做出从入院到出院的时间表，如表 4 所示。

表 4　各类病例从入院到出院的时间

疾病种类	从入院到出院时间/天
单眼白内障	4
双眼白内障	6
青光眼	10
视网膜疾病	12
外伤	6

我们可以用如下的式子从入院时间推出病人的出院人数：

$$Q_k = x_{1k-4} + x_{2k-6} + x_{3k-10} + x_{4k-12} + x_{5k-6} \tag{4}$$

我们对式(4)作出解释，用每类病例的平均入院到出院的时间来估计 13 号以后的出院人数的情况，单眼白内障病人的平均入院到出院的天数为 4 天，双眼白内障病人则为 6 天，青光眼病人为 10 天，视网膜疾病病人为 12 天，外伤病人为 6 天。

但是，即便如此，我们至少要知道 13 号前 12 天的数据，才能完整地计算出 13 号以后的出院数据，因此我们只能作一个大概的估计。计算的初值我们是不确定的，对 13 号以后 12 天内的平均出院人数的数值从 0.7 人取到 1.7 人，其数据结果制成表格，如表 5 所示。

表 5　动态权重法 MATLAB 程序运行统计数据表

估计 13 号后平均出院人数/人	0.70	0.80	0.90	1.00	1.10	1.20	1.30	1.40	1.50	1.60	1.70
平均等待入院天数/天	6.91	6.48	6.29	5.73	5.11	4.93	4.82	4.49	4.49	4.49	4.49
该段时间内住院总人数/人	249	249	249	260	273	273	273	291	291	291	291

从运行结果的数据来看，尽管我们拟定的 7 月 13 日以后 12 天内出院人数的数据在较小时对运行结果有一定的影响，但是当该值不断增大时，病人的平均等待入院时间较为稳

定，为 4.49，该段时间内的住院总人数为 291 人次，平均每天的入院人数为 6.8 人次。并且从题目所给数据中可以分析出，该医院平均每天出院人数在 2 人以上，所以初值的设定对于结果的影响是不大的，即该拟定数据的方法不会对原始数据的分析造成很大的误差，故运用该方法所得到的数据是能反映动态优先法的特点的。

而根据医院原先的服务原则，也即所谓的先到先得原则，我们统计后，得到病人的平均等待天数为 11 天，平均每天的入院人数为 5.6 人。对两者的数据结果进行比较，我们发现采用权重优先的方法，病人平均等待入院的时间大大地缩短了，并且在一段时间内医院平均每天的入院人数也有一定的增加，这说明基于权重优先的方法能缓解医院病人等待时间长、等待队伍非常长的现状，因此动态权重法是有其实际意义的。

5.2.2　动态优先权的住院安排算法

上述建立的模型给出了一种解决医院病人入院安排问题的方法，根据每一个病人入院时间及所患眼科疾病种类的不同，分别给予一个入院的权重，医院根据其权重的大小来决定具体的当天入院安排问题，在实际生活中其与医院的门诊号码有着异曲同工之效。

但是，上述模型没有给出一套具体的统一的入院规则，医院若要将此模型运用到实际操作中是比较繁琐的。为此，我们通过对问题的进一步分析与理解，给出了一套具体的住院安排的规则，并将其与医院原先的先到先得的方法进行比较，以分析我们所给方法的优劣。

我们给出的入院安排的总体思想是，让入院患者的住院时间尽可能短一些，也就是说，让入院患者尽早地做手术，从而可以尽早地离开医院，给等候入院的病人让出床位来。为此，在床位有空的情况下，我们把患者入院的时间尽可能地安排在离手术日期较近的日子(最好是安排在手术的前两天内)，同时兼顾患者的等待时间，让门诊日期相对早的患者尽量早地住院。

首先需要确定当天的出院人数，在此基础上加上前一天的空床位数就是当天可提供的床位数。由 4.2.3 中的数据分析可知，医院中的床位基本上每天都是满着的，从另一方面考虑，也说明了等候入院的患者人数总是大于医院当前的空床位数，所以我们给出的入院方法是以此为前提的。

根据上面的思想，我们给出了如下的住院安排规则：对于当天等候入院的患者中哪些患者应该先入院的确定，我们是先给不同日期(即手术日期不同)、不同病症的患者赋予不同的优先权，然后按照“优先权大的患者优先安排入院，优先权小的患者暂不安排入院，同等优先权的患者按门诊时间的先后顺序入院(即先到先得原则)”的规则来对患者的入院顺序进行安排的。

在此，我们列出对患者手术日期的一些约束条件：

(1) 外伤患者一旦门诊，则在门诊后第一天入院，第三天手术。

(2) 双眼白内障手术只能在周一开始做第一次手术，隔两天也就是周三做第二次手术，中间不能中断。

(3) 单眼白内障手术只能在周一或周三做。

(4) 其他眼科疾病手术一般在患者入院后第二天做手术，当患者入院的第二天为周一或周三时，与白内障手术日期冲突，则这次手术日期延迟一天，也就是要在患者入院后的第三天做手术。

(5) 尽量缩短患者从门诊到入院的等候时间。

根据以上约束，我们可以制定下面的规则，从而得到患者从门诊到出院的总消耗时间 T。

规则一，患者入院的规则：

(1) 外伤患者的优先权在任何日期都是最大的。

(2) 在周一之前的两天，即周六和周日，除外伤患者外，双眼白内障患者的优先权最大，单眼白内障患者次之，其他眼科疾病患者的优先权最小。

(3) 在周三之前的两天，即周一和周二，除外伤患者外，单眼白内障患者的优先权最大，其他眼科疾病患者的优先权次之，双眼白内障患者的优先权最小。

(4) 其他日期里，除外伤患者外，其他眼科疾病患者的优先权最大，双眼白内障患者次之，单眼白内障患者的优先权最小。

(5) 优先权相同的患者按门诊日期先后顺序安排入院。

(6) 每过一天，重新统计当天等候入院的患者的人数，即

$$N_i = N_{i-1} - \Delta N_i^- + \Delta N_i^+$$

其中，N_i 为当天等候入院的患者人数，N_{i-1} 为前一天等候入院的患者人数，ΔN_i^- 为当天入院的患者人数，ΔN_i^+ 为当天新增等候入院的患者人数，i 在此表征天数。并将新增的患者排在等候队列的最后面。

按照以上规则结合患者的就诊日期就可以计算得出患者等待入院的时间 t_1。

规则二，患者住院时间的规则：

(1) 对于不同的患者，其手术康复时间是不一样的，通过对原始数据表格的分析，我们发现对于同一种疾病种类的患者，其康复时间是在某一个值上下波动的，且波动范围很小，所以对于同种疾病患者，我们求其平均康复时间并取整，用这个值来表示某种疾病患者的康复时间，则患者住院时间 $t_2 = t_{21} + t_{22}$，其中 t_{21} 为患者等待手术的时间(即入院与手术之间的时间间隔)，t_{22} 为手术后的康复时间(即手术与出院之间的时间间隔)。

(2) 对于外伤患者，住院时间 $t_2 = t_{21} + t_{22} = 1 + 4 = 5$，其中“1”为入院后等待手术的天数。

(3) 对于双眼白内障患者，$t_2 = t_{21} + 5$，其中 t_{21} 为入院后等待手术的天数。

(4) 对于单眼白内障患者，如果入院日期为周二或周一，则 $t_2 = 2 + 2 = 4$；如果入院日期是周一或周六，则 $t_2 = t_{21} + t_{22} = 3 + 2 = 5$；如果入院日期是其他时间，则 $t_2 = t_{21} + 2$。

(5) 对于其他眼科疾病患者，如果入院后两天是周一或周三，即入院日期是周六或周一，则 $t_2 = t_{21} + t_{22} = 3 + 9 = 12$；如果入院日期是其他时间，则 $t_2 = t_{21} + t_{22} = 2 + 9 = 11$。

综上可以得到患者住院的总时间 t_2。

结合规则一和规则二，便可得到患者在治病过程中的总消耗时间为：$T = t_1 + t_2$，根据上面的模型求解思想，我们用C语言编程实现(程序见数字课程网站)，主要编程思想如下所述。(在程序运行中，我们发现等候入院人数是随时间递增的，但是它的增长速度是很慢的。经测试后发现，在第300天左右等候入院人数才能达到400人以上，而这种情况是不符合实际的。所以我们认为在计算过程中，等候入院人数不会达到500人的饱和状态。)

Step1：初始化数据，其中，对于患者参数，我们初始化patient结构体，其参数为：患者的病症类型kind；门诊时间date；入院时间到出院时间之差time。用patient结构体来定义等待入院的患者数组Waitp[500]和住院的患者数组Inp[79]并初始化两个数组。在此，我们将最大等候入院人数设定为500。

Step2：如果 Waitp[i]=−1，则在相应位置插入新的门诊患者；其中，Waitp[i]=−1 表示此等候位置的患者已经入院，可以插入新的门诊患者。

Step3：对 Waitp[i]中的等候患者按 date 从小到大排序，其中 date 为该患者门诊时间。

Step4：如果当天为周一、周二、周六、周日，且有空床位，则根据等待入院患者病症的不同(优先考虑白内障患者)，令 Inp[j]=Waitp[i](该等候患者入院)，根据该患者入院日期计算出院时间，并置 Waitp[i]=−1；如果当天为其他日期，且有空床位，则根据等待入院患者病症的不同(优先考虑其他眼科疾病患者)，令 Inp[j]=Waitp[i](该等候患者入院)，根据该患者入院日期计算出院时间，并置 Waitp[i]=−1。

Step5：住院患者需住院天数 Inp[j]. time 都减 1，日期加 1，返回 Step2。

Step6：计算出院总人数、患者消耗的总时间，以及平均每个患者的消耗时间、平均每天的出院人数。

其具体流程图如图 2 所示。

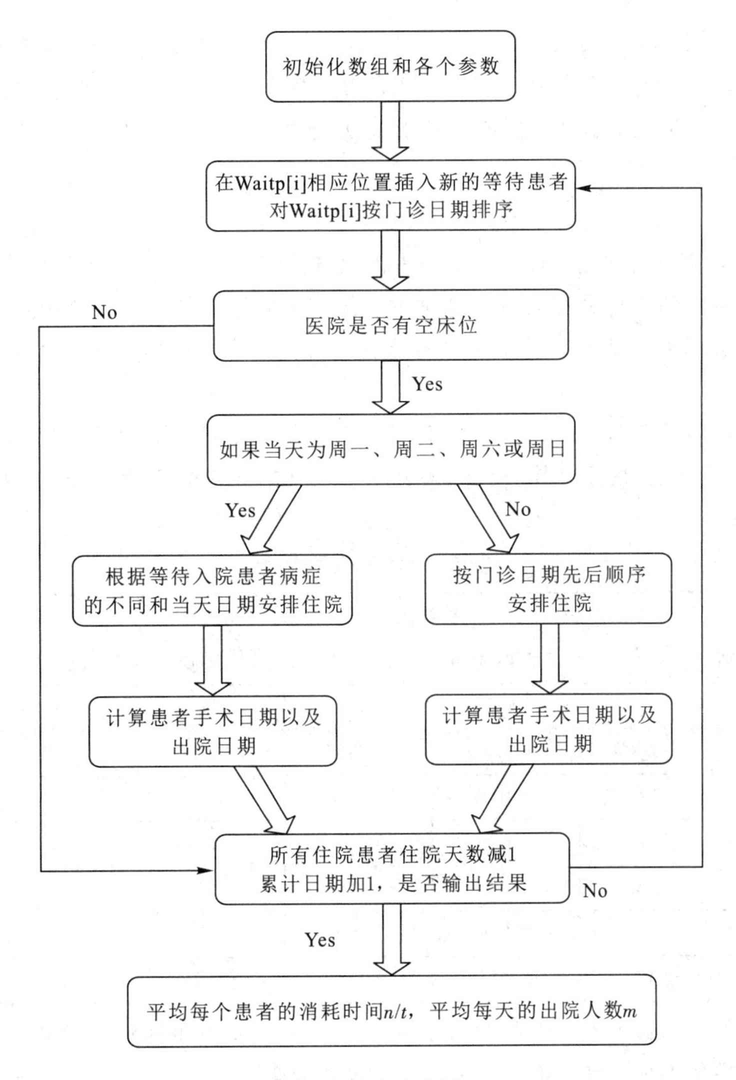

图 2　算法流程图

将题目原始表格中的数据代入程序求解。由于平均每天门诊的人数要大于平均每天出院的人数，因此等待入院的人数是随时间增加的，则患者平均消耗时间与等待住院时间也是随天数的增加而增加的。在此我们取与原始表格中时间跨度相同的第 80 天的相关指标作对比分析，结果如下：每个患者的平均消耗时间为 $T=17.15$ 天，其中患者从门诊到住院的平均等待时间为 $t_1=8.33$ 天；平均每天的出院人数(等于每天平均入院人数)为 $m=7.83$ 人。

而在先到先得原则下，每个患者从门诊到住院的等待时间 $t_1=11$ 天，平均每天的入院人数为 $m=5.6$ 人。

通过对比分析，可以明显地看到，按照我们的方案，在平均每天入院人数增加的同时，患者等待入院的时间也大大减少了，且方案有一定的规律，比较容易实现。所以我们提供的患者住院方案是比较可行的(具体的天数可能与初始的值有关)。

5.3 病人从门诊到入院的时间估计

病人从门诊到入院的时间不仅与该病人就诊当天的日期有关，而且还受到其他病人入院时间的影响，其入院时间是关于该病人当前就诊时间 T、该病人所得病的类型 K_1、当前病房的剩余量 N、出院人数 F、就诊人数 L 以及就诊病人得病的种类 K_2 的函数，也即其入院时间为

$$V=f(T, K_1, N, L, F, K_2) \tag{5}$$

如果按照医院的先到先得原则，则病人的具体入院时间就是一个确定的值，但是先到先得原则不能兼顾到大部分病人的满意情况，并且还会使得某些病人长时间不能入院。如果兼顾到大多数病人的情况，则病人的入院时间就为一个不确定的数，此时问题的难度也加大。

我们对问题所给 7 月 13 日至 8 月 25 日的数据进行统计，统计该医院每天就诊的人数并对该数据运用 SPSS 软件对其进行泊松分布的单样本非参数检验，SPSS 运行结果如表 6 所示。

表 6 SPSS 检验结果

单样本 K-S 检验						
类别		单眼白内障	双眼白内障	视网膜疾病	青光眼	外伤
N(样本个数)		44	44	44	44	44
泊松参数(a, b)	均值	1.6136	1.7955	0.8864	2.2727	1
最极端的差别	绝对值	0.048	0.107	0.033	0.1	0.054
	正	0.048	0.107	0.018	0.079	0.035
	负	−0.04	−0.055	−0.033	−0.1	−0.054
K-S 检验		0.316	0.708	0.217	0.665	0.358
渐近显著性(双侧)		1	0.699	1	0.768	1

从检验的结果可以看出，医院每天的病人就诊人数基本服从泊松分布，并且不同的病人服从不同参数的泊松分布，单眼白内障、双眼白内障、青光眼、视网膜疾病、外伤就诊人数分别服从 λ 值为 1.6、1.8、0.9、2.3、1 的泊松分布。

5.3.1　不同情况眼科病人入院时间的分析

首先，我们假设病人的入院时间能根据该天前的病人入院情况而得到确定，即后来的病人不会因为优先权的原因抢占该天住院的床位，因而后来的病人对前面等待的病人的入院情况不会产生影响。

其次，由于医院手术时间的限制，从全局的角度考虑，单眼白内障患者一般都被安排在周一或者周三进行手术，另外，手术有其相应的准备时间，因此推算后可知，从周六到下周二这段时间内他们的优先权是很大的。在这段时间内，即可根据白内障患者所排的时间顺序按先到先得的原则安排其入院时间。其他的眼科疾病(青光眼、视网膜疾病)不能在周一或周三做手术，由于其手术准备时间都为两天，因此该类患者在白内障病人的入院时期(即周六到下周二这段时间)入院的概率是不大的。

因此，根据问题二中建立的第二个模型的原则，白内障患者的入院时间一般为周六至下周二，而青光眼与视网膜疾病患者的入院时间一般为周二至周五左右。根据问题所给数据，我们可以发现，对于外伤患者来说，一般情况下在就诊的后一天，该病人就能入院就诊。

以上结合医院的手术特点，为病人提供了大致的入院区间，病人可以根据其当天就诊的日期，结合我们所分析的病人入院的区间，大致估计出其所需的等待时间，使自己大概知道会在何时入院，并且在入院前做好充分的准备。

5.3.2　眼科病人入院时间区间的模拟分析

上述分析是根据模型二中确定的原则，较为模糊地考虑了病人的入院时间区间，然而实际情况是非常复杂的。由式(5)可知影响病人入院时间的因素有很多，从理论上推理计算求出病人入院时间的区间，其难度是非常大的。因为考虑的情况很多，所以我们才用计算机模拟的方法来处理该类问题，用其得出的数据来进一步分析眼科病人入院的情况。

在研究这个问题之前，我们已经验证了医院每天各类眼科疾病患者的入院人数服从不同参数的泊松分布，所以若知道先前的病人信息(包括入院病人的出院情况以及处于等待队列中的病人的就诊时间等)，再结合对未来的泊松分布的预测，我们就能得到在各种随机情况下病人入院时间的区间。

为了考虑问题以及编程的方便，我们将确定入院时间区间的问题转化为求病人就诊时间到入院时间的等待天数来做，因为估计出了该病人的平均等待时间后，再结合病人自己当时的就诊日期，就能计算出该病人的入院时间区间。

我们认为用计算机随机模拟出来的数据结果是具有统计意义的，所以我们在病人就诊的当天就能根据先前的资料模拟出一系列的可能出现的数据。由于假设计算机模拟出来的数据是具有统计意义的，因此对这些数据进行统计分析是合理的。从统计的角度分析，一系列样本数据的均值反映了样本的平均水平，而样本的方差则体现出了样本数据的波动情况，知道了样本的均值与样本的方差，我们就可以知道样本数据的基本变化范围。

类比到区间中，我们就能将样本数据的均值作为区间的中心位置，而方差则为区间的左右波动范围。类似地，我们在估计病人大致入院时间区间的时候，将所得计算机模拟的数据作为样本数据，分析其均值与方差，用该样本数据的均值与方差作为对该病人入院时间的估计区间。

将第二天到来的病人人数设为一个服从泊松分布的随机数后，我们利用 9 月 5 日之前的病人情况，分析 9 月 5 日到 9 月 11 日这一周内不同病人的入院等待时间区间，运用 MATLAB 编程，结果如表 7、表 8 所示。

表 7　模拟不同情况的平均等待时间

日期	单眼白内障	双眼白内障	青光眼	视网膜疾病
9 月 5 日	7.368	7.368	4.832	2.814
9 月 6 日	—	2.846	2.834	2.134
9 月 7 日	—	2.484	—	2.454
9 月 8 日	2.456	2.268	—	2.276
9 月 9 日	2.372	—	2.542	2.326
9 月 10 日	2.332	2.42	2.864	2.068
9 月 11 日	2.446	2.442	2.296	2.338

表 8　模拟不同情况下的样本方差

日期	单眼白内障	双眼白内障	青光眼	视网膜疾病
9 月 5 日	3.381	3.381	3.4722	2.6859
9 月 6 日	—	2.6007	2.4237	1.9503
9 月 7 日	—	2.0781	—	2.0455
9 月 8 日	2.0456	2.021	—	2.0288
9 月 9 日	2.0857	—	2.1414	2.0805
9 月 10 日	2.081	2.1589	2.3048	1.9315
9 月 11 日	2.0687	2.0599	1.939	1.9798

表 7、表 8 中的“—”表示当天没有该病例的就诊情况，具体的情况可以结合表 9 中的 9 月 5 日至 9 月 11 日当天的就诊人数看出。

表 9　9 月 5 日～9 月 11 日当天就诊人数表

日期	单眼白内障	双眼白内障	青光眼	视网膜疾病
9 月 5 日	1	7	1	1
9 月 6 日	0	2	1	1
9 月 7 日	0	1	0	2
9 月 8 日	4	1	0	3
9 月 9 日	2	0	2	1
9 月 10 日	4	3	1	1
9 月 11 日	1	4	2	5

由于在现实中医院考虑入院是以天作为单位的，因此实际的病人入院区间应是整数，故我们将表7与表8的数据舍入取整后，计算出从9月5日到9月11日不同种类眼科疾病患者的入院区间，区间的中心值即为样本数据的均值，区间的左右变化范围即为样本的标准差，将结果制成表格，如表10所示。

表10 各类眼科疾病入院等待时间区间表

日期	单眼白内障	双眼白内障	青光眼	视网膜疾病
9月5日	[5，9]	[5，9]	[3，7]	[1，5]
9月6日	—	[1，5]	[2，4]	[1，3]
9月7日	—	[1，3)	—	[1，3]
9月8日	[1，3]	[1，3]	—	(0，4]
9月9日	[1，3]	—	[2，4]	(0，4]
9月10日	[1，3]	[1，3]	[2，4]	(0，4]
9月11日	[1，3]	[1，3]	[1，3]	(0，4]

根据表中的结果，我们就可以由当天的就诊人数情况估计出病人大致的入院时间区间。当然，这个模型有一个滞后效应，即该病人不能在就诊的时候就知道其入院的区间，而是只能等到该天结束，医院经过统计估计，才能给出病人的入院时间区间，其滞后不到一天，这是可以接受的，因为现在的网络很发达，病人可以查询医院的相关网站，在当天晚上(如果该医院除急诊以外，晚上不就诊病人，也就是没有新的病人加入)就可得知其入院的大致时间区间。

我们用计算机模拟的区间结果只能是一种相对较一般的情况，即期间没有外伤病人的干扰，并且给出的区间可能包含有不能做手术的情况，例如白内障手术只能安排在周一或者周三进行，其他的眼科手术(青光眼与视网膜疾病)又不能在周一或周三与白内障患者的手术产生冲突，所以医院给出的等待时间区间必须要考虑到手术日期的限制，排除有冲突的那些天才为其真正的等待入院时间。具体的实现办法为医院在所给的区间表格下给出不同病人的注意事项，即在其大致等待区间内排除那些特殊病人特殊情况的日期，这样，病人得到的入院时间区间的估计值才较为全面。

5.4 医院手术时间安排的调整

当医院周六与周日不安排手术时，如果还是按照我们所提出的规则来安排手术时间，则对白内障手术患者的影响不大，因为其手术时间为周一与周三，尽管周六与周日这两天医院不安排手术，但是其并不意味着该天的入院受到限制，白内障患者依然可以在双休日这两天入院，开始其手术准备的工作，这不会影响其下周一手术的进行。

但是医院手术的时间从原来的一周七天减少为一周五天，这对于其他的眼科疾病患者来说，可选手术的时间大大地减少了，并且其不能与白内障手术的时间安排在同一天进行，这势必会对其他眼科疾病(青光眼、视网膜疾病)患者的手术时间造成很大的影响。

从上述讨论分析可知，尽管医院手术时间的减少不会对白内障患者的治疗造成很大的影响，但是其对其他眼科疾病患者的手术时间会产生极大的影响。更值得一提的是，当其他眼科疾病患者的排队等待时间到达一定的程度时，其反过来还会对白内障患者手术的进行造成影响。

因此，出于对大多数病人等待时间的考虑，医院的手术安排时间是需要作适当调整的。医院在安排床位的时候，其关键因素在于对白内障患者手术时间的调整，因为当白内障患者的手术时间确定下来后，其他眼科疾病患者的手术时间的范围也就确定下来了，所以医院对手术时间的调整即为其对白内障患者手术时间的调整。我们取问题二中同样的评价指标，即以病人的平均等待手术时间(就诊到入院之间的时间差)作为评价方法好坏的指标。

基于白内障手术时间安排的考虑，我们建立如下模型：

$$\min \frac{\sum_{k=1}^{n}\sum_{j=1}^{r}\sum_{i=1}^{5} d_{i,j,k}}{m}$$

$$\text{s.t.}\begin{cases} d_{i,j,k}=f(x_1, x_2, i, j, k) \\ 1\leqslant x_1\leqslant 7 \\ 1\leqslant x_2\leqslant 7 \end{cases} \tag{6}$$

其中，$d_{i,j,k}$表示第i类、在第k天的第j位就诊病人的等待手术时间，r为当天的就诊病人总数，n为统计问题时考虑的总天数，x_1表示一周内的第一次白内障手术日期，x_2表示一周内的第二次白内障手术日期。

由于此模型的求解是较为困难的，因此我们将模型简化。考虑每一天医院的看病情况，即用离散化的思想，结合题目中所给数据，对医院的最佳手术时间进行搜索，找到问题的最优解，也就是最佳的白内障手术的安排时间。

由于总的可以做手术的时间只有5天，因此从5天中选出2天做白内障手术的可能性情况有$C_5^2=10$种。同时考虑到不同的白内障手术时间确定下来后，一周内每天就诊病人等待手术时间是不同的。

由于可能性情况有10种，是一个能够接受的数量，因此为了实现离散化，我们列出了各种情况下不同日期就诊病人等待时间的表格，同时由于青光眼与视网膜疾病的准备时间相同，我们将其统一归为一类处理，其具体的处理结果数据如表11～表13所示。

表11　单眼白内障患者不同组合情况

手术时间组合	周一	周二	周三	周四	周五	周六	周日
12	1	6	5	4	3	2	1
13	2	1	5	4	3	2	1
14	3	2	1	4	3	2	1
15	4	3	2	1	3	2	1
23	1	1	6	5	4	3	2
24	1	2	1	5	4	3	2
25	1	3	2	1	4	3	2
34	2	1	1	6	5	4	3
35	2	1	2	1	5	4	3
45	3	2	1	1	6	5	4

表11中，需要注意的是，表格中第一列的数据为不同的白内障手术在一周内进行的时间组合，12即代表周一做本周内的第一次白内障手术，周二做本周内的第二次白内障手术。从第二列开始的数据为该病人在不同的时间到达后，在不同手术时间组合下所需要的等待手术时间。表12、表13可作类似的分析。

表12　双眼白内障患者不同组合情况

手术时间组合	周一	周二	周三	周四	周五	周六	周日
12	7	6	5	4	3	2	1
13	7	6	5	4	3	2	1
14	7	6	5	4	3	2	1
15	7	6	5	4	3	2	1
23	1	7	6	5	4	3	2
24	1	7	6	5	4	3	2
25	1	7	6	5	4	3	2
34	2	1	7	6	5	4	3
35	2	1	7	6	5	4	3
45	3	2	1	7	6	5	4

表13　青光眼和视网膜疾病患者不同组合情况

手术时间组合	周一	周二	周三	周四	周五	周六	周日
12	7	6	5	4	3	2	2
13	2	6	5	4	3	2	2
14	3	2	5	4	3	2	4
15	4	3	2	4	3	2	5
23	2	7	6	5	4	3	2
24	3	2	6	5	4	3	2
25	4	3	2	5	4	3	2
34	2	2	7	6	5	4	3
35	2	3	2	6	5	4	3
45	3	2	2	7	6	5	4

此时存在与问题一中出现的同样的有关初值设定的问题，即我们无从知道7月13日以前各种病人的入院与出院时间，由程序的结果可知，初值的设定对问题的结果会产生一定的影响。

我们用与问题二中相同的处理方法，即通过设定13号以后12天的平均出院人数来计算其最优解(程序结果见数字课程网站)，我们通过比较发现，将白内障手术的时间放在周一与周二时，病人的平均等待时间相对较短，并且其入院总人数也较大。当取日平均出院人数为1.2时，用该方法得到平均每个病人等待手术的时间为4.7天，平均每天入院人数为6.4人。

我们选取问题二中模型拟合设定的7月13号以后12天内的平均出院人数，与上述结果进行比较分析，得到每个病人的平均等待时间为4.93天，该时间段内平均每天入院人数为5.6人次。比较两个结果我们可知，虽然医院的手术时间由原来的7天减少为5天，但是经过白内障手术时间的合理调整后，病人的平均等待时间非但没有增加，反而出现了减少的情况，并且平均入院的人数竟然也有一定的增加，虽然不排除数据中有误差的可能，但是此调整对医院治疗质量的提高是十分有利的。

从数据中我们可以看出，医院的手术时间安排需要有所改动，其先前的手术安排不是非常合理，建议医院将白内障手术安排在周二与周三进行。

5.5 医院病床的合理安排

从医院便于管理的角度出发，合理安排医院病床的目标是寻找最优的病床比例分配模型，建立目标函数，使得所有病人在系统内的平均逗留时间(含等待入院的时间及病人住院的时间)最短。

在总病床数一定的条件下，最优分配医院病床管理系统可理解为如何将总的病房数分成适当的各种病情所固定的病房，以便于医院更好地管理，如分配药物等。

考虑总病房数 M 恒定，所有可能的眼部疾病为单眼白内障、双眼白内障、青光眼、视网膜疾病，我们设置一个分配系数 u_i，使得

$$\sum_{i=1}^{4} u_i = 1$$

则相应的各种疾病所占用的病房数为 $u_i \times M$，从而可以建立四类病房利用率总和的最优值。其中，由于外伤患者的特殊性，我们经过统计分析，为其预留了10个床位。

对于每类病情自身的排队模型，原则是先到先得按需入院。同时，再考虑寻求最优函数值下的各类分配比，如果用计算机枚举搜索的方法，则其计算量十分庞大。为此，我们在这里主要运用了模拟退火的思想，对上述模型进行MATLAB编程求解。

模拟退火算法是一种模拟金属退火过程进行的概率搜索算法，其一般步骤如下所述。

Step1：任选一个初始解 x_0；$x_i := x_0$；$k := 0$；$t_0 := t_{max}$；(初始温度)。

Step2：若在该温度达到内循环条件，则到Step3，否则，从邻域 $N(x_i)$ 中随机选取一 x_j，计算 $\Delta f_{ij} = f(x_j) - f(x_i)$；若 $\Delta f_{ij} \leqslant 0$，则 $x_i := x_j$；若 $\exp(-\Delta f_{ij}/t_k) > \text{random}(0, 1)$ 时，则 $x_i := x_j$；若不成立则重复Step2；

Step3：$t_k + 1 := d(t_k)$；$k := k+1$；若满足停止条件，则终止计算，输出所得值；否则，回到Step2。

如何合理地对上述问题进行编程求解是一个很重要的步骤，为此，我们提出了圆形滚动的思想。

如图3所示，为保证圆 $(x-a)^2 + (y-b)^2 = 1$ 与各个象限均有交点，图中的小圆圈表示圆心可能的滚动区域($-0.5 \leqslant x \leqslant 0.5$，$-0.5 \leqslant y \leqslant 0.5$)，该圆被四大象限所截成的四块区域总的面积恒定为1，相对于整个病房的分配总数，而图中所示面积为 S_1、S_2、S_3、S_4 的值所在的区域为0到1之间的数，即 $S_1 + S_2 + S_3 + S_4 = 1$，因此我们将 S_1、S_2、S_3、S_4 作为病房分配系数 u_1、u_2、u_3、u_4，随着圆心的移动，四块区域的面积值也会发生相应的变化，从而对应四种不同疾病(外伤病人除外)相应病房分配系数变化值。

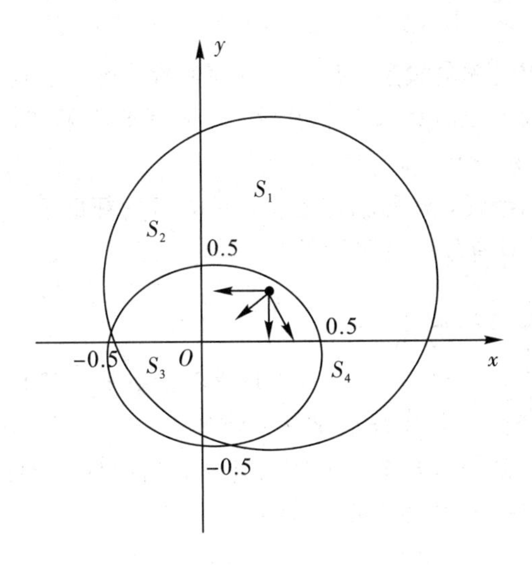

图 3　模型示意图

为了设计初始圆心，我们从大量的数据当中统计出相关的眼部医学知识，发现各类眼部疾病占总的眼部疾病总数有一个大致的统计范围。通过对原始数据进行统计，得出了各类疾病占总的疾病的比例，如表 14 所示。

表 14　各类疾病所占比例表

疾病类型	单眼白内障	双眼白内障	青光眼	视网膜疾病
约占比例	0.2129	0.2751	0.134	0.378

由于模拟退火算法的初值问题非常重要，为此，我们根据各类疾病所占的比例来分配初始的病房分配系数 u_1、u_2、u_3、u_4，即相应的 S_1、S_2、S_3、S_4，根据圆 $(x-a)^2+(y-b)^2=1$ 与各个象限所成的面积值，我们可以求出其圆心值，依据该思想我们采用模拟退火的方法求解最优的床位分配问题。

由于采用模拟退火算法求得的近似最优解具有随机性，因此我们对程序进行了几万次的运算测试，以消除模型中结果带来的随机性，取其中较好的结果，如表 15 所示。

表 15　程序运行结果表

疾病类型	单眼白内障	双眼白内障	青光眼	视网膜疾病
分配系数	0.0885	0.2265	0.1924	0.4926

即安排 6 张单眼白内障患者的病床，16 张双眼白内障患者的病床，13 张青光眼患者的病床，34 张视网膜疾病患者的病床，另外还有预留的 10 张外伤患者的床位。在该床位的分配方法下，我们统计程序的结果为，病人平均占有时间为 6.3765 天，即表示患者从门诊到出院平均只要 6.3765 天。

6　模型的评价

6.1　模型的优点

（1）我们对问题所给的数据作了大量的分析，从数据中挖掘出了较多题目中所隐含的信息。

(2) 采用了动态权重优先的模型，并经过程序实现，检验了其优越性。

(3) 给出了一个较为方便的病床安排规则，并编程证明了其合理性，从而使模型更具有实用性。

(4) 在文中大量使用编程，各种隐含信息在计算机的帮助下考虑全面。

(5) 全文思路清晰，具有较好的可读性。

6.2 模型的不足与改进之处

由于分析数据是从 7 月 13 日开始的，13 日之前的资料无从知道，因此采用拟定 13 日后 12 天内的平均出院人数，这样可能会带来一定的误差。由前面的数据分析可知，原题附录所给数据中有一段时间的数据包含了所有入院病人的信息，因此我们可以将这一段的数据资料代入程序中，应能得出更加可靠的结果。

参考文献

[1] 陈平雁，黄浙明. SPSS10.0 统计软件应用教程[M]. 北京：人民军医出版社，2002.

[2] 姜启源. 数学模型[M]. 2 版. 北京：高等教育出版社，1993.

[3] 王启栋，张康莉，刘召平，等. 医院科室病床使用情况的综合评价分析[J]. 中国医院统计，2001，8(2)：103-105.

[4] 退火算法. http：//baike.baidu.com/view/335371.htm，2009-09-13.

论文点评

该论文获得 2009 年“高教社杯”全国大学生数学建模竞赛 B 题的一等奖。

1. 论文采用的方法和步骤

(1) 在问题一中，首先提出了病人的平均等待时间、病人的平均住院时间、一段时间内医院平均每天的入院人数、不同病症患者所占床位比例与该病症患者人数占患者总人数比例的权衡关系共四个指标组成的评价体系，用于评价医院病床安排的指标。

(2) 在问题二中，通过对五种病人等待时间、手术开始至出院时间的统计分析，引入了动态权重优先法来确定就诊后患者的入院治疗先后顺序，其权重初值与病人的住院时间有关，以平均每个患者等待入院时间最少以及医院平均每天入院人数最多作为目标函数，并针对该医院当前的情况建立了较为合理的眼科病床安排模型，采用模拟方法，得到了评价指标值。并对该方法与原来的 FCFS 原则得到的指标值进行了比较，进一步针对该医院的情况提出了优先权动态变化的病床安排规则和算法。

(3) 在问题三中，根据统计分析得出五种疾病患者入院人数服从不同参数的泊松分布，通过计算机模拟未来就诊人数，以便来预测该天病人可能的入院时间，然后求时间的均值和标准差，确定就诊患者的入院时间区间。

(4) 在问题四中，建立了在周末不安排手术的前提下各种疾病患者等待手术时间与日期的关系，以问题二中同样的评价指标，即以病人的平均等待手术时间(就诊到入院之间的时间差)作为评价方法好坏的指标建立模型，用离散化的思想结合题目中所给数据对医院的最佳手术时间进行搜索，找到了问题的最优解。

(5) 在问题五中，建立了以平均逗留时间最短为目标的病床比例分配方法，对五种疾病的病床分配采取 FCFS 原则，使得所有病人在系统内的平均逗留时间(含等待入院的时间及病人住院时间)最短，提出了基于模拟退火算法的圆心滚动思想，给出了病床分配方案。

2. 论文的优点

(1) 提出了较合理的指标体系，并将模型计算出的指标值与原来的 FCFS 原则的指标值进行了比较。

(2) 提出了与病人入院时间有关的优先权动态变化的病床安排规则和算法。

3. 论文的缺点

该论文考虑的指标不完整，最好能有公平度。对病人入院时间没有一个完整的满足一定置信度的预约时间区间。

第6篇 储油罐的变位识别与罐容表标定①

队员：罗云岗(电子信息工程)，林潮阳(电子信息工程)，
杨雅萌(电子信息工程)
指导教师：数模组

摘 要

在储油罐使用过程中，由于地基变形等原因，罐体会发生纵向倾斜和横向偏转变化，从而导致罐容表发生改变。本文主要研究储油罐的变位识别与罐容表标定问题。

针对小椭圆形储油罐，我们根据其空间几何特征建立模型，按照高度不同时油面下立体形状的差异，将计算分解为三种情况，得到模型后将对应情况的油位高度每间隔 10 mm 代入，整合出初步的罐容表。然后，我们利用实验数据中的倾斜进油数据对油位高度为 411 mm 至 1035 mm 范围内的误差值进行内部多项式曲线拟合，得到误差修正项，并有针对性地将其代入对应范围所在的模型中，对段内的数据进行重新标定。之后，利用倾斜进油和倾斜出油的实验数据对修正后的模型进行误差检验并与修正前的误差进行比较。为了得到更一般的结果，我们令纵向倾斜角 α 在一定范围内变动，进而对纵向变位参数与油位高度以及储油量的关系进行了探讨。

对于实际的储油罐，为了建立罐体变位后标定罐容表的一般模型，首先我们对纵向倾斜角 α 和横向偏转角 β 这两个变位参数进行了分析，考虑到储油罐的对称性，我们发现两个变位参数可以分开来研究，从而降低了分析的复杂性。接着我们先考虑纵向倾斜角 α 的影响，针对不同的油位情况，通过定积分建立了纵向倾斜角 α、油位高度与储油量的函数关系，再将横向偏转角 β 的影响考虑进来，最终建立了两个变位参数、油位高度与罐内储油量的精确模型。

为了确定变位参数，我们建立了变位参数识别的数学模型。由于上述精确模型求解比较困难，为了简化求解过程，我们对上述精确模型进行了必要的改进和近似。通过改变积分次序并合理近似，模型的求解复杂度大大降低，可以利用 MATLAB 求得其带变位参数的解。接着我们对油位高度、α 和 β 三个参数选定了合适的取值区间，三者组成三维的可行解空间，利用给定的实际检测数据，编写程序对变位参数的最优解进行了初步搜索，从而缩小了求解空间。然后调整参数，再次搜索，最后确定了最为合适的变位参数：$\alpha=2.13°$，$\beta=4.19°$。

将参数代入模型，即可实现对罐容表的标定。根据要求，我们给出了罐体变位后油位高度间隔为 100 mm 的罐容表标定值。接着我们对两个变位参数的灵敏度进行了检验，发现纵向倾斜角 α 对罐容量的影响较大。最后我们对模型进行了准确性与可靠性的检验，对

①此题为2010年“高教社杯”全国大学生数学建模竞赛A题(CUMCM2010—A)，此论文获该年全国一等奖。

实际检测数据表中的每个油位高度进行了计算，并得到了相邻两个油位高度间变化所对应的进/出油量的理论计算值，将此理论值与实测值比较，发现二者非常接近，平均相对误差仅为 0.58%，从而证明了上述模型的准确性与可靠性。

关键词：误差修正模型；多项式曲线拟合；置信区间；灵敏度检验

1　储油罐的变位识别与罐容表标定问题的由来

随着对汽油、柴油需求的不断增大，加油站在我们的生活中变得随处可见。一般情况下，加油站停止供油的情况是很少发生的，因为每一个加油站都有自己的储油系统，并进行着科学的管理。

通常加油站都会设置若干个储存燃油的地下储油罐，并且一般都有与之配套的“油位计量管理系统”，即采用流量计来测量进/出油量，用油位计来测量罐内的油位高度，利用这些数据通过预先标定的罐容表(即罐内油位高度与储油量的对应关系)进行实时计算，以得到罐内油位高度和储油量的变化情况。

然而很多储油罐在使用了一段时间后，由于地基变形等原因，罐体的位置会发生纵向倾斜和横向偏转等变化(以下称为变位)，从而导致罐容表与实际情况发生偏差，有时甚至会产生比较严重的后果。所以按照相关规定，加油站就要对罐容表进行重新标定。而标定的前提就是要根据先前采集的数据对储油罐的变位情况进行识别，比如确定出纵向倾斜角度和横向偏转角度等。在识别之后，才能对罐容表进行精确地标定。

所以储油罐的变位识别和罐容表的重新标定就显得尤为重要了，这也是我们接下来要讨论这个问题的原因。

2　问题的初步探索

之前我们已经知道，罐体变位后会对罐容表产生影响，而具体是什么影响还有待考证。我们可以尝试给储油罐一个固定的纵向倾斜角 α，观察在不同的储油量下，油位计测量的结果，并将测量结果和无倾斜时进行比较，从而得出变位对测量结果以及罐容表的影响。也就是说，在给定储油罐油量的情况下，分别计算在无倾斜和有倾斜情况下的油位计测量值并进行比对。或者，我们可以换个角度，先给定有倾斜情况下的油位高度，然后通过几何关系和积分的方法直接计算有倾斜情况下的实际储油量，同时得到了新的罐容表。然后在同样储油量的情况下计算无倾斜时的油位高度，并与之前有倾斜时的油位高度进行比较。

在给定不同的 α 时，同理就可以获得很多组油位高度 h 和储油量的关系，根据这个关系，还可以进一步研究不同 α 对应的 h 和储油量，得出随着 α 的变动罐容表的变化情况。

通过这样的简单分析，我们得到了罐体变位后对罐容表的影响。这对下面我们要进行的实际储油罐的分析大有裨益。

3　小椭圆形储油罐的变位结果分析

由于实际储油罐的形状相对复杂，故研究纵向倾斜角对罐容表的影响并不那么容易。

鉴于这种情况，我们可以采用如图 1 所示的小椭圆形储油罐作为研究对象进行简要分析，得到具有一定倾斜角的罐容表的变化情况。

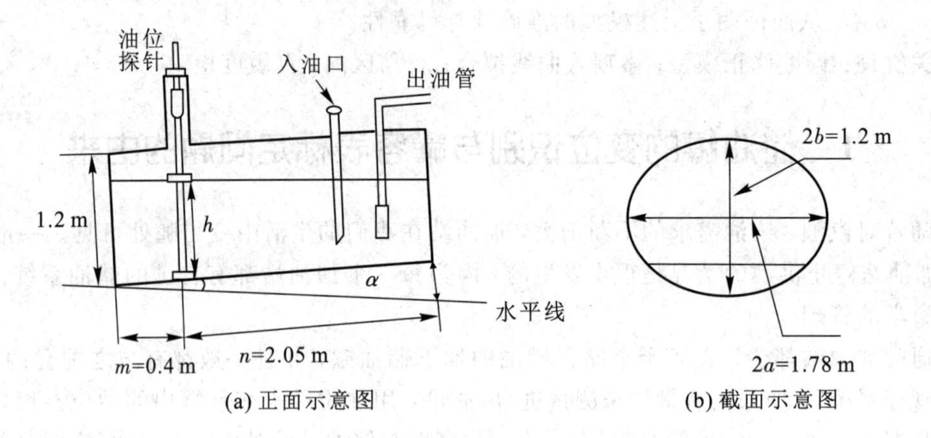

(a) 正面示意图　　(b) 截面示意图

图 1　小椭圆形储油罐的正面和截面示意图

很明显，储油量的多少与油位高度和倾斜角相关。可以通过计算得出储油量与这二者之间的关系。

3.1　储油量计算中的假设

在研究这个问题的时候，我们作如下假设：

(1) 忽略油浮子的几何形状，把它等价于探针杆上的一个点。

(2) 暂时忽略出、进油管以及探针等占据的几何空间。

(3) 油位探针的几何形状不会发生变化，一直与下底边垂直。

3.2　倾斜角为 α 时储油量与油位高度 h 的关系

首先，我们可以对油浮子以及油面位置进行一个大致的分类，如图 2 所示。从图中我们可以看出，油面的情况基本上可以分成这样三类：① 油面高度较高的情况，此时油面覆盖到了油罐的顶部，随着油面的继续升高，油浮子将到达最高点，油位计测得的油位高度也将达到最大值，此时系统将默认为油罐已满(事实上油罐还未满)；② 油面高度较低的情况，此时油面下降到了油罐底部，随着油面的进一步下降，油浮子可以到达最低点，油位

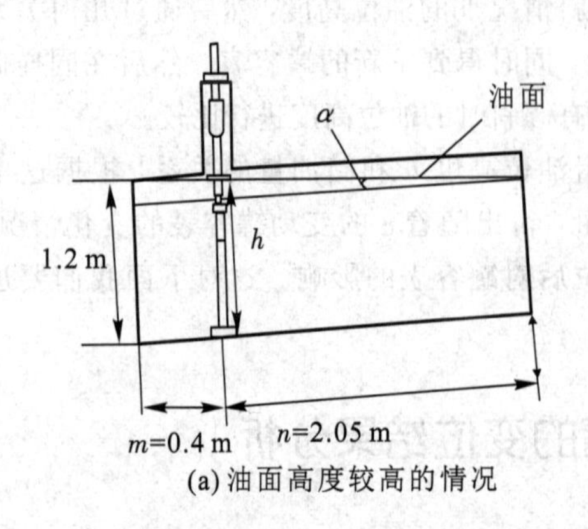

(a) 油面高度较高的情况

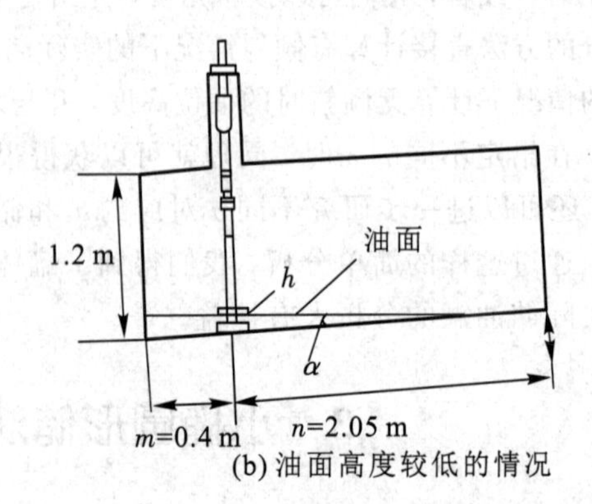

(b) 油面高度较低的情况

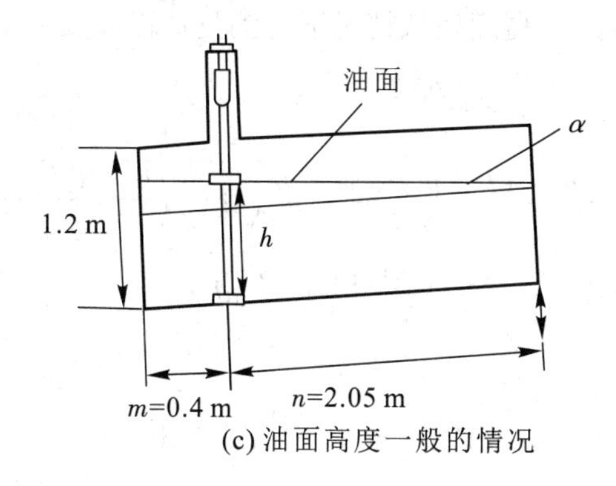

(c) 油面高度一般的情况

图 2　油面情况图

计测得的油位高度达到最小值，此时系统默认油罐为空；③ 油面高度一般的情况。这里分析的时候，我们忽略入油口和出油口位置的影响。

下面我们将从低到高分别计算三种情况下油面高度为 h 时实际储存的油量。

(1) 在油面高度较低的情况下，其剖面图如图 3 所示。

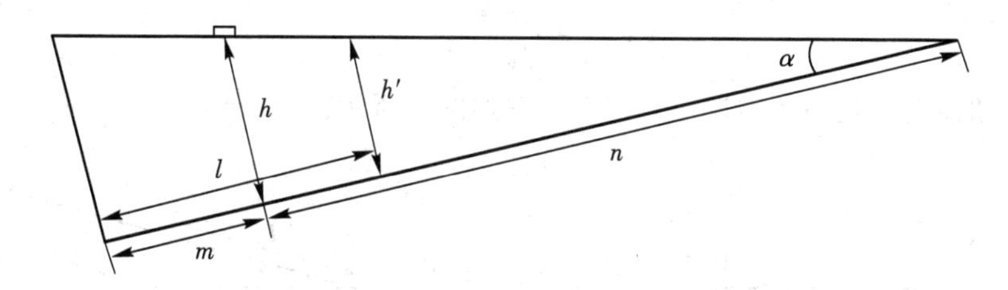

图 3　油面高度较低情况下的剖面图

依图易得需要满足的条件为

$$h<n\tan\alpha,\quad 0\leqslant l\leqslant m+h\cot\alpha$$

由几何关系得，$h'=h-(l-m)\tan\alpha$。h'为任一截平面中液面距下端点的长度，如图 4 所示。

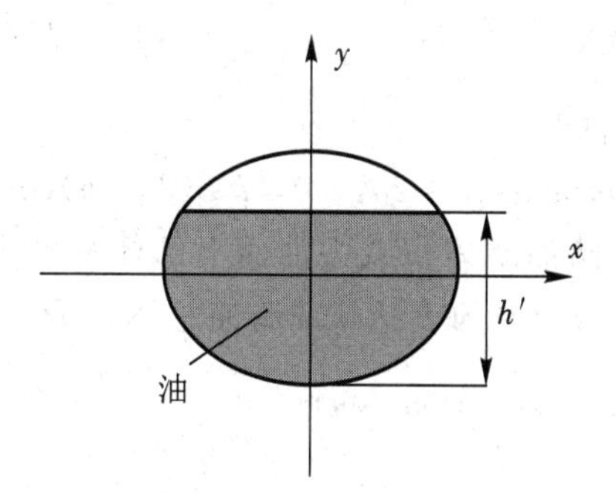

图 4　小椭圆形储油罐截面示意图

根据小椭圆形储油罐截面示意图，可以求得阴影部分的面积为

$$\begin{aligned} S(h') &= \frac{2a}{b}\int_{-b}^{h'-b}\sqrt{b^2-y^2}\,\mathrm{d}y \\ &= \left[\frac{\pi}{2}+\frac{h'-b}{b}\sqrt{1-\left(\frac{h'-b}{b}\right)^2}+\arcsin\frac{h'-b}{b}\right]ab \end{aligned} \tag{1}$$

将 h' 代入上式，可以求得油面高度较低情况下与测量油面高度 h 对应的储油量为

$$\begin{aligned}S_1(l) &= \frac{2a}{b}\int_{-b}^{h-b-(l-m)\tan\alpha}\sqrt{b^2-y^2}\,\mathrm{d}y \\ &= \left[\frac{\pi}{2}+\frac{h-(l-m)\tan\alpha-b}{b}\sqrt{1-\left(\frac{h-(l-m)\tan\alpha-b}{b}\right)^2}\right. \\ &\quad \left.+\arcsin\frac{h-(l-m)\tan\alpha-b}{b}\right]ab\end{aligned}$$

而储油总体积为

$$V(h)=\int_0^{m+h\cot\alpha}S_1(l)\mathrm{d}l \tag{2}$$

(2) 在油面高度一般的情况下，其剖面图如图 5 所示。

依图易得需要满足的条件为

$$n\tan\alpha<h\leqslant 2b-m\tan\alpha,\quad 0\leqslant l\leqslant m+n$$

采用与(1)相同的方法，求得 $h'=h-(l-m)\tan\alpha$，代入式(1)得到 $S_2(l)$ 的表达式，从而储油总体积为

$$V(h)=\int_0^{m+n}S_2(l)\mathrm{d}l \tag{3}$$

(3) 在油面高度较高的情况下，其剖面图如图 6 所示。

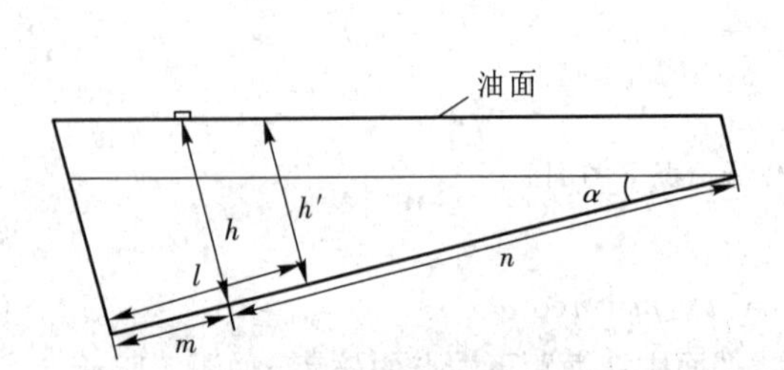

图 5 油面高度一般情况下的剖面图

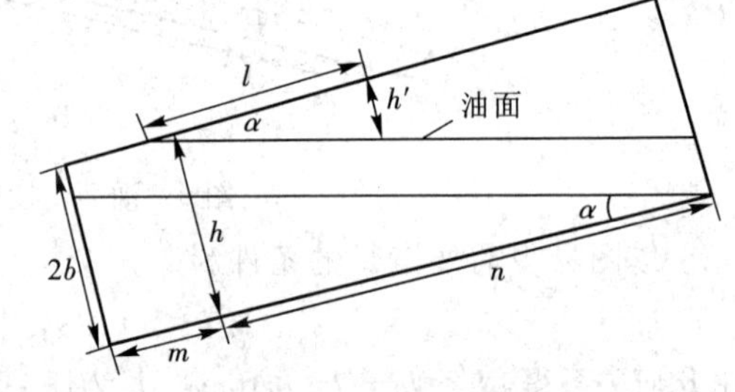

图 6 油面高度较高情况下的剖面图

依图易得需要满足的条件为

$$2b-m\tan\alpha<h\leqslant 2b,\quad 0\leqslant l\leqslant(2b-h)\cot\alpha+n$$

为计算方便，我们采用整个储油罐体积减去油面上部体积的方法求储油量，同上可求得 $h'=l\tan\alpha$，代入式(1)，得到 $S_3(l)$ 的表达式，储油总体积为

$$V(h)=\pi ab(m+n)-\int_0^{(2b-h)\cot\alpha+n}S_3(l)\mathrm{d}l \tag{4}$$

3.3 倾斜角为 4.1°时储油量的精确计算

当倾斜角为4.1°时，根据 3.2 的计算，可以得到当 $h<0.1469m$ 时，油位下降到油罐底部；当 $h>1.1713m$ 时，油位淹没到油罐顶部；当 $0.1469m<h<1.1713m$ 时，油位位于中间。为了确定整张罐容表，即为了让罐容表能够对应油面高度从 0 到 1.2 m，对于 3.2 中涉及的三种情况都要进行分析。

在油面高度[0, 1200](单位为 mm)范围内，我们让 h 以 10 mm 为步进，运用

MATLAB对 3.2 中三种情况下对应 h 的储油量分别进行计算(程序见数字课程网站)，可以得到罐容表如表 1 所示。

表 1　罐体变位后油位高度间隔 10 mm 的罐容表标定值

油位高度/mm	罐内油量/L	油位高度/mm	罐内油量/L	油位高度/mm	罐内油量/L	油位高度/mm	罐内油量/L
0	0～1.67	310	630.15	620	1885.13	930	3190.11
10	3.53	320	665.58	630	1928.51	940	3228.61
20	6.26	330	701.53	640	1971.93	950	3266.72
30	9.97	340	737.96	650	2015.37	960	3304.42
40	14.76	350	774.86	660	2058.82	970	3341.69
50	20.69	360	812.2	670	2102.28	980	3378.51
60	27.85	370	849.97	680	2145.71	990	3414.86
70	36.32	380	888.15	690	2189.13	1000	3450.72
80	46.14	390	926.72	700	2232.5	1010	3486.06
90	57.39	400	965.66	710	2275.82	1020	3520.87
100	70.13	410	1004.95	720	2319.09	1030	3555.11
110	84.4	420	1044.58	730	2362.27	1040	3588.77
120	100.25	430	1084.53	740	2405.37	1050	3621.81
130	117.75	440	1124.79	750	2448.37	1060	3654.2
140	136.92	450	1165.34	760	2491.26	1070	3685.91
150	157.82	460	1206.16	770	2534.02	1080	3716.92
160	180.26	470	1247.23	780	2576.64	1090	3747.17
170	204	480	1288.56	790	2619.12	1100	3776.64
180	228.91	490	1330.11	800	2661.42	1110	3805.27
190	254.88	500	1371.88	810	2703.55	1120	3833.01
200	281.86	510	1413.85	820	2745.49	1130	3859.82
210	309.76	520	1456.02	830	2787.22	1140	3885.62
220	338.54	530	1498.35	840	2828.74	1150	3910.33
230	368.14	540	1540.85	850	2870.02	1160	3933.86
240	398.53	550	1583.5	860	2911.06	1170	3956.06
250	429.66	560	1626.28	870	2951.83	1180	3976.66
260	461.49	570	1669.19	880	2992.33	1190	3995.54
270	494	580	1712.21	890	3032.53	1200	4012.74～4110.15
280	527.14	590	1755.32	900	3072.43		
290	560.9	600	1798.52	910	3112		
300	595.25	610	1841.8	920	3151.23		

3.4 误差分析和局部误差修正

利用模型可以求得倾斜进油实验数据对应油位高度的储油量，将它与实验测得的储油量相比较，得到了一组误差值，如表 2、图 7 所示。

表 2 倾斜进油计算与实测所得相关数据

油位高度 /mm	油量计算值 /L	油量实测值 /L	误差 /L	油位高度 /mm	油量计算值 /L	油量实测值 /L	误差 /L
411.29	1010.047479	962.86	47.18748	739.39	2402.746054	2312.73	90.01605
423.45	1058.331566	1012.86	45.47157	750.9	2452.236446	2362.73	89.50645
438.33	1118.047449	1062.86	55.18745	761.55	2497.895199	2412.73	85.1652
450.54	1167.533302	1112.86	54.6733	773.43	2548.656044	2462.73	85.92604
463.9	1222.145946	1162.86	59.28595	785.39	2599.555214	2512.73	86.82521
477.74	1279.197602	1212.86	66.3376	796.04	2644.689373	2562.73	81.95937
489.37	1327.486698	1262.86	64.6267	808.27	2696.277268	2612.73	83.54727
502.56	1382.607462	1312.79	69.81746	820.8	2748.837449	2662.73	86.10745
514.69	1433.604819	1362.79	70.81482	832.8	2798.871626	2712.73	86.14163
526.84	1484.955474	1412.73	72.22547	844.47	2847.222533	2762.73	84.49253
538.88	1536.08348	1462.73	73.35348	856.29	2895.862685	2812.73	83.13268
551.96	1591.874322	1512.73	79.14432	867.6	2942.069122	2862.73	79.33912
564.4	1645.147695	1562.73	82.41769	880.06	2992.568449	2912.73	79.83845
576.56	1697.398009	1612.73	84.66801	89.292	3044.213003	2962.73	81.483
588.74	1749.885664	1662.73	87.15566	904.34	3089.642798	3012.73	76.9128
599.56	1796.62139	1712.73	83.89139	917.34	3140.83172	3062.73	78.10172
61.162	1848.81363	1762.73	86.08363	929.9	3189.722926	3112.73	76.99293
623.44	1900.049758	1812.73	87.31976	941.42	3234.047873	3162.73	71.31787
635.58	1952.736498	1862.73	90.0065	954.6	3284.11583	3212.73	71.38583
646.28	1999.209741	1912.73	86.47974	968.09	3334.606754	3262.73	71.87675
658.59	2052.697061	1962.73	89.96706	980.14	3379.023596	3312.73	66.2936
670.22	2103.231079	2012.73	90.50108	992.41	3423.549133	3362.73	60.81913
680.63	2148.449019	2062.73	85.71902	1006.34	3473.18917	3412.73	60.45917
693.03	2202.272525	2112.73	89.54252	1019.07	3517.656776	3462.73	54.92678
704.67	2252.739433	2162.73	90.00943	1034.24	3569.457479	3512.73	56.72748
716.45	2303.736096	2212.73	91.0061	1035.36	3573.228322	3514.74	58.48832
727.66	2352.174601	2262.73	89.4446				

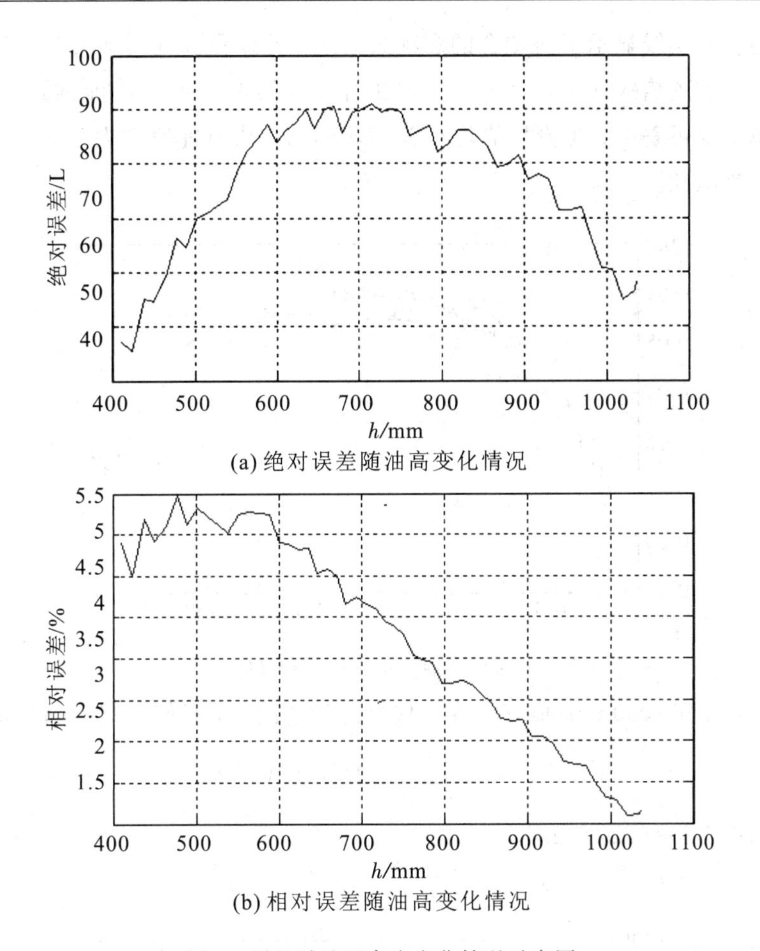

(a) 绝对误差随油高变化情况

(b) 相对误差随油高变化情况

图 7　误差随油面高度变化情况示意图

我们先来观察误差的分布情况：从图 7 中可以看到，当油位高度 h 在 410 mm 到 1030 mm范围内，误差随着 h 的升高呈现先增大后减小的趋势。从相对误差图中可以得出，最大的相对误差为 5.47％。从误差数值以及图形可以看出，误差的来源极有可能来自于油浮子的测量不准确，因为从倾斜的情况来看，随着油位的上升，油面的面积呈现先增大后减小的趋势，这与误差的分布情况类似。恰好这部分数据是储油罐罐容表最重要的一部分数据，因为一般油罐的油量都处于不是特别多或者特别少的状况。

另外，通过计算可知，油量计算值和实验测量值之间的残差平方和为 319298.86，显然不能令我们满意。我们注意到油量的计算值普遍比实验测量值偏大，为了使这部分数据更加精确，可以在计算值的后面减去一项误差项来减小误差。为此，我们采用对误差数值进行拟合的方式，求得误差项的表达式。

对表 2 得到的误差项进行 5 次多项式拟合，可以得到误差项为

$$W(h) = -4.4267h^5 + 15.4111h^4 - 20.6298h^3 + 12.7936h^2 - 3.4178h + 0.3330$$

式中，h 单位为 m，$W(h)$单位为 L。

另外，为使拟合后的结果更为准确，我们通过多项式拟合所得到的误差项仅仅适用于内部数据的预测，即题目中包括的 420 mm 至 1030 mm 范围内的标定值，对于范围外的标定值，我们仍旧采用之前得到的结果。

图 8 中的中间实线显示了所拟合的多项式曲线，另外我们利用 MATLAB 中的多项式曲线拟合的评价和置信区间函数 polyconf 给出计算值的 95%置信区间，结果在图 8 中用虚线标出。从图中也可看出，实验数值均在置信区间内，从而置信度大于 95%。由此说明，所得的结果较为满意。

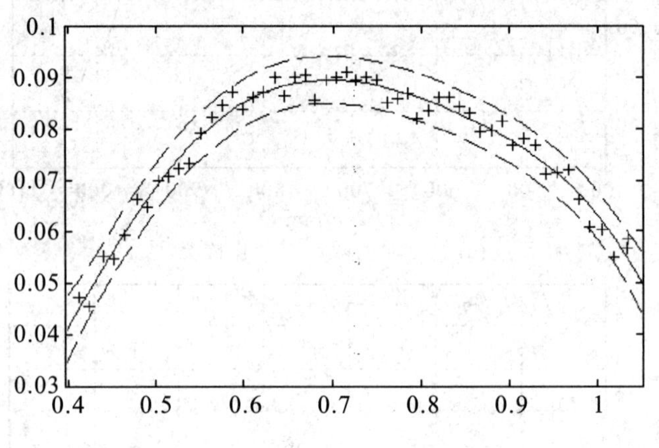

图 8　多项式曲线拟合结果和置信区间

由于 420 mm 到 1030 mm 恰好全在一般情况的范围内，我们可以得到修正后的模型为

$$V(h)=\int_{0}^{m+n} S_2(l)\,\mathrm{d}l - W(h)$$

其中 $S_2(l)$表达式可由前述方法求得。

模型对应的图形如图 9 所示。

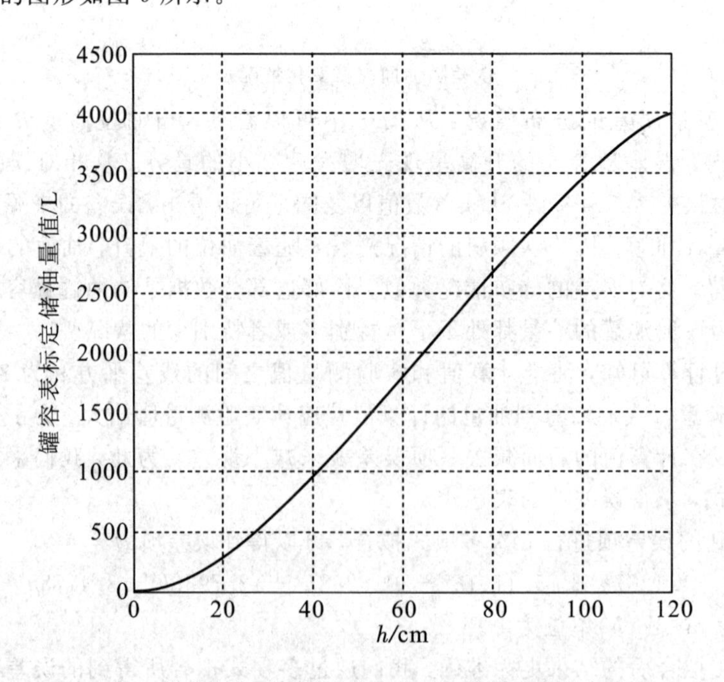

图 9　罐体变位后不同油位高度对应的罐容表标定值

利用这个模型得到的油面高度从 420 mm 到 1030 mm 的修正罐容表如表 3 所示。

表 3　多项式拟合后的部分罐容表标定修正值

油位高度/mm	罐内油量/L	油位高度/mm	罐内油量/L	油位高度/mm	罐内油量/L	油位高度/mm	罐内油量/L
420	996.95	610	1755.78	800	2575.36	990	3349.48
430	1034.03	620	1798.28	810	2618.12	1000	3387.34
440	1071.45	630	1840.95	820	2660.73	1010	3424.87
450	1109.23	640	1883.77	830	2703.18	1020	3462.07
460	1147.35	650	1926.72	840	2745.44	1030	3498.92
470	1185.81	660	1969.79	850	2787.51	1040	3535.43
480	1224.62	670	2012.96	860	2829.36	1050	3571.59
490	1263.75	680	2056.21	870	2871.00	1060	3607.41
500	1303.21	690	2099.52	880	2912.40	1070	3642.87
510	1342.98	700	2142.88	890	2953.56	1080	3677.99
520	1383.06	710	2186.28	900	2994.46	1090	3712.74
530	1423.44	720	2229.68	910	3035.09	1100	3747.13
540	1464.11	730	2273.08	920	3075.44	1110	3781.16
550	1505.05	740	2316.47	930	3115.51	1120	3814.80
560	1546.25	750	2359.81	940	3155.28	1130	3848.05
570	1587.71	760	2403.09	950	3194.75	1140	3880.88
580	1629.41	770	2446.31	960	3233.91	1150	3913.26
590	1671.32	780	2489.44	970	3272.76	1160	3945.13
600	1713.45	790	2532.46	980	3311.28	1170	3976.41

3.5　修正后模型的误差分析

我们利用修正后模型所得的结果与倾斜变位进油和倾斜变位出油的实验数据进行对比，利用不同的方法进行误差分析，以研究修正后与修正前误差的变化情况，以便对模型进行评价。

首先，与倾斜变位进油的实验数据进行对比发现，除前述的置信度大于95%以外，模型修正之后，油量计算值和测量值之间的残差平方和为230.53，远小于之前的319298.86。这就说明，经过修正后，罐容表和准确值已经相当接近，罐容表的重新标定符合基本要求。

其次，我们利用倾斜变位出油的实验数据进行对比。由于出油的数据中无法得到储油量的具体值，但由于每次出油量一定(均为50 L)，这启发我们可以对修正后模型求得的储油量的计算值以及实验数据的累计出油量进行一阶差分，再对一阶差分求二者的残差。经过计算得到结果为11.834702，与对进油量的一阶差分得到的残差11.11844比较，结果十分接近，说明出油数据与进油数据一样，吻合得较为理想。

3.6 倾斜角 α 可变的情况分析

在之前的讨论中，α 被固定成 4.1°，而且我们已经得到了当有一个倾斜角 α 时罐容表的变化情况。现在我们让 α 变动起来，看看 α 如何对整个问题产生影响，以及它与油位高度和储油量的关系。

首先由几何关系可知，当 $0<\alpha<\arctan\dfrac{2b}{m+n}$ 时，油位高度的变化必然要经历前面分析的三种情况，计算得 $0<\alpha<26.1°$，而当 $\alpha>26.1°$ 时情况略有不同，然而如此大的倾斜角较为罕见，讨论的意义不大，因此以下的讨论仅对 $0<\alpha<26.1°$ 进行。

我们利用三种情况的具体算法，在不加误差修正项的情况下编程进行计算，求得 $0<\alpha<10°$ 且 α 步进为 0.1°，$0\leqslant h<120$ mm 且 h 步进为 1 mm 情况下(α, h)对应的储油量值，所得的三维曲面如图 10 所示。在这个曲面的正视图中，可以得到在 α 一定的情况下，储油量和油位高度 h 的变化关系。其情况恰与图 10 所示形状相吻合。

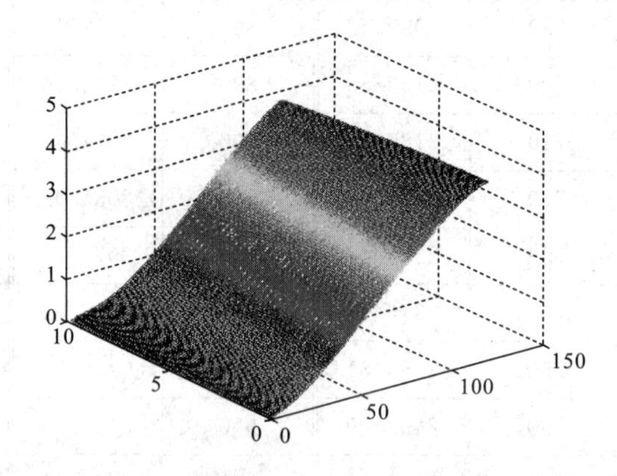

图 10　给定(α, h)情况下的体积曲面

从图 10 中分解出曲面的等高线如图 11 所示。等高线表示，在相同储油量情况下，α 和 h 之间的关系。从图中可以很明显地看出，当储油量一定时，h 随着 α 的增大而增大。这也就是说，如果 α 增大，h 将增大，罐容表在不进行修正的情况下将会显示偏大的数据。而且，α 越大，罐容表的偏差也越大。

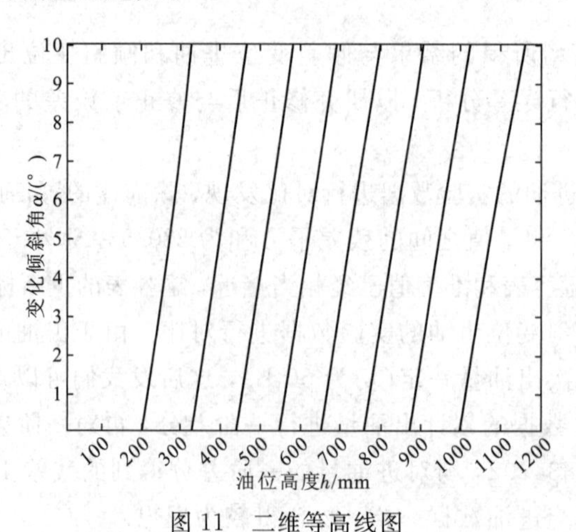

图 11　二维等高线图

4　实际储油罐的变位识别

4.1　罐体变位后储油量与油位高度及变位参数间的一般关系

4.1.1　问题剖析

为了获得罐体变位后罐内储油量与油位高度及变位参数(纵向倾斜角 α 和横向偏转角 β)间的精确关系，首先分析变位参数对油位高度及罐内储油量的影响。纵向倾斜角 α 对油位高度及罐内储油量的影响与前面的分析结果类似，然而由于本问题中还涉及横向偏转角 β 的影响，这无疑增加了分析的复杂性。若同时考虑纵向倾斜与横向偏转，从而直接得到对应的精确的模型，虽然思路上比较清晰连贯，但是真正入手去做会发现分析与求解过程相当复杂。

为了便于入手，我们可以将上述过程分解。对于一个罐体发生变位的储油罐，其最后的罐体变位情况可以认为是分两步达到的：首先，纵向倾斜 α 角；然后，再横向偏转 β 角。接下来进一步分析，我们发现以下情况：考虑到本文研究的储油罐主体为圆柱体，两端为球冠体，具有完美的轴对称特性，所以当储油罐纵向倾斜 α 角后，再发生横向偏转，罐内油平面也会随之而偏转，达到平衡后油平面与罐体的相对位置与未偏转之前的情况完全一致，唯一改变的是油位计随着罐体发生了相同的偏转，从而与油平面的相对位置发生了改变。可见由于罐体具有对称性，罐体的纵向倾斜与横向偏转可以分开考虑。下面分别对两种情况进行分析。

4.1.2　纵向倾斜角 α 与油位高度及罐内储油量间的定量关系

为了便于问题的研究，建立如图 12 所示的坐标系，原点选为罐体的对称中心。

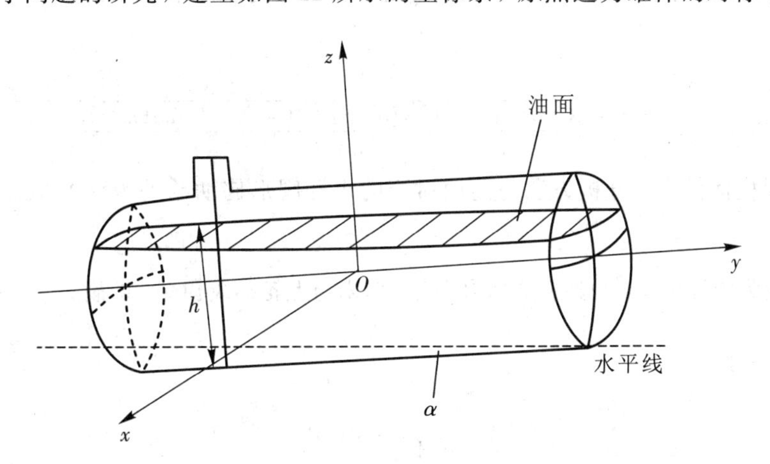

图 12　储油罐坐标图

由图 12 中可以看出罐内储油量由三部分组成，即左边球冠体内的储油体积、中间圆柱体内的储油体积以及右边球冠体内的储油体积(当油很少时，右边球冠体内也可能没有储油)，而左右两边球冠体内的储油量计算方法一样，所以只需要研究圆柱体和球冠体两部分的体积计算公式即可。下面分别对这两种情况进行讨论。

图 12 的正视图如图 13 所示。

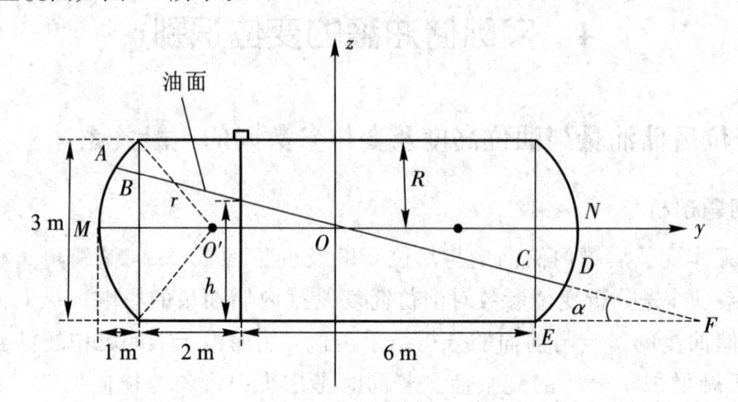

图 13　储油罐正视图

油位面的正面投影线为图中的直线 AF，其斜率为 $-\tan\alpha$，直线 AF 过点 $(-2, h-R)$，于是得直线方程：

$$z=-\tan\alpha(y+2)+h-R \tag{5}$$

球冠体的轮廓线为圆弧，其半径 r 可由下面的关系得到：

$$R^2+(r-1)^2=r^2 \tag{6}$$

$R=1.5$ m 为圆柱体横截面半径。代入上式得 $r=1.625$ m。

从而得到左右圆弧的方程：

$$(y+3.375)^2+z^2=r^2 \tag{7}$$

$$(y-3.375)^2+z^2=r^2 \tag{8}$$

图中 A 点为直线与左边圆弧的交点，设其在 yOz 平面内的坐标为 (y_A, z_A)，同样 D 点记为 (y_D, z_D)。F 点为直线 AF 与油罐最低轮廓线的交点。不难得到：

$$y_F=\frac{h}{\tan\alpha}-2$$

$$z_A=\frac{1.375\tan a+h-R-\sqrt{R^2\tan^4 a+(1.375^2+R^2)\tan^2 a+2.75(h-R)\tan a+(h-R)^2}}{1+\tan^2 a}$$

(1) 对圆柱体而言，分析方法与前面讨论的小椭圆形储油罐的方法类似。现讨论其储油量 V_1 的计算。

若油位面为中等高度，漫到右边球冠部分，但未与上轮廓线相交，即满足 $y_F=\dfrac{h}{\tan\alpha}-2>4$，且 $\dfrac{h-3}{\tan\alpha}-2<-4$，则

$$V_1=\int_{-4}^{4}S_1(y)\mathrm{d}y$$

若油位面较低，与底边相交，即满足 $-2\leqslant y_F=\dfrac{h}{\tan\alpha}-2\leqslant 4$，则

$$V_1=\int_{-4}^{y_F}S_1(y)\mathrm{d}y=\int_{-4}^{\frac{h}{\tan\alpha}-2}S_1(y)\mathrm{d}y$$

若油位面较高，与上轮廓线相交，即满足 $-4<\dfrac{h-3}{\tan\alpha}-2<-2$，则

$$V_1 = 8\pi R^2 - \int_{\frac{h-3}{\tan\alpha}-2}^{4} \mathrm{d}y \int_{-(y+2)\tan\alpha+h-R}^{R} \sqrt{R^2 - z^2}\,\mathrm{d}z$$

$S_1(y)$为垂直于 y 轴的纵截面的面积，如图 14 所示，则

$$S_1(y) = 2\int_{-R}^{-(y+2)\tan\alpha+h-R} \sqrt{R^2 - z^2}\,\mathrm{d}z$$

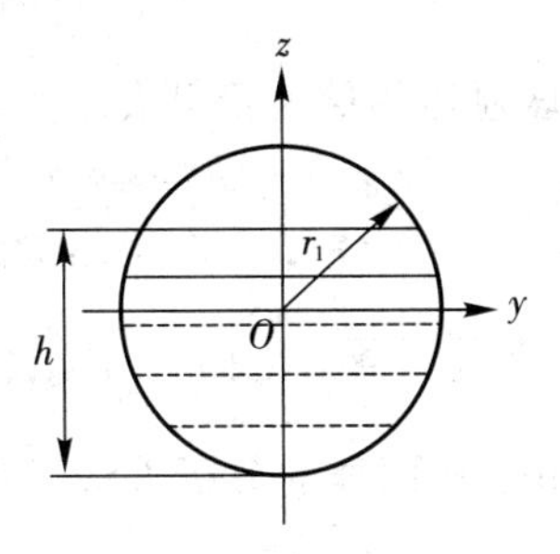

图 14　储油罐纵截面图

于是圆柱体部分的储油量为

$$V_1 = \begin{cases} 2\int_{-4}^{4} \mathrm{d}y \int_{-R}^{-(y+2)\tan\alpha+h-R} \sqrt{R^2 - z^2}\,\mathrm{d}z & y_F = \dfrac{h}{\tan\alpha} - 2 > 4 \text{ 且} \dfrac{h-3}{\tan\alpha} - 2 < -4 \\ 2\int_{-4}^{\frac{h}{\tan\alpha}-2} \mathrm{d}y \int_{-R}^{-(y+2)\tan\alpha+h-R} \sqrt{R^2 - z^2}\,\mathrm{d}z & -2 \leqslant y_F = \dfrac{h}{\tan\alpha} - 2 \leqslant 4 \\ 8\pi R^2 - \int_{\frac{h-3}{\tan\alpha}-2}^{4} \mathrm{d}y \int_{-(y+2)\tan\alpha+h-R}^{R} \sqrt{R^2 - z^2}\,\mathrm{d}z & -4 < \dfrac{h-3}{\tan\alpha} - 2 < -2 \end{cases}$$

(2) 对球冠部分而言，设左右球冠部分的体积分别为 V_2、V_3，现讨论 V_2 的计算，如图 15 所示。

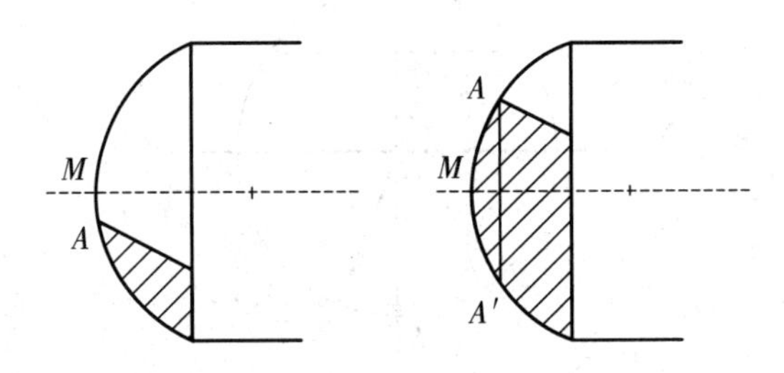

图 15　球冠侧面图

若 A 点的位置位于 M 点之上，即满足 $z_A>0$，则储油量分两部分计算，左部为一球形封头，由文献[1]得其体积计算公式为

$$V_{21} = \pi m^2\left(r - \frac{m}{3}\right)$$

其中，r 为球的半径，m 为弓形的高，此处 $m=y_A+5$。而左半部的体积可表示为

$$V_{22} = \int_{y_A}^{-4} S_2(y)\,\mathrm{d}y$$

$$S_2(y) = 2\int_{-r(y)}^{z(y)} \sqrt{r^2(y) - z^2}\,\mathrm{d}z$$

其中，

$$r(y)=\sqrt{r^2-(y+3.375)^2}$$

$$z(y)=-(y+2)\tan\alpha+h-R$$

此时，$V_2=V_{21}+V_{22}$。

若 A 点的位置位于 M 点之下，即满足 $z_A<0$，则储油量只需要按上面第二部分计算即可。

由以上分析，可得左半部分球冠体的储油量可表示为

$$V_2=\begin{cases}\pi(y_A+5)^2\left(r-\dfrac{y_A+5}{3}\right)+2\displaystyle\int_{y_A}^{-4}\int_{-\sqrt{r^2-(y+3.375)^2}}^{-(y+2)\tan\alpha+h-R}\sqrt{r^2(y)-z^2}\,\mathrm{d}z\mathrm{d}y & z_A>0\\ 2\displaystyle\int_{y_A}^{-4}\int_{-\sqrt{r^2-(y+3.375)^2}}^{-(y+2)\tan\alpha+h-R}\sqrt{r^2(y)-z^2}\,\mathrm{d}z\mathrm{d}y & z_A\leqslant 0\end{cases}$$

(3) 对右边的球冠部分的体积，按同样的分析方法可得

$$V_3=\begin{cases}\pi(5-y_D)^2\left(r-\dfrac{5-y_D}{3}\right)+2\displaystyle\int_{4}^{y_D}\int_{-\sqrt{r^2-(y-3.375)^2}}^{-(y+2)\tan\alpha+h-R}\sqrt{r^2(y)-z^2}\,\mathrm{d}z\mathrm{d}y & z_D>0\\ 2\displaystyle\int_{4}^{y_D}\int_{-\sqrt{r^2-(y+3.375)^2}}^{-(y+2)\tan\alpha+h-R}\sqrt{r^2(y)-z^2}\,\mathrm{d}z\mathrm{d}y & z_D\leqslant 0\end{cases}$$

4.1.3 横向偏转角 β 对油位高度的影响分析

根据前面 4.1.1 的分析可知，横向偏转角 β 不影响实际的油位高度，但由于油位探测装置会随着罐体一起旋转，导致油位高度的标示值发生变化，从而影响罐容量的正确表示，二者之间的变化关系可由图 16 说明。

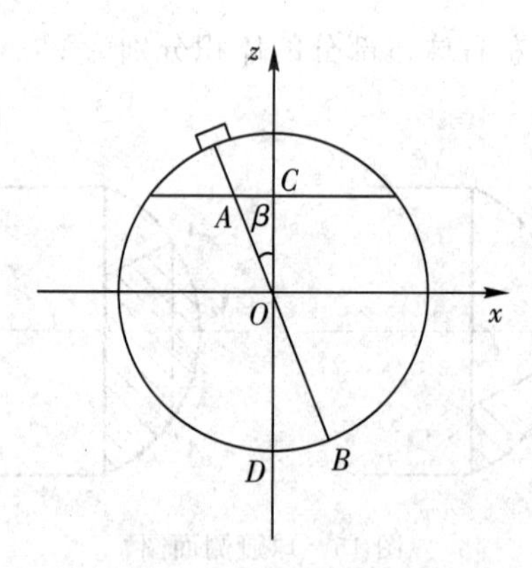

图 16 横向偏转倾斜后正截面图

如图 16 所示，储油罐的实际油位高度用 $CD=h$ 表示，油位表指示的油位高度为 $AB=H$，由几何关系可得

$$h=(H-R)\cos\beta+R$$

上述关系式表征了实际油位高度与油位表指示高度之间的关系。

4.1.4 一般模型的最终确立

根据上面的分析，我们可以建立罐体变位后的储油量 V 与油位的标示高度 H 以及变位参数(纵向倾斜角 α、横向偏转角 β)之间的一般关系。该模型可表述为

$$V(H,\alpha,\beta)=V[h(H,\beta),\alpha]$$
$$=V_1[h(H,\beta),\alpha]+V_2[h(H,\beta),\alpha]+V_3[h(H,\beta),\alpha]$$

其中，满足条件：

$$h(H,\beta)=(H-R)\cos\beta+R$$

$$V_1=\begin{cases}2\int_{-4}^{4}\mathrm{d}y\int_{-R}^{-(y+2)\tan\alpha+h-R}\sqrt{R^2-z^2}\,\mathrm{d}z & y_F=\dfrac{h}{\tan\alpha}-2>4\text{ 且}\dfrac{h-3}{\tan\alpha}-2<-4\\ 2\int_{-4}^{\frac{h}{\tan\alpha}-2}\mathrm{d}y\int_{-R}^{-(y+2)\tan\alpha+h-R}\sqrt{R^2-z^2}\,\mathrm{d}z & -2\leqslant y_F=\dfrac{h}{\tan\alpha}-2\leqslant 4\\ 8\pi R^2-\int_{\frac{h-3}{\tan\alpha}-2}^{4}\mathrm{d}y\int_{-(y+2)\tan\alpha+h-R}^{R}\sqrt{R^2-z^2}\,\mathrm{d}z & -4<\dfrac{h-3}{\tan\alpha}-2<-2\end{cases}$$

$$V_2(h,\alpha)=\begin{cases}\pi(y_A+5)^2\left(r-\dfrac{y_A+5}{3}\right)+2\int_{y_A}^{-4}\int_{-\sqrt{r^2-(y+3.375)^2}}^{-(y+2)\tan\alpha+h-R}\sqrt{r^2(y)-z^2}\,\mathrm{d}z\mathrm{d}y & 0<z_A\leqslant R\\ 2\int_{y_A}^{-4}\int_{-\sqrt{r^2-(y+3.375)^2}}^{-(y+2)\tan\alpha+h-R}\sqrt{r^2(y)-z^2}\,\mathrm{d}z\mathrm{d}y & -R\leqslant z_A\leqslant 0\end{cases}$$

$$V_3(h,\alpha)=\begin{cases}\pi(5-y_D)^2\left(r-\dfrac{5-y_D}{3}\right)+2\int_{4}^{y_D}\int_{-\sqrt{r^2-(y-3.375)^2}}^{-(y+2)\tan\alpha+h-R}\sqrt{r^2(y)-z^2}\,\mathrm{d}z\mathrm{d}y & 0<z_D\leqslant R\\ 2\int_{4}^{y_D}\int_{-\sqrt{r^2-(y+3.375)^2}}^{-(y+2)\tan\alpha+h-R}\sqrt{r^2(y)-z^2}\,\mathrm{d}z\mathrm{d}y & -R\leqslant z_D\leqslant 0\end{cases}$$

$$z_A=\frac{1.375\tan a+h-R-\sqrt{R^2\tan^4 a+(1.375^2+R^2)\tan^2 a+2.75(h-R)\tan a+(h-R)^2}}{1+\tan^2 a}$$

$$z_D=\frac{-5.375\tan a+h-R+\sqrt{R^2\tan^4 a+(5.375^2+R^2)\tan^2 a-10.75(h-R)\tan a+(h-R)^2}}{1+\tan^2 a}$$

4.2　储油罐的变位参数识别

4.2.1　精确模型的简化与近似

利用上述给出的精确模型，再结合实际的测量数据，理论上可以确定储油罐的两个变位参数，其关键步骤是上述积分的求解。由于上述积分是定积分，如果给定参数的实际值，利用数值积分的方法必定能得到结果。然而本问题的难点在于需要在参数未确定的情况下进行带参变量积分，利用积分结果进行下一步分析。通过对上面积分式的观察可以发现，该定积分是分段的，会出现 5 种情况，若逐个进行讨论将会很繁琐，而且其中的某些二重积分带有参变量，形式复杂，很难得到其解析解。而若对参数进行遍历赋值再积分，运算时间代价很大。

为了解决上述问题，我们将上述模型做了一点修改和近似，从而大大改善了运算效率，为下一步的变位参数确定扫清了障碍，同时又没有对计算精度造成较大的影响。此处的改进主要是针对球冠部分的体积，换一个方向进行积分，不仅避免了分段讨论，同时又便于求解，具体见下面的分析。

上述球冠部分积分，如果选择从左到右对垂直于轴向的截面进行积分，则会随着油位面的正向投影线与球冠轮廓线的交点的位置不同而出现分段。为此，我们考虑从下到上对平行于 xOy 平面的截面积分，然而由于油面相对于 xOy 面有倾斜，所以不妨采用图 17 所示的近似图形进行分析。

由于油罐的纵向倾斜角很小，所以 AB 线段也几乎平行于油罐的对称轴，同时为了尽可能减小误差，在此我们用 A 点和 B 点的中点 $P(0, y_P, z_P)$ 来作为 z 轴方向的积分上限，于是球冠部分的体积可表示为

$$V_2 \approx \int_{-R}^{z_P} S(z)\mathrm{d}z \quad -R \leqslant z_P \leqslant R$$

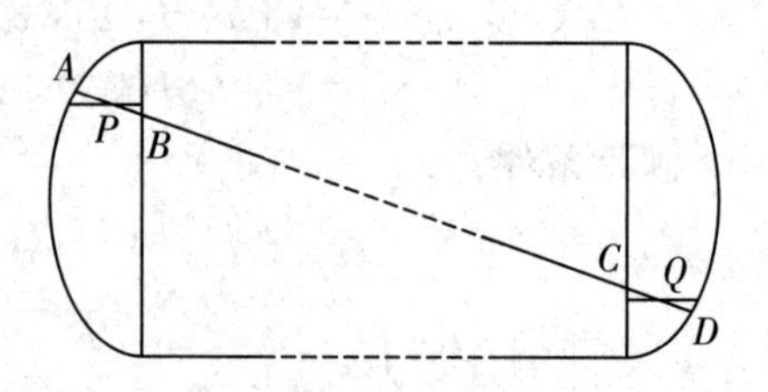

图 17 油罐球冠部分近似计算分析图

左边球面方程为

$$x^2+(y+3.375)^2+z^2=r^2$$

于是：

$$y(x, z)=-3.375-\sqrt{r^2-x^2-z^2}$$

$$S(z)=2\int_0^{x(z)}(-4-y(x, z))\mathrm{d}x=2\int_0^{\sqrt{r^2-z^2-(y_0+3.375)^2}}(\sqrt{r^2-x^2-z^2}-0.625)\mathrm{d}x$$

而

$$z_P=\frac{1}{2}(z_A+z_B)$$

利用直线 $z=-\tan\alpha(y+2)+h-R$ 与 $y=-4$ 得

$$z_B=2\tan\alpha+h-R$$

而 $z=-\tan\alpha(y+2)+h-R$ 与 $(y+3.375)^2+z^2=r^2$ 左边的交点即为 z_A，于是左边球冠部分的储油体积为

$$V_2 \approx 2\int_{-R}^{z_P}\mathrm{d}z\int_0^{\sqrt{r^2-z^2-(y_0+3.375)^2}}(\sqrt{r^2-x^2-z^2}-0.625)\mathrm{d}x \quad -R \leqslant z_P \leqslant R$$

$$z_P=\frac{1}{2}(z_A+z_B)$$

$$z_B=2\tan\alpha+h-R$$

$$z_A=\frac{1.375\tan a+h-R-\sqrt{R^2\tan^4 a+(1.375^2+R^2)\tan^2 a+2.75(h-R)\tan a+(h-R)^2}}{1+\tan^2 a}$$

考虑到左右两边的对称性，讨论右边时，只需要确定积分上限 z_Q 即可，可得右边球冠部分的储油体积为

$$V_3 \approx 2\int_{-R}^{z_Q}\mathrm{d}z\int_0^{\sqrt{r^2-z^2-(y_0+3.375)^2}}(\sqrt{r^2-x^2-z^2}-0.625)\mathrm{d}x \quad -R \leqslant z_Q \leqslant R$$

$$z_Q=\frac{1}{2}(z_C+z_D)$$

$$z_C=-6\tan\alpha+h-R$$

$$z_D=\frac{-5.375\tan a+h-R+\sqrt{R^2\tan^4 a+(5.375^2+R^2)\tan^2 a-10.75(h-R)\tan a+(h-R)^2}}{1+\tan^2 a}$$

由此得到简化与近似处理后的模型，表述如下：

$$\begin{aligned}V(H, \alpha, \beta)&=V[h(H, \beta), \alpha]\\&=V_1[h(H, \beta), \alpha]+V_2[h(H, \beta), \alpha]+V_3[h(H, \beta), \alpha]\end{aligned}$$

其中，满足条件：

$$
\begin{cases}
h(H,\beta)=(H-R)\cos\beta+R \\
V_1=\begin{cases}
2\int_{-4}^{4}\mathrm{d}y\int_{-R}^{-(y+2)\tan\alpha+h-R}\sqrt{R^2-z^2}\,\mathrm{d}z & y_F=\dfrac{h}{\tan\alpha}-2>4 \text{ 且 } \dfrac{h-3}{\tan\alpha}-2<-4 \\
2\int_{-4}^{\frac{h}{\tan\alpha}-2}\mathrm{d}y\int_{-R}^{-(y+2)\tan\alpha+h-R}\sqrt{R^2-z^2}\,\mathrm{d}z & -2\leqslant y_F=\dfrac{h}{\tan\alpha}-2\leqslant 4 \\
8\pi R^2-\int_{\frac{h-3}{\tan\alpha}-2}^{4}\mathrm{d}y\int_{-(y+2)\tan\alpha+h-R}^{R}\sqrt{R^2-z^2}\,\mathrm{d}z & -4<\dfrac{h-3}{\tan\alpha}-2<-2
\end{cases} \\
V_2\approx 2\int_{-R}^{z_P}\mathrm{d}z\int_0^{\sqrt{r^2-z^2-(y_0+3.375)^2}}\left(\sqrt{r^2-x^2-z^2}-0.625\right)\mathrm{d}x \quad -R\leqslant z_P\leqslant R \\
V_3\approx 2\int_{-R}^{z_Q}\mathrm{d}z\int_0^{\sqrt{r^2-z^2-(y_0+3.375)^2}}\left(\sqrt{r^2-x^2-z^2}-0.625\right)\mathrm{d}x \quad -R\leqslant z_Q\leqslant R
\end{cases}
$$

$$
\begin{cases}
z_P=\dfrac{1}{2}(z_A+z_B) \\
z_B=2\tan\alpha+h-R \\
z_A=\dfrac{1.375\tan a+h-R-\sqrt{R^2\tan^4 a+(1.375^2+R^2)\tan^2 a+2.75(h-R)\tan a+(h-R)^2}}{1+\tan^2 a} \\
z_Q=\dfrac{1}{2}(z_C+z_D) \\
z_C=-6\tan\alpha+h-R \\
z_D=\dfrac{-5.375\tan a+h-R+\sqrt{R^2\tan^4 a+(5.375^2+R^2)\tan^2 a-10.75(h-R)\tan a+(h-R)^2}}{1+\tan^2 a}
\end{cases}
$$

4.2.2　变位参数识别的数学模型

变位参数的确定依赖于实验数据，经过对实验数据的分析，发现其中有两项数据是关键性数据，根据这两项数据，建立合适的模型便可以确定变位参数的取值。这两项数据为："油位高度"和"进/出油量"。由于实验进行时，罐容表还未进行标定，所以表中的"油量容积"是不准确的，不能作为估计变位参数的依据。

要利用上述数据估计参数，需要找到理论模型与实测值的关系。对一组给定的油位高度和变位参数，根据上述模型，可以计算出其理论油量容积，即

$$V_i=V(H_i,\alpha_j,\beta_k)$$

由于实验数据可以利用的是进/出油量，而进/出油量恰好为两个相邻的高度值对应的油量容积之差，即

$$\Delta V_i=V_{i+1}-V_i=V(H_{i+1},\alpha_j,\beta_k)-V(H_i,\alpha_j,\beta_k)$$

而理论值与实测值之间的关系可表述为

$$\Delta V_i=V(H_{i+1},\alpha_j,\beta_k)-V(H_i,\alpha_j,\beta_k)=\Delta V'_i+\xi_{ijk}$$

变位识别就是寻找特定的变位参数，使得实测值 $\Delta V'$ 与理论值 ΔV 间的误差或残差最小。针对本题，就是对于给定的某组油位高度序列 $\{H_n\}$，其对应的进/出油量实测值序列 $\{\Delta V'_n\}$ 与理论值序列 $\{\Delta V_n\}$ 的残差最小。其中残差可表述为

$$\delta_{jk}=\sqrt{\sum_{i=1}^{n}\xi_{ijk}^2}$$

于是该变位参数识别模型可表述为

$$\min\delta_{jk} = \sqrt{\sum_{i=1}^{n}\xi_{ijk}^2}$$
$$\text{s. t. } \xi_{ijk} = \Delta V_i - \Delta V_i'$$

4.2.3 模型的求解与变位参数的确定

利用数学软件 MATLAB，可以对上述模型进行求解，由于上述积分可以得到其带参变量的解，从而大大提升了下一步求解的运算速度。求解算法和求解流程如下：

(1) 利用 MATLAB 软件解出上述模型中带参变量积分的解析解，并用该表达式替换上述积分式。

(2) 选取合适的(H, α, β)范围，使其满足$\frac{h}{\tan\alpha}-2>4$，即将油平面的变化范围限定到油罐的中间部分。经估计，参数可选择下面的范围：

$$\begin{cases}0\leqslant\alpha\leqslant10°\\0\leqslant\beta\leqslant20°\\1.7m\leqslant H\leqslant2.4m\end{cases}$$

(3) 对上述区间内的 α 与 β 角，以0.1°的步进遍历取值，得到 $\alpha(1:m)$、$\beta(1:n)$两个一维数组，同时选取“实际储油罐采集数据”表中“显示油高”一项中位于区间[1.7，2.4](单位为 m)的数据，组成 $H(1:t)$，利用这三个一维数组组成三维数据空间，对每种组合，代入上述模型，求解其对应的油量体积。

(4) 对于上一步得到的 $m\times n\times t$ 的三维矩阵，用 $\boldsymbol{A}(m, n, t)$表示，并作如下处理：用 $\boldsymbol{A}(m, n, 2:t)-\boldsymbol{A}(m, n, 1:t-1)$，得到一新的三维矩阵 $\boldsymbol{B}(m, n, t-1)=\boldsymbol{A}(m, n, 2:t)-\boldsymbol{A}(m, n, 1:t-1)$，此矩阵代表数组 $H(1: t)$中每个高度值，变化到其相邻的高度时对应出油量或进油量的理论值。

(5) 求每组变位参数 α 与 β 所对应的理论出油量(或进油量)与实测进油量(或出油量)的残差，选择最小残差对应的 α 与 β 值。

(6) 上述步骤为第一次粗选，接下来根据粗选的 α 与 β，在其领域内取值，并重新估计 H 的范围(由于 α 与 β 的范围减小，因此油位高度可选的范围扩大)，对 α 与 β 以更小的步进重复上述(3)、(4)、(5)步的过程，从而得到更为精确的 α 与 β 值。

上述过程中之所以要计算每次高度变化对应的理论出油量(或进油量)，而不直接利用油量的总体积，是因为实验数据表中所给的“显示油量容积”一项应该是未标定之前的数据，不是准确值，所以不能用来确定参数。但进油量或出油量对应的值应该是基本准确的，于是进行第(3)步的处理。

根据上述求解步骤，编写 MATLAB 程序(见数字课程网站)，第一步粗选，所选高度数据为位于区间[1.7，2.4](单位为 m)中的 16 个随机数据，得到变位参数 α 与 β 的估计区间：$\alpha\in[1.8°, 2.5°]$，$\beta\in[3°, 6°]$。

接下来再做一步粗选，高度数据选择处于区间[1.71730，2.49006](单位为 m)之间的 100 个数据，角度步进 0.1°，得到残差最小对应的变位参数为 $\alpha=2.1°$，$\beta=4.2°$，对应残差为 $\delta=0.01261$。

最后选步进为 0.01°，用区间[1.1069，2.6322](单位为 m)内的 209 个随机数据，得到最小残差对应的变位角度为 $\alpha=2.13°$，$\beta=4.19°$，对应残差为 $\delta=0.01258$。

于是变位参数得到确定，分别为：纵向倾斜角 $\alpha=2.13°$；横向偏转角 $\beta=4.19°$。

为了形象地表征纵向倾斜角和横向偏转角与残差大小的变化关系，对区间 $\alpha\in[0, 5°]$、$\beta\in[0, 9°]$之内的数据，画出二者与残差大小关系的图像，如图 18 所示。由图可以看出，纵向倾斜角对残差的影响较大，在给定纵向倾斜角的情况下，横向偏转角对残差的影响则不明显。

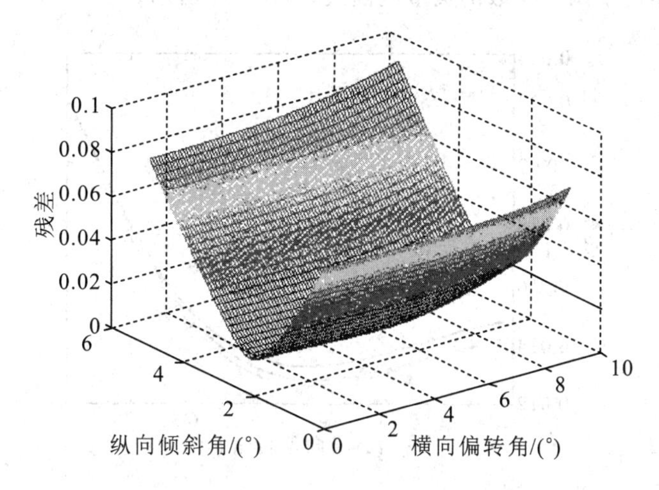

图 18　变位参数与残差的三维曲面图

4.2.3　罐体变位后的罐容标定

将上述求得的变位参数代入模型中，令油位高度间隔为 100 mm 依次变化，利用 MATLAB 编程(程序见数字课程网站)，即可求得罐体变位后的罐容标定值。结果如表 4 所示。

表 4　罐体变位后的罐容标定表

油位高度/mm	罐内容量/L	油位高度/mm	罐内容量/L	油位高度/mm	罐内容量/L
0	0～46.30	1100	19248.27	2200	49304.04
100	354.46	1200	21923.23	2300	51758.62
200	1062.1	1300	24656.41	2400	54092.97
300	2215.61	1400	27431.85	2500	56286.14
400	3693.09	1500	30234.00	2600	58314.46
500	5421.42	1600	33047.53	2700	60149.95
600	7358.79	1700	35857.18	2800	61757.05
700	9474.08	1800	38647.68	2900	63083.59
800	11741.77	1900	41403.61	3000	64341.26～64664.44
900	14139.72	2000	44109.21		
1000	16648.00	2100	46748.31		

4.3 变位参数的灵敏度检验

为了进一步讨论哪个参数对罐容量的影响较为显著，我们对两个参数进行了灵敏度检验。检验方法是确定一个参数，让另一个参数变化，观察对应的计算数据偏离实测数据的大小程度。下面给出了两个参数的灵敏度曲线，如图19所示。

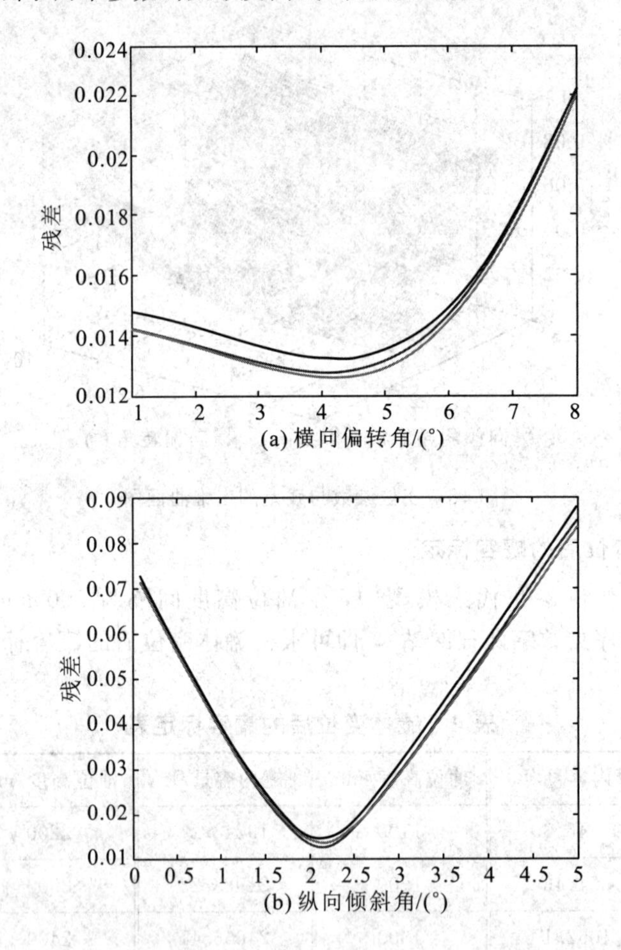

图19 横向偏转角与纵向倾斜角的灵敏度曲线

图19(a)为横向偏转角 β 的灵敏度曲线，图中三条曲线分别为 α 等于2.0°、2.1°、2.2°时残差随横向偏转角的变化曲线，可以发现 β 角从1°变化到8°，残差在区间[0.012，0.022]之间变动。图19(b)为纵向倾斜角 α 的灵敏度曲线，三条曲线分别为 β 等于2°、4°、6°时残差随 α 的变化曲线。二者对比不难发现纵向倾斜角 α 对罐容量的影响较为显著。

4.4 模型检验

为了进一步检验模型的可靠性与方法的正确性，我们利用试验数据进行了对应的理论值的计算，得到了每相邻两个油位高度值对应的出油量值，下面列出了部分计算结果，如表5所示。

表 5　出油量理论值与实测值对比表

显示油高 /mm	出油量 /L	理论出油量/L	绝对误差/L	相对误差	显示油高 /mm	出油量 /L	理论出油量/L	绝对误差/L	相对误差
2483.61	55.00	55.63	0.63	0.0113	2347.37	87.95	87.37	0.58	0.0066
2474.79	189.53	189.51	0.02	0.0001	2341.46	138.59	138.44	0.15	0.0011
2472.37	52.96	52.21	0.75	0.0143	2331.15	241.94	242.58	0.64	0.0026
2469.66	59.96	58.58	1.38	0.0236	2321.11	236.55	237.52	0.97	0.0041
2462.44	154.21	156.63	2.42	0.0155	2318.51	62.47	61.71	0.76	0.0123
2459.47	65.27	64.67	0.60	0.0093	2312.52	143.05	142.50	0.55	0.0039
2449.29	222.81	222.68	0.13	0.0006	2305.25	173.97	173.54	0.43	0.0025
2439.11	223.49	224.26	0.77	0.0034	2299.08	147.01	147.78	0.77	0.0052
2429.89	205.20	204.45	0.75	0.0037	2290.51	206.67	206.02	0.65	0.0031
2426.39	76.96	77.94	0.98	0.0126	2282.23	199.37	199.88	0.51	0.0025
2417.80	192.39	192.05	0.34	0.0018	2277.31	118.74	119.15	0.41	0.0034
2410.61	162.33	161.57	0.76	0.0047	2271.00	153.10	153.22	0.12	0.0008
2398.88	263.86	265.18	1.32	0.0050	2268.84	52.79	52.55	0.24	0.0045
2390.39	193.37	193.14	0.23	0.0012	2257.00	288.44	289.01	0.57	0.0020
2380.39	228.18	228.78	0.60	0.0026	2253.33	89.57	89.90	0.33	0.0037
2373.85	151.83	150.36	1.47	0.0098	2250.27	77.67	75.07	2.60	0.0346
2367.52	146.07	146.08	0.01	0.0001	2244.54	140.75	140.86	0.11	0.0008
2357.27	236.81	237.69	0.88	0.0037	2240.56	97.47	98.05	0.58	0.0059
2354.44	65.60	65.87	0.27	0.0041	2233.66	171.12	170.39	0.73	0.0043
2351.11	77.52	77.64	0.12	0.0016	2228.27	132.29	133.46	1.17	0.0088

计算结果显示，理论计算数据与实验值的最大绝对误差为 2.89 L，最大相对误差为 2.87%，平均相对误差仅为 0.58% 。从表 5 中的数据可以看出，其最大绝对误差为 2.60 L，最大相对误差为 3.46%，平均相对误差仅为 0.04% 。由此可见上述模型比较准确，从而反映出建模方法比较可靠。

5　模型评价与改进

本文主要研究了储油罐的变位识别及罐容表标定问题。针对小椭圆形储油罐，我们根据其空间几何特征建立模型，得到模型后将对应情况的油位高度每间隔 10 mm 代入，整合出初步的罐容表。然后利用实验数据对油位高度为 411 mm 至 1035 mm 范围内的误差值进行内部多项式曲线拟合，得到误差修正项，再对段内的数据进行重新标定，并对修正前后的误差作了比较，发现修正结果较为理想。对于实际的储油罐，经过分析发现两个变位参数可以分开来研究，从而降低了分析的复杂性。接着我们分别研究两个变位参数对罐容量的影响，最终建立了两个变位参数、油位高度与罐内储油量的精确模型。

为了确定变位参数，我们建立了变位参数识别模型，并对储油量的精确模型作了合理的近似，从而能够方便地求解模型。利用 MATLAB 软件，编写了对应的求解程序，最后确定了变位参数的具体值,并对其进行了灵敏度检验。最后将参数代入模型，对罐容表做了标定。根据要求我们给出了罐体变位后油位高度间隔为 100 mm 的罐容表标定值。最后我们对模型进行了准确性与可靠性的检验，通过对实际检测数据表中的每个油位高度进行计算，得到了相邻两个油位高度间变化所对应的进/出油量的理论计算值，将此理论值与实测值比较，发现二者非常接近，平均相对误差仅为 0.58%，从而证明上述模型的准确性与可靠性。

总体而言，我们的计算结果准确度高，模型可靠性好，具有一定的实用性，比较完美地解决了本文研究的问题。不足之处是，由于时间的原因未能对近似算法的误差作出估计。然而我们已经有想法解决这一问题。由于精确模型之所以难以求解是因为模型中参数没有确定，从而不容易进行积分运算。如果我们将近似模型确定的参数值代入精确模型中，再进行求解就会方便很多，这样利用精确模型的求解结果就可以对近似模型的误差作出估计，并可对求解结果作出进一步的修正。

参考文献

[1] 姜英明. 立置凸形封头液位与体积关系[J]. 石油化工设备，2001，30(增刊)：57-59.

[2] 宋叶志，贾东. MATLAB 数值分析与应用[M]. 北京：机械工业出版社，2009.

论文点评

该论文获得 2010 年“高教社杯”全国大学生数学建模竞赛 A 题的一等奖。

1. 论文采用的方法和步骤

(1) 针对小椭圆形储油罐的变位问题，通过对油浮子以及油面位置分三种情况讨论，利用定积分方法给出了储油量与油位高度的关系式，无变位只是它的一种特例，继而给出了储油罐的理论罐容标定表。接着利用多项式曲线拟合对罐容标定表进行了误差修正。最后让变位角在一定范围内变动，进而对纵向变位参数与油位高度以及储油量的关系进行了探讨。

(2) 对于实际的储油罐，发现可对两种变位情况分步探讨。首先考虑纵向倾斜变位影响，针对不同的油位情况，分别讨论了圆柱体、球冠体部分的储油量，通过定积分建立了纵向倾斜角、油位高度和储油量的函数关系。再考虑横向变位影响，通过几何关系，得到了实际的油位高度与油位表指示高度之间的关系。最终结合两种情况讨论，建立了两个变位参数、油位高度与罐内储油量的关系模型。为降低计算复杂度，对关系模型进行了必要近似。为了确定变位参数，需要用所给数据来做反演估计。由于罐体变位后罐内油量的准确值是未知的，显示的油位高度和油量值是不准确的，但进/出油量是准确值。因此，基于各时间段进/出油量实测值与理论值之间误差或残差最小的原则，建立了变位参数识别最小二乘数学模型。对油位高度、纵向变位和横向变位三个参数选定了合适的取值区间，三者组成三维的可行解空间，采用步进遍历方法编程求解，确定最为合适的变位参数。将参数代入关系模型，实现了对罐容表的标定。接着对两个变位参数的灵敏度进行了讨论，发现纵向变位对罐容量的影响较大。最后对模型进行了准确性与可靠性的检验。

2. 论文的优点

该论文对储油罐的变位识别与罐容表标定问题进行了完整的讨论，公式推导仔细、清晰，结果准确、详实，对变位参数的灵敏度作了相对完整的分析。

3. 论文的缺点

该论文对定积分简化计算没有进行误差分析。

第7篇　葡萄酒的分析评价问题①

队员：宋闯(光信息科学与技术)，阳宁凯(信息管理与信息系统)，
葛利(信息安全)
指导教师：数模组

摘　要

本文根据所给数据建立了多种相关统计分析评价模型，对葡萄酒及酿酒葡萄的若干问题进行了分析与评价。

对于问题一，首先采用两配对样本 t 检验方法来评价在显著性水平 $\alpha=0.05$ 下两组评酒员的差异性，在 SPSS 18.0 软件中对两组评酒员进行差异性检验，得到两组评酒员的评价结果具有显著性差异的结果；然后对两组评酒员的评价进行信度与效度分析，信度用于衡量评价的一致性和稳定性，效度用于衡量结果的正确性；最后通过数据比较分析得到结论，第二组评酒员比第一组评酒员更可信。因此，后文分析所用的数据将全部采用第二组评酒员的数据。

对于问题二，首先建立了剔除异常值后的评分控制模型；然后根据评酒员评分区分度，建立了权重确立模型；最后综合分析得到了更为合理的葡萄酒质量分数。对于酿酒葡萄的分级，我们对酿酒葡萄的各指标利用 SPSS 18.0 软件进行了聚类分析，每一聚类代表同一类指标；然后建立主成分分析模型，对每个聚类提取主成分，构造出新的主成分集合；最后再引入葡萄酒质量指标，建立综合评价模型，对酿酒葡萄进行综合评分，并按照划分区间给出分级，该过程采用 MATLAB 2011b 实现。通过对比分析，发现好的葡萄酒的原料一定也是优级的，但是优级的葡萄不一定能酿造出优级的葡萄酒。该模型最大的特色在于将聚类分析与主成分分析相结合，构造了新的综合指标，既达到了多指标降维的目的，又体现了聚类指标的差异性。另外，在其数据处理方面，本文还对特殊指标进行了单独分析，利用模糊理论的知识对特殊指标进行了赋值。

对于问题三，我们建立了灰色关联度模型，以定量分析酿酒葡萄和葡萄酒的理化指标之间的关系。首先，通过 MATLAB 软件对酿酒葡萄的理化指标与葡萄酒的理化指标进行灰色关联分析，得到其灰色关联矩阵；然后，通过对比灰色关联度的大小，筛选出对单个葡萄酒指标影响最主要的酿酒葡萄的指标；最后，求解出每个葡萄酒指标和对其有主要影响的酿酒葡萄指标的多元线性回归方程组，以定量描述两者之间的关系。对于模型拓展部

①此题为 2012 年“高教社杯”全国大学生数学建模竞赛 A 题(CUMCM2012—A)，此论文获该年全国一等奖。

分，我们在葡萄酒指标和酿酒葡萄指标聚类分析的基础上，研究了二者类与类之间的关系，得出相关度最大和最小的葡萄酒指标类簇与酿酒葡萄指标类簇。

对于问题四，首先采用多元线性回归模型，分析酿酒葡萄和葡萄酒的理化指标对葡萄酒质量的影响；然后采用原题附录1中评价葡萄酒质量的4个一级指标(外观因素、香气因素、口感因素、整体因素)，得到4个关于葡萄酒质量的多元线性回归方程；最后通过F检验衡量回归方程的显著性水平。以红葡萄酒为例，检验到红葡萄酒的理化指标主要是与决定红葡萄酒质量的口感因素和整体因素有一定的关联性，然后用多元线性方差来表示与理化指标间的关系；接下来我们对葡萄酒的芳香物质进行了分析与筛选，得出各个芳香物质与对应葡萄酒质量的相关系数，并对其相关系数进行排序和分析，得出以下结论：不能完全用葡萄和葡萄酒的理化指标来评价葡萄酒的质量，最好将芳香物质引入到对葡萄酒质量的评价中。

关键词：两配对样本t检验；聚类分析；主成分分析；综合评价法；灰色关联分析；多元线性回归

1　问题重述

确定葡萄酒质量时一般是通过聘请一批有资质的评酒员进行品评。每个评酒员在对葡萄酒进行品尝后对其分类指标评分，然后求和得到其总分，从而确定葡萄酒的质量。所酿葡萄酒的质量与酿酒葡萄的好坏有直接的关系，检测葡萄酒和酿酒葡萄的理化指标会在一定程度上反映葡萄酒和葡萄的质量。原题附件1给出了某一年份一些葡萄酒的评价结果，原题附件2和附件3分别给出了该年份这些葡萄酒和酿酒葡萄的成分数据。请尝试建立数学模型讨论下列问题：

(1) 分析两组评酒员的评价结果有无显著性差异，哪一组结果更可信？

(2) 根据酿酒葡萄的理化指标和葡萄酒的质量对这些酿酒葡萄进行分级。

(3) 分析酿酒葡萄与葡萄酒的理化指标之间的联系。

(4) 分析酿酒葡萄和葡萄酒的理化指标对葡萄酒质量的影响，并论证能否用葡萄和葡萄酒的理化指标来评价葡萄酒的质量？

2　问题假设

本文研究基于以下基本假设：

(1) 假设所有样本的酿酒工艺一致。

(2) 每种葡萄的生长环境常年相对不变，葡萄质量具有地域区别性。

(3) 评酒员抛开个人的喜好，排除时间、地点、环境和情绪等的影响，能够进行比较准确的感官分析。

(4) 评酒员能够充分发挥主观能动性，将获得的感觉与大脑中储存的感官质量标准进行比较分析。

(5) 评酒员具备嗅觉的敏感性、品尝的准确性、表达的精确性等基本素质。

3 数据的显著性差异检验与信度和效度分析

3.1 显著性差异检验

问题一要求分析两组评酒员的评价是否有显著性差异，并比较哪一组的结果更可信。对于显著性检验问题，我们采用两配对样本 t 检验方法，该方法的目的是利用来自两个不同总体的配对样本数据推断两个总体是否存在显著性差异。但该样本数据必须满足两个要求：一是两组样本数量相同；二是两组样本观察值顺序必须一一对应，不可随意更改。

两配对样本 t 检验基本步骤如下：

(1) 提出原假设。两配对样本 t 检验的原假设为两总体均值无显著性差异，表述为 H_0：$\mu_1-\mu_2=0$，μ_1 和 μ_2 分别为第一个和第二个总体的均值。

(2) 选择统计量。两配对样本 t 检验采取 t 统计量，求出两组数据的差值作为统计样本，通过检验样本数据的均值是否显著性为 0 来推断两组数据是否具有显著性差异。

(3) 计算检验统计量和 P 值。将两组样本数据输入 SPSS 18.0 软件，计算出两配对样本 t 检验的 P 值。

(4) 给定显著性水平 α，作出决策。给出显著性水平 α，与检验统计量 P 值作比较，如果 P 值小于 α，则拒绝原假设，认为两总体有显著性差异，反之则不拒绝原假设，认为两总体没有显著性差异。

对记录的 10 个评酒员对红、白葡萄酒的 4 个项目评分数据进行整理，得到每个评酒员对每种葡萄酒样的质量评分期望，见数字课程网站，运用 SPSS 18.0 软件对红、白葡萄酒进行两配对样本 t 检验，结果见表 1。

表 1 两组评酒员对葡萄酒评价的两配对样本 t 检验结果

组别		成对差分					t(t 检验的值)	df(自由度)	Sig.(双侧概率值)
		均值	标准差	均值的标准差	差分的 95% 置信区间				
					下限	上限			
对 1	第一组红葡萄酒 第二组红葡萄酒	2.54074	5.37188	1.03382	0.41569	4.66579	2.458	26	0.021
对 2	第一组白葡萄酒 第二组白葡萄酒	−2.27143	5.50386	1.04013	−4.40560	−0.13725	−2.184	27	0.038

表 1 中，第三列是两组评酒员对所有葡萄酒评分的平均差异；第四列是差值样本的标准差；第五列是均值的标准差；第六列和第七列分别是样本 95%置信区间的下限和上限；第八列是 t 检验统计量的观测值；第十列是 t 检验统计观测值对应的双尾概率 P 值。假设显著性水平 $\alpha=0.05$，由于概率 P 值小于显著性水平 α，应拒绝原假设，即认为两组评酒员的结果有显著性差异。

3.2 对两组评价的信度和效度分析

问题一要求找出对葡萄酒评价更可信的一组，在这里，我们通过信度和效度这两个指标来做定量分析。目前，信度和效度这两个概念在做问卷调查时运用得比较多，主要用于评判问卷调查的准确性和科学性。在对该题的评分信度进行评价时，可以借鉴这种方法。

信度是指调查结果所具有的一致性和稳定性程度。所谓一致性，是指同一调查项目调查结果的一致程度。所谓稳定性，则是指前后不同的时间内，对相同受访者在不同时空下接受同样问卷调查时的差异程度。对于本文，可以将其当作对 10 个受访者(10 个评酒员)分别做了 27 个(红葡萄酒样本数)和 28 个(白葡萄酒样本数)问卷调查。

效度通常是指测量结果的正确程度，即测量结果与试图要达到的目标之间的接近程度，就调查问卷而言，效度是指能够在多大程度上反映它所测量的理论概念。本文用 10 个评酒员的均值作为真实值，用效度来衡量各组评酒员与真实值的接近程度。

3.2.1　信度检验

检查信度的方法有多种，针对本文葡萄酒评分具有连续性的特点，我们选用基于方差分析的内部相关系数(ICC)来评价数据的信度。

假定有 n 对数据 (x_{1i}, x_{2i})，$i=1, 2, \cdots, n$，计算 ICC 的公式为

$$\mathrm{ICC} = \frac{\sum_{i=1}^{n}(x_{1i}-\overline{x})(x_{2i}-\overline{x})}{(n-1)S_x^2}$$

式中，$\overline{x}$ 为 x_1 和 x_2 的联合均值，且

$$\overline{x} = \frac{\sum_{j=1}^{2}\sum_{i=1}^{n}x_{ji}}{2n}$$

S_x^2 为 x_1 和 x_2 的联合方差，且

$$S_x^2 = \frac{\sum_{i=1}^{n}(x_{1i}-\overline{x})^2 + \sum_{i=1}^{n}(x_{2i}-\overline{x})^2}{2n-2}$$

一般来说，ICC 大于 0.75 表示该组数据的信度极好，ICC 在 0.6～0.75 表示该组数据的信度较好。

在假设模型不同的情况下，ICC 可得到不同的值。模型包括 3 种：① 单因素随机效用模型；② 两因素随机效用模型；③ 两因素混合效用模型。模型②适合于从一个无限大的样本总体中随机抽取样本，统计推断要推广到该总体情况，故适合于问题一中对两组评酒员的评价信度检验。

用 SPSS 18.0 软件在两因素随机效用模型下求解的内部相关系数如表 2 所示。

表 2　对红葡萄酒和白葡萄酒评分的内部相关系数

组　别	内部相关性	95%置信区间	
		下限	上限
第一组红葡萄酒评分	0.862	0.767	0.927
第二组红葡萄酒评分	0.912	0.853	0.954
第一组白葡萄酒评分	0.697	0.458	0.84
第二组白葡萄酒评分	0.779	0.633	0.883

由表 2 得到结论：无论是对红葡萄酒还是对白葡萄酒的评分，第二组的内部相关性都要高于第一组，即第二组的信度比第一组的信度高。

3.2.2 效度检验

效度是衡量测量有效性的一个重要指标，可以从 3 个不同角度衡量，分别为：① 内容效度；② 校标关联效度；③ 架构效度。由于本文没有牵涉到①、③两方面，故我们用校标关联效度来检验效度。校标关联效度用于衡量测量结果和真实结果之间的一致性程度。计算效度需要假定或定义一个有效的外在标准，我们定义 10 名评酒员对一种葡萄酒的平均得分即为该葡萄酒的真实质量。

本文中的葡萄酒评分为连续性变量，用 Pearson 相关系数来衡量校标关联效度。Pearson相关系数是一种线性相关系数，是用来反映两个变量线性相关程度的统计量，两组数据 x_i，y_i($i=1, 2, \cdots, n$)的 Pearson 相关系数的数学表达式为

$$r=\frac{n\sum x_iy_i-\sum x_i\sum y_i}{\sqrt{n\sum x_i^2-\left(\sum x_i\right)^2}\sqrt{n\sum y_i^2-\left(\sum y_i\right)^2}}$$

运用 SPSS 18.0 软件计算两组评酒员的 Pearson 相关系数，如表 3 所示。

表 3 两组评酒员的校标关联度

第一组红葡萄酒平均值	Pearson 相关性	0.867**	第一组白葡萄酒平均值	Pearson 相关性	0.641**
	显著性(双侧)	0		显著性(双侧)	0
	样本个数	27		样本个数	28
第二组红葡萄酒平均值	Pearson 相关性	0.963**	第二组白葡萄酒平均值	Pearson 相关性	0.884**
	显著性(双侧)	0		显著性(双侧)	0
	样本个数	27		样本个数	28

注：** 表示在 0.01 水平(双侧)上显著相关

通常情况下，相关系数 r 的取值范围在 1～0.8，表示极可信；取值范围在 0.6～0.8，表示很可信；取值范围在 0.4～0.6，表示中等程度可信；取值范围在 0.2～0.4，表示不太可信；小于 0.2，即为不可信。两组评酒员对红葡萄酒的评价相关系数都大于 0.8，即他们对红葡萄酒的评价结果都很可信，但第二组评酒员的相关系数明显高于第一组，所以第二组评价结果比第一组更可信。对白葡萄酒的评价，第二组评酒员评价结果落在极可信范围内，第一组落在很可信范围内，所以对白葡萄酒的评价结果，第二组比第一组评价结果更可信。

总体来说，第二组评酒员比第一组评酒员更可信。

4 关于葡萄酒质量评分数据的处理模型

4.1 问题分析

在问题一中，我们通过信度和效度的分析，论证了第二组评酒员的评价数据信度更高。但是由于评酒员自身的原因，对于第二组内 10 个评酒员对各指标的评分仍然存在偏

差，这些偏差主要体现在评酒员评分的宽严程度差异和评酒员本身评分的一致性上。

目前常用的简单易行的方法是直接将评酒员的评分加权计算平均数，或者是机械地先“去掉一个最高分，去掉一个最低分”，再计算其算术平均数。这样的方法并没有很好地利用数据，排除异常值(由于评酒员的个人情感或者其他自身原因造成的异常)。

对于这样的情况，我们将根据最终评分数据通过对有关指标的统计分析及其检验，选取指标并建立葡萄酒质量评分数据修正模型，对评酒员评分偏差导致的各种问题进行分析，以得到更加合理的能反映葡萄酒质量的数值。

4.2　分析指标的选取

对于评酒员的评分数据，我们主要考虑以下三个指标：

(1) 对于葡萄酒而言，其得分近似服从正态分布 $N(\mu, \sigma^2)$。

(2) 评酒员的评分是否公平合理。对于该指标，我们将采用各种葡萄酒的得分偏差来衡量。

(3) 评酒员的评分是否具有区分性。对于该指标，我们将采用各评酒员的评分区分度来衡量。

4.3　评分异常值的剔除

首先，我们在各种葡萄酒得分近似服从正态分布 $N(\mu, \sigma^2)$的原则下，利用 SPSS 18.0 软件进行了统计分析，各种酒的 μ 对应了其得分期望，σ^2 对应了其得分方差。以 i 号葡萄酒为例，可知道其得分 x_{ij} $(j=1, 2, \cdots, m)$独立同分布，且都服从正态分布 $N(\mu, \sigma^2)$，其中 $\mu_i \overset{\Delta}{=} \overline{x_i}$，$\sigma^2 \overset{\Delta}{=} S^2$。

然后，在上述条件下，将 $\mu \pm 2\sigma$ 作为其正常值判定区间，直接将其异常值剔除。处理后的数据见数字课程网站。

4.4　基于区分度控制下的权重确立模型

我们用 x_{ij} 表示第 j 个评酒员对第 i 种葡萄酒的评分，在确立模型过程中用到的变量如下所述：

(1) $y_{ij}^2 = (x_{ij} - \overline{x_i})^2$ 为第 j 个评酒员在对第 i 种葡萄酒评分上的偏差平方。

(2) $W_{\cdot j} = \sum_{i=1}^{n} y_{ij}^2 w_i$ 为第 j 个评酒员的偏差系数，其中 w_i 为第 i 种葡萄酒的评分吻合度权重，总评分的高低决定了葡萄酒胜出的可能性大小，即

$$w_i = \frac{\overline{x_i}}{\sum_{i=1}^{n} \overline{x_i}}$$

(3) $S_{\cdot j}^2 = \frac{1}{n-1} \sum_{i=1}^{n} (x_{ij} - \overline{x_{\cdot j}})^2$ 为第 j 个评酒员评分的样本方差，其中 $\overline{x_{\cdot j}} = \frac{1}{n} \sum_{i=1}^{n} x_{ij}$，该样本方差越大说明该评酒员的评分越容易区分。

(4) $SS_j = \frac{S_{\cdot j}^2}{W_{\cdot j}}$ 为第 j 个评酒员评分的区分度，该值的大小体现了区分性的高低。

(5) $S_i^2 = \frac{1}{m}\left\{\sum_{j=1}^{m}(x_{ij}-\overline{x_i})^2-(\max_j\{x_{ij}\}-\overline{x_i})^2-(\min_j\{x_{ij}\}-\overline{x_i})^2\right\}$为第 i 种葡萄酒的有效方差。

(6) $S^2 = \sum_{i=1}^{n} S_i^2 w_i$ 为系统评分方差，即每种葡萄酒的有效方差的加权之和。

研究每个评酒员的自身一致性问题，即该评酒员所作评分除了满足吻合度高外，同时也应该体现出高区分度。当然，如果所有葡萄酒的水平相当，则出现高区分度的可能性将大大降低。由区分度的定义：

$$SS_j = \frac{S_{\cdot j}^2}{W_{\cdot j}} \qquad j=1, 2, \cdots, m$$

可知，$S_{\cdot j}^2$体现评酒员 j 自身评分的离散程度，而 $W_{\cdot j}$体现了评酒员 j 评分的偏差程度。这样 SS_j 就可以在满足吻合程度的前提下，体现评酒员 j 的区分能力。如果评酒员对所有种葡萄酒的评分都集中在某个值附近，则必然导致 $S_{\cdot j}^2$偏小，而 $W_{\cdot j}$偏大，最终导致区分度 SS_j 的值将相对特别小。我们将根据其区分度对评酒员的评分权重给予修正。由于剔除了异常值的影响，对于某些样品，其评酒员数量不为 10 人，其权重将按其拥有的数据进行权重的重新确立。考虑到篇幅的原因，表 4 仅给出第一组红酒的 10 人的权重。

表 4　权重分配表

第一组红酒	评酒员 1	评酒员 2	评酒员 3	评酒员 4	评酒员 5	评酒员 6	评酒员 7	评酒员 8	评酒员 9	评酒员 10
评分区分度	1.442	3.225	2.821	0.693	1.949	2.243	2.557	2.704	0.692	0.583
权重	0.076	0.171	0.149	0.037	0.103	0.119	0.135	0.143	0.037	0.031

综合以上两部分内容，我们将建立去异常值加权平均评价模型，用于合理给出各葡萄酒的质量得分。整个过程我们利用了 Excel 2007 进行数据的处理分析，修正前后的红葡萄酒与白葡萄酒综合评分详细对比如表 5 所示。

表 5　修正前后的红葡萄酒与白葡萄酒综合评分

红葡萄酒样本	原始期望	修正得分	原始排名	现在排名	白葡萄酒样本	原始期望	修正得分	原始排名	现在排名
1	63	62.69	24	24	1	82	84.66	2	2
2	80	81.52	4	2	2	74.2	76.23	13	13
3	80	81.49	3	3	3	85.3	85.41	1	1
4	69	67.4	23	22	4	79.4	80.84	5	6
5	73	73.77	15	16	5	71	73.7	23	21
6	72	70.76	19	19	6	68.4	67.27	25	26
7	72	70.31	20	20	7	77.5	78.07	8	9
8	72	70.85	18	18	8	71.4	74.25	22	20
9	82	80.04	2	6	9	72.9	75.2	17	17
10	74	75.32	13	13	10	74.3	77.32	12	10

续表

红葡萄酒样本	原始期望	修正得分	原始排名	现在排名	白葡萄酒样本	原始期望	修正得分	原始排名	现在排名
11	70	67.39	21	23	11	72.3	74.83	19	18
12	54	51.17	27	27	12	63.3	65.29	28	28
13	75	76.59	12	11	13	65.9	66.99	26	27
14	73	74.88	16	15	14	72	74.65	21	19
15	59	54.86	26	26	15	72.4	75.21	18	16
16	75	75.74	11	12	16	74	75.99	14	15
17	79	78.81	5	8	17	78.8	81.6	6	5
18	60	58.67	25	25	18	73.1	76.3	16	12
19	79	80.4	6	4	19	72.2	71.04	20	24
20	79	79.13	7	7	20	77.8	78.81	7	8
21	77	78.62	10	9	21	76.4	78.84	10	7
22	77	77.59	9	10	22	71	73.19	24	22
23	86	86.86	1	1	23	75.9	77.06	11	11
24	78	80.2	8	5	24	73.3	72.04	15	23
25	69	69.95	22	21	25	77.1	76.15	9	14
26	74	74.88	14	14	26	81.3	83.59	3	3
27	73	72.35	17	17	27	64.8	68.25	27	25
					28	81.3	81.76	4	4

从以上数据看，剔除异常值后，利用新的评价模型，使得修正后的数据更加合理，排名部分发生了变化，尤其是对于排名靠后的样品。

5　基于综合评价法的酿造葡萄分级模型

5.1　问题分析

问题二要求根据酿酒葡萄的理化指标和葡萄酒的质量对这些酿酒葡萄进行分级。对于多指标评价中的排序问题，涉及大量指标的处理，我们首先考虑到其指标具有相关性，于是想到用主成分分析法将多指标转化为少数几个综合指标以达到降维的目的，但另一方面又考虑到数据除了具有相关性还具有类别性，我们利用聚类分析法将多个指标进行分类，将主成分分析与聚类分析两种统计方法结合起来，采用“主成分聚类分析法”，最后再利用综合评价法对酿酒葡萄进行评分并排序、分级。

具体操作步骤如下：首先，对酿酒葡萄各指标进行聚类分析，将指标分成若干个类，每个聚类属于同一类指标，该过程我们将使用 SPSS 18.0 软件实现；其次，对每个聚类指标进行主成分分析，获得该聚类指标的主成分集合；然后，再确立主成分聚类分析综合评价函数；最后，引入葡萄酒质量得分指标，建立综合评价模型对酿酒葡萄进行评价、排序并分级。其中，权重的确立采用的是经验赋值法，后面整个过程我们将使用 MATLAB 软件实现。

5.2 建模思路

整个过程的建模思路如下：

数据处理(无量纲化)→指标的聚类分析→各聚类指标的主成分分析→引入葡萄酒质量指标并建立综合评价模型→葡萄质量评分和分级

5.3 各指标数据的初步相关性分析

在数据的初步分析中，我们利用 Excel 2007 分析了酿酒葡萄的各指标与葡萄酒质量的关系密切程度，对其作了相关性分析，并得到了以下结果，见表 6。

表 6 酿酒葡萄理化指标与葡萄酒质量的相关性

指　　标	相关系数	显著程度	指　　标	相关系数	显著程度
葡萄总黄酮	0.58	(* *)	果穗质量	0.15	(*)
DPPH 自由基 1/IC50	0.57	(* *)	L *	0.06	(*)
b *(＋黄；－蓝)	0.53	(* *)	VC 含量	0.06	(*)
pH 值	0.49	(* *)	褐变度	0.05	(*)
蛋白质	0.46	(* *)	果皮质量	0.04	(*)
总酚	0.45	(* *)	百粒质量	0.01	(*)
果梗比	0.38	(* *)	多酚氧化酶活力	(0.05)	(*)
黄酮醇	0.33	(* *)	总糖	(0.08)	(*)
出汁率	0.32	(* *)	还原糖	(0.13)	(*)
酒石酸	0.29	(*)	干物质含量	(0.16)	(*)
固酸比	0.26	(*)	柠檬酸	(0.17)	(*)
单宁	0.25	(*)	可溶性固形物	(0.24)	(*)
白藜芦醇	0.18	(*)	果皮颜色	(0.26)	(*)
花色苷	0.18	(*)	苹果酸	(0.28)	(*)
氨基酸总量	0.16	(*)	可滴定酸	(0.41)	(* *)

注：带括号“()”的是呈现负相关

通过简单的相关性分析，可以得到酿酒葡萄对葡萄酒质量影响显著的指标是：葡萄总黄酮、DPPH 自由基、b *(＋黄；－蓝)、pH 值、蛋白质、总酚、可滴定酸、果梗比、黄酮醇、出汁率。但是该分析只反映了两两指标间的相关系数，并没有反映出各指标内生变量的联系。

为了更加精确地分析各指标的内在联系以及与葡萄酒质量的关系，我们建立了主成分分析模型，将多个指标线性重组，并排除关联性极小的指标，以达到降维的目的，使接下来的分析更加合理且方便。

5.4　对特殊指标的处理

特别提出的是，对于红葡萄果皮颜色指标的处理，考虑到“b＊(＋黄；－蓝)”指标的数值有负值出现，我们首先单独选取了酿酒葡萄的该指标与葡萄酒质量进行了分析，根据葡萄酒质量得分排序与所含色素含量排序作了对比，发现含有蓝色色素的葡萄所酿葡萄酒的得分排序集中在后面，而含黄色色素的葡萄所酿葡萄酒的得分排序集中在前面，更仔细地分析，发现含黄色色素较少(基本为 0)的葡萄所酿葡萄酒的得分排序也排在后面，而含量中等的葡萄所酿葡萄酒的得分排序多出现在前面。对此，我们利用模糊理论，对“b＊(＋黄；－蓝)”进行了人为的赋值处理，将色素分为 3 个等级，分别赋予 1、3、5 分。

而同样的，再对白葡萄果皮中颜色指标进行分析时，我们发现其“a＊(D65)”和“b＊(D65)”指标与所酿葡萄酒质量没有明确关系，于是为了简化数据处理，我们直接剔除该组数据。处理后的指标见数字课程网站。

5.5　酿酒葡萄各指标的聚类分析

我们利用聚类分析对酿酒葡萄的多个指标进行分类。利用数值分类方法按照某种相似性或差异性指标，定量地确定样本之间的亲疏关系，并按这种亲疏关系程度对样本进行聚类。在这个模型中，我们将采取系统聚类法。

5.5.1　数据的无量纲化(标准化)处理

考虑到葡萄各指标的单位和数量级不一样，我们首先对数据进行了无量纲化处理，具体方法采用了 Z-Scores 标准化变换，即令

$$x_{ij}^{*}=\begin{cases}\dfrac{x_{ij}-\overline{x_j}}{S_j} & S_j\neq 0\\ 0 & S_j=0\end{cases}\qquad (i=1,\ 2,\ \cdots,\ n;\ j=1,\ 2,\ \cdots,\ m)$$

5.5.2　构造关系矩阵(亲疏关系的描述)

描述变量或样本的亲疏程度的数量指标有两种：相似系数与距离，但方法有很多，我们将采用 Pearson 相关系数来衡量酿酒葡萄指标的亲疏程度，具体数学公式如下：

$$r_{xy}=\frac{\sum_{i} Zx_i Zy_i}{n-1}$$

其中，Zx_i 是 x_i 的标准值。

5.5.3　聚类方法的选择

对于具体聚类方法的选择，我们采用了组间平均距离连接法(between-groups linkage)，具体方法是：合并两类的结果使所有的两两项对之间的平均距离最小(相对的两成员分属不同类)。

5.5.4　谱系分类的确定

我们设定酿酒葡萄指标所对应的编号如表 7 所示。

表 7 酿酒葡萄指标与编号

1	2	3	4	5	6	7	8	9	10
氨基酸总量	蛋白质	VC 含量	花色苷	酒石酸	苹果酸	柠檬酸	多酚氧化酶活力	褐变度	DPPH 自由基 1/IC50
11	12	13	14	15	16	17	18	19	20
总酚	单宁	葡萄总黄酮	白藜芦醇	黄酮醇	总糖	还原糖	可溶性固形物	pH 值	可滴定酸
21	22	23	24	25	26	27	28	29	30
固酸比	干物质含量	果穗质量	百粒质量	果梗比	出汁率	果皮质量	L *	果皮颜色	b *（+黄；—蓝）

最后我们将根据聚类图和题目需要确定适当的分类方式。整个过程我们采用 SPSS 软件实现，图 1 是红色酿酒葡萄的各指标聚类图(考虑篇幅，白色葡萄的聚类结果见数字课程网站)。

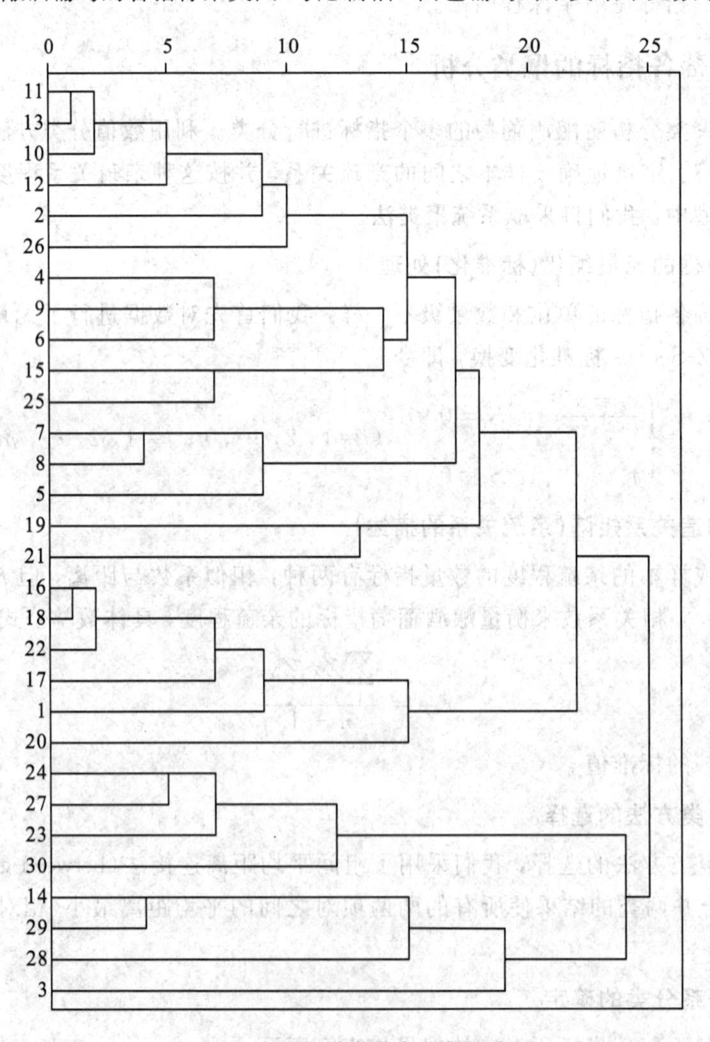

图 1 红色酿酒葡萄的各指标聚类图

红色酿酒葡萄的指标聚类结果如下：（编号与指标的对应关系见数字课程网站）

第一类：$C_1=\{1, 16, 17, 18, 20, 22\}$

第二类：$C_2=\{2, 4, 5, 6, 7, 8, 9, 10, 11, 12, 13, 15, 19, 21, 25, 26\}$

第三类：$C_3=\{23, 24, 27, 30\}$

第四类：$C_4=\{3, 14, 28, 29\}$

同理，我们可以得到白色酿酒葡萄的指标聚类结果如下：

第一类：$D_1=\{3, 4, 5, 8, 21, 23, 27\}$

第二类：$D_2=\{25, 26, 28, 29\}$

第三类：$D_3=\{1, 2, 6, 7, 9, 10, 11, 12, 13, 14, 15, 16, 17, 18, 19, 20, 22, 24, 30\}$

5.6　基于主成分分析的聚类后指标综合

对于已经分好类的指标，我们将利用主成分分析对各类指标进行线性重组，以达到降维的目的，并消除指标间相关性带来的负面影响。

设原酿酒葡萄的指标分别是 x_1，x_2，…，x_p，其构成的 p 维随机向量为 $\boldsymbol{x}=(x_1, x_2, \cdots, x_p)^{\mathrm{T}}$，$E(\boldsymbol{x})=\boldsymbol{u}$ 为期望向量，$D(\boldsymbol{x})=\boldsymbol{V}$ 为协方差矩阵。主成分分析后得到的新指标 y_1，y_2，…，y_m 均是x_1，x_2，…x_p的线性组合($p>m$)，即

$$\begin{cases} y_1=u_{11}x_1+u_{12}x_2+\cdots+u_{1p}x_p \\ y_2=u_{21}x_1+u_{22}x_2+\cdots+u_{2p}x_p \\ \vdots \\ y_m=u_{m1}x_1+u_{m2}x_2+\cdots+u_{mp}x_p \end{cases}$$

或写成

$$\boldsymbol{Y}=\boldsymbol{U}^{\mathrm{T}}\boldsymbol{X}$$

其中

$$\boldsymbol{U}=\begin{bmatrix} u_{11} & u_{12} & \cdots & u_{1p} \\ u_{21} & u_{22} & \cdots & u_{2p} \\ \vdots & \vdots & & \vdots \\ u_{m1} & u_{m2} & \cdots & u_{mp} \end{bmatrix}=[\boldsymbol{U}_1, \boldsymbol{U}_2, \cdots, \boldsymbol{U}_p]$$

y_1，y_2，…，y_m称为主成分，其中 y_1 为第一主成分，y_2 是第二主成分，以此类推。我们将找出系数矩阵 $\boldsymbol{U}$，得到x_1，x_2，…，x_p的线性组合来表示各主成分。其具体计算步骤如下所述。

5.6.1　原始数据矩阵的处理

设原始数据矩阵为

$$\boldsymbol{X}=\begin{bmatrix} x_{11} & x_{12} & \cdots & x_{1p} \\ x_{21} & x_{22} & \cdots & x_{2p} \\ \vdots & \vdots & & \vdots \\ x_{n1} & x_{n2} & \cdots & x_{np} \end{bmatrix}$$

式中，x_{ij} 表示影响元素，$i=1, 2, \cdots, n$ 分别代表酿酒葡萄的各指标，$j=1, 2, \cdots, p$ 分别代表对应的酿酒葡萄样品。

5.6.2　各指标数据的标准化处理

与上述聚类分析中的数据处理一样，为了使指标具有可比性，我们将对数据进行无量纲化处理。对于该模型，我们将采用最常用的标准化变换：

$$x_{ij}{}^{*}=\begin{cases}\dfrac{x_{ij}-\overline{x_{\cdot j}}}{S_{\cdot j}} & S_{\cdot j}\neq 0\\ 0 & S_{\cdot j}=0\end{cases}\qquad (i=1, 2, \cdots, n;\ j=1, 2, \cdots, m)$$

式中，$\bar{x}_{\cdot j}=\dfrac{1}{n}\sum\limits_{i=0}^{n}x_{ij}$，$S_{\cdot j}=\dfrac{1}{n-1}\sum\limits_{i=0}^{n}(x_{ij}-\overline{x_{\cdot j}})^{2}$。

5.6.3　计算出相关系数矩阵

相关系数矩阵为

$$\boldsymbol{R}=\begin{bmatrix}r_{11} & r_{12} & \cdots & r_{1p}\\ r_{21} & r_{22} & \cdots & r_{2p}\\ \vdots & \vdots & & \vdots\\ r_{p1} & r_{p2} & \cdots & r_{pp}\end{bmatrix}$$

其中，

$$r_{ij}=\frac{\sum\limits_{k=1}^{n}(x_{ki}-\overline{x_{i}})(x_{ij}-\overline{x_{j}})}{\sqrt{\sum\limits_{k=1}^{n}(x_{ki}-x_{i})^{2}\sum\limits_{k=1}^{n}(x_{kj}-\overline{x_{j}})^{2}}}$$

因为 $\boldsymbol{R}$ 是实对称矩阵(即 $r_{ij}=r_{ji}$)，所以只需计算出上三角元素或下三角元素。

5.6.4　计算特征值与特征向量

首先解出特征方程 $|\lambda\boldsymbol{I}-\boldsymbol{R}|=0$，求出特征值 $\lambda_i (i=1, 2, \cdots, p)$，并使其按大小顺序排列，即 $\lambda_1>\lambda_2>\cdots>\lambda_p$；然后分别求出对应于特征值 λ_i 的特征向量 $\boldsymbol{e}_i (i=1, 2, \cdots, p)$，这里要求 $\|\boldsymbol{e}_i\|=1$，即 $\sum\limits_{j=1}^{p}e_{ij}^{2}=1$，其中 e_{ij} 表示向量 $\boldsymbol{e}_i$ 的第 j 个分量。

5.6.5　计算主成分贡献率及累计贡献率

主成分 λ_i 的贡献率为

$$\frac{\lambda_i}{\sum\limits_{k=1}^{p}\lambda_k}\quad i=1, 2, \cdots, p$$

累计贡献率为

$$\frac{\sum\limits_{k=1}^{i}\lambda_k}{\sum\limits_{k=1}^{p}\lambda_k}\quad i=1, 2, \cdots, p$$

一般累计贡献率达 85%以上的特征值 λ_1，λ_2，…，λ_m 所对应的为第一、第二、…第 m($m \leqslant p$)个主成分。

5.6.6　计算主成分载荷

主成分载荷的计算公式为

$$l_{ij}=p(x_i, x_j)=\sqrt{\lambda_i e_{ij}} \quad i, j=1, 2, \cdots, p$$

得到各主成分的载荷以后，按照

$$z_{ij} = \sum_{k=1}^{n} x_{ik} l_{kj}$$

计算各样本的得分(综合评价)，即

$$\boldsymbol{Z}=\begin{bmatrix} z_{11} & z_{12} & \cdots & z_{1m} \\ z_{21} & z_{22} & \cdots & z_{2m} \\ \vdots & \vdots & & \vdots \\ z_{n1} & z_{n2} & \cdots & z_{nm} \end{bmatrix}$$

分别对 C_1、C_2、C_3、C_4 类指标做主成分分析，其每类对应的主成分元素集为

$$Y_1=\{y_{11}, y_{12}, y_{13}\}$$

$$Y_2=\{y_{21}, y_{22}, y_{23}, y_{24}, y_{25}, y_{26}\}$$

$$Y_3=\{y_{31}, y_{32}, y_{33}\}$$

$$Y_4=\{y_{41}, y_{42}, y_{43}\}$$

其中 C_1 的主成分分析结果如表 8、表 9 所示。

表 8　特征值排序

C_1 特征值排序	3.84	0.87	0.59	0.48	0.11	0.10
贡献率	64.07%	14.57%	9.82%	8.02%	1.91%	1.61%
累计贡献率	64.07%	78.64%	88.46%	96.48%	98.39%	100.00%

表 9　主成分载荷

主成分载荷	y_{11}	y_{12}	y_{13}
x_1	−0.71	−0.19	−0.57
x_{16}	−0.91	−0.15	0.01
x_{17}	−0.78	−0.13	0.48
x_{18}	−0.90	0.06	−0.10
x_{20}	−0.44	0.89	−0.04
x_{22}	−0.95	−0.08	0.14

我们可以得到 C_1 类指标的主成分表达式：

$$y_{11}=-0.71x_1-0.91x_{16}-0.78x_{17}-0.90x_{18}-0.44x_{20}-0.95x_{22}$$

$$y_{12}=-0.19x_1-0.15x_{16}-0.13x_{17}+0.06x_{18}+0.89x_{20}-0.08x_{22}$$

$$y_{13}=-0.57x_1+0.01x_{16}+0.48x_{17}-0.10x_{18}-0.04x_{20}+0.14x_{22}$$

同理我们可以得到 C_2、C_3、C_4 类指标的主成分表达式：

$$\begin{aligned}y_{21}=&0.69x_2+0.87x_4+0.39x_5+0.39x_6+0.33x_7\\&+0.57x_8+0.62x_9+0.84x_{10}+0.87x_{11}+0.77x_{12}\\&+0.77x_{13}+0.52x_{15}+0.28x_{19}+0.42x_{21}+0.59x_{25}+0.56x_{26}\end{aligned}$$

$$\begin{aligned}y_{22}=&0.37x_2-0.20x_4-0.04x_5-0.76x_6-0.68x_7\\&-0.67x_8-0.53x_9+0.40x_{10}+0.31x_{11}+0.09x_{12}+0.40x_{13}\\&-0.04x_{15}+0.62x_{19}-0.20x_{21}-0.10x_{25}+0.29x_{26}\end{aligned}$$

$$\begin{aligned}y_{23}=&-0.36x_2+0.25x_4-0.80x_5+0.28x_6-0.43x_7\\&-0.35x_8+0.31x_9+0.05x_{10}+0.12x_{11}+0.31x_{12}+0.13x_{13}\\&+0.06x_{15}-0.43x_{19}-0.49x_{21}+0.14x_{25}+0.19x_{26}\end{aligned}$$

$$\begin{aligned}y_{24}=&0.17x_2-0.16x_4+0.01x_5-0.27x_6+0.05x_7-0.18x_8\\&+0.12x_9+0.08x_{10}-0.15x_{11}-0.08x_{12}-0.19x_{13}\\&+0.73x_{15}-0.09x_{19}-0.17x_{21}+0.61x_{25}-0.42x_{26}\end{aligned}$$

$$\begin{aligned}y_{25}=&-0.04x_2-0.13x_4+0.35x_5-0.17x_6+0.30x_7\\&+0.13x_8-0.24x_9+0.06x_{10}+0.02x_{11}+0.30x_{12}\\&+0.17x_{13}-0.02x_{15}-0.40x_{19}-0.62x_{21}-0.09x_{25}+0.09x_{26}\end{aligned}$$

$$\begin{aligned}y_{26}=&0.18x_2+0.04x_4-0.07x_5-0.11x_6+0.19x_7\\&-0.09x_8+0.12x_9-0.18x_{10}-0.26x_{11}+0.07x_{12}-0.26x_{13}\\&+0.07x_{15}+0.12x_{19}-0.07x_{21}+0.01x_{25}+0.54x_{26}\end{aligned}$$

$$y_{31}=0.83x_{23}+0.87x_{24}+0.87x_{27}+0.65x_{30}$$

$$y_{32}=0.29x_{23}+0.23x_{24}+0.06x_{27}-0.75x_{30}$$

$$y_{33}=0.44x_{23}-0.09x_{24}-0.41x_{27}+0.11x_{30}$$

$$y_{41}=0.34x_3+0.9x_{14}+0.60x_{28}+0.86x_{29}$$

$$y_{42}=-0.93x_3+0.03x_{14}-0.02x_{28}+0.35x_{29}$$

$$y_{43}=0.10x_3+0.29x_{14}-0.80x_{28}+0.21x_{29}$$

同理，对于白葡萄，我们仍然可以采用同样的方法得到其主成分表达式，考虑篇幅的原因，这里不再一一列出。

5.7 酿酒葡萄理化指标得分的综合评价模型

对于红色葡萄的聚类结果，我们在上文中可知，$C=\{C_1, C_2, C_3, C_4\}$，而每一类的主成分分析结果为 $Y=\{Y_1, Y_2, Y_3, Y_4\}$，其中 $Y_q=\{Y_{q_1}, Y_{q_2}, Y_{q_3}, \cdots, Y_{q_n}\}$ 为第 q 类指标的主成分集合，Y_{q_n} 为第 q 类指标的第 n 类成分。

若 h_{qp} 为第 q 类指标第 p 个主成分的权重，则线性组合 $F_q=\sum_{p=1}^{t}h_{qp}y_{qp}$ 称为第 q 类指标

的综合指标；若 w_q 为第 q 类指标的权重，则线性组合 $F=\sum_{t=1}^{q} w_t F_t$ 称为全体指标的综合指标。我们可以直接根据主成分分析贡献率的权重来确立指标聚类的权重。

最后，在 MATLAB 软件中编程，运行结果如表 10 所示。

表 10　各聚类得分

样本	C_1 类得分	C_2 类得分	C_3 类得分	C_4 类得分
1	−0.1608	0.3616	0.0810	0.0354
2	−0.1639	0.4210	0.0563	0.0539
3	−0.3248	0.5670	0.0592	0.0559
4	−0.1505	0.1992	0.0870	0.0723
5	−0.1475	0.2581	0.2045	0.0212
6	−0.1964	0.2412	0.1038	0.0615
7	−0.1672	0.1624	0.0648	0.0511
8	−0.1527	0.4670	0.1153	0.0635
9	−0.1538	0.5497	0.0870	0.0608
10	−0.1150	0.3031	0.1237	−0.2051
11	−0.1649	0.0917	0.0778	0.5848
12	−0.1840	0.1227	0.1096	0.0538
13	−0.1393	0.3243	0.0856	0.1220
14	−0.1340	0.4683	0.1050	0.0828
15	−0.1475	0.2389	0.0960	0.0475
16	−0.1398	0.1730	0.0657	0.0694
17	−0.1529	0.2927	0.1960	0.0299
18	−0.1704	0.1407	0.1070	0.0733
19	−0.1618	0.3383	0.0932	0.0474
20	−0.1576	0.2037	0.1672	0.0608
21	−0.2587	0.2814	0.0688	0.0982
22	−0.1762	0.1998	0.0650	0.0726
23	−0.1585	0.5195	0.1362	0.1206
24	−0.1441	0.2322	0.1995	0.0437
25	−0.1088	0.2638	0.1443	0.0523
26	−0.1140	0.1627	0.2657	0.0264
27	−0.1269	0.2146	0.1192	0.0684

5.8 引入葡萄酒质量指标后的酿酒葡萄分级

对于引入葡萄酒质量指标后综合评价中各类指标权重确立的问题，我们考虑到各类指标得分与质量得分的相关系数，并根据其相关系数以及经验来确立权重。

红葡萄理化指标的得分和排序如表 11 所示。

表 11 红葡萄理化指标得分及排序

样本	C_1 类得分	C_2 类得分	C_3 类得分	C_4 类得分	理化指标得分	质量得分	综合得分	最后得分排序
23	−0.1585	0.5195	0.1362	0.1206	0.22902	86.86	37.58776	1
9	−0.1538	0.5497	0.087	0.0608	0.2213	80.04	36.13428	2
14	−0.134	0.4683	0.105	0.0828	0.2003	74.88	35.51769	3
8	−0.1527	0.467	0.1153	0.0635	0.1972	70.85	33.80459	4
3	−0.3248	0.567	0.0592	0.0559	0.18519	81.49	33.66783	5
2	−0.1639	0.421	0.0563	0.0539	0.1579	81.52	32.94223	6
17	−0.1529	0.2927	0.196	0.0299	0.14829	78.81	32.70979	7
13	−0.1393	0.3243	0.0856	0.122	0.13974	76.59	32.63337	8
19	−0.1618	0.3383	0.0932	0.0474	0.13566	80.40	32.60604	9
5	−0.1475	0.2581	0.2045	0.0212	0.13721	73.77	28.89795	10
24	−0.1441	0.2322	0.1995	0.0437	0.12828	80.20	26.84779	11
1	−0.1608	0.3616	0.081	0.0354	0.14032	62.69	24.30060	12
25	−0.1088	0.2638	0.1443	0.0523	0.13228	69.95	23.22277	13
26	−0.114	0.1627	0.2657	0.0264	0.12463	74.88	22.15091	14
10	−0.115	0.3031	0.1237	−0.2051	0.11484	75.32	21.01586	15
20	−0.1576	0.2037	0.1672	0.0608	0.1062	79.13	20.59258	16
27	−0.1269	0.2146	0.1192	0.0684	0.10306	72.35	16.94115	17
21	−0.2587	0.2814	0.0688	0.0982	0.09128	78.62	16.91999	18
6	−0.1964	0.2412	0.1038	0.0615	0.09449	70.76	16.525	19
15	−0.1475	0.2389	0.096	0.0475	0.09961	54.86	15.44686	20
11	−0.1649	0.0917	0.0778	0.5848	0.08552	67.39	15.29072	21
4	−0.1505	0.1992	0.087	0.0723	0.08291	67.40	15.03102	22
22	−0.1762	0.1998	0.065	0.0726	0.07144	77.59	14.90333	23
16	−0.1398	0.173	0.0657	0.0694	0.06789	75.74	14.36322	24
7	−0.1672	0.1624	0.0648	0.0511	0.05607	70.31	12.63798	25
18	−0.1704	0.1407	0.107	0.0733	0.06163	58.67	12.0304	26
12	−0.184	0.1227	0.1096	0.0538	0.05054	51.17	9.17143	27

我们首先根据表 11 中红葡萄酒质量的得分将其按区间划分等级，如表 12 所示，其中[80，100]为优，[70，80]为良，[60，70]为中，[0，60]为差。

表 12　红葡萄酒分级

序号	23	2	3	19	24	9	20	17	21
评分	86.86	81.52	81.49	80.4	80.2	80.04	79.13	78.81	78.62
等级	优	优	优	优	优	优	良	良	良
序号	22	13	16	10	26	14	5	27	8
评分	77.59	76.59	75.74	75.32	74.88	74.88	73.77	72.35	70.85
等级	良	良	良	良	良	良	良	良	良
序号	6	7	25	4	11	1	18	15	12
评分	70.76	70.31	69.95	67.40	67.39	62.69	58.67	54.86	51.17
等级	良	良	中	中	中	中	差	差	差

我们按照得分区间对红葡萄进行分级，将其分为优、良、中、差四个等级，具体分级如表 13 所示。

表 13　红葡萄质量分级

等级	序　号									
优级	23	9	14	8	3	2	17	13	19	
良级	5	24	1	25	26	10	20			
中级	27	21	6	15	11	4	22	16	7	18
差级	12									

通过以上分析结果可以发现，好的葡萄酒必然是由好的葡萄酿造，但是好的葡萄可能会酿出品质低的葡萄酒。

同理，我们得到了白葡萄的得分和排序，并按照关系对其进行分级，其得分与排序结果见数字课程网站，分级结果如表 14 所示。

表 14　白葡萄质量分级

等级	序　号							
优级	1	17	3	20	27			
良级	7	4	28	26	16	18	21	10
	8	9	5	15	22	25	11	23
中级	2	24	14	19	6	12	13	

对于白葡萄酒而言，其分类没有差级，大部分集中在优良级。

以上过程的 MATLAB 程序详见数字课程网站。

5.9　模型的评价

通过聚类分析和主成分分析综合评价方法，本文得到了更加合理的排序分级结果，但是对于各类别指标的权重确立，没有按数值方法对其进行客观性赋值，而经验赋值较为主观。

6 基于灰色关联度模型的酿酒葡萄与葡萄酒理化指标关联分析

6.1 问题分析

由于灰色关联擅长于对系统发展变化的态势作出定量、有效的判断，对于问题三，我们用这种方法来分析酿酒葡萄与葡萄酒理化指标间的关系。我们把葡萄酒的9种一级指标作为母因素，把酿酒葡萄的30种一级指标作为子因素，分别针对每种母因素利用灰色关联度分析每种子因素与该种母因素的关联度，把葡萄酒理化指标的母因素与酿酒葡萄理化指标的子因素做成一个9×10的关联度矩阵，然后根据酿酒葡萄与葡萄酒之间的关联度对某些指标进行聚类，最后得到比较准确的概括酿酒葡萄与葡萄酒理化指标之间的联系。

6.2 灰色关联模型的建立

6.2.1 确定分析数列

下面确定反映系统行为特征的参考数列和影响系统行为的比较数列。反映系统行为特征的数据序列，称为参考数列。影响系统行为的因素组成的数据序列，称为比较数列。

设参考数列(又称母序列)为 $Y=\{Y(k)\mid k=1, 2, \cdots, n\}$，比较数列(又称子序列)为 $X_i=\{X_i(k)\mid k=1, 2, \cdots, n, i=1, 2, \cdots, m\}$。

6.2.2 变量的无量纲化

由于系统中各因素列中的数据可能因量纲不同，不便于比较或在比较时难以得到正确的结论，因此在进行灰色关联度分析时，一般都要进行数据的无量纲化处理，即

$$x_i(k)=\frac{X_i(k)}{X_i(l)} \qquad k=1, 2, \cdots, n; \ i=1, 2, \cdots, m$$

6.2.3 计算关联系数

$x_0(k)$与 $x_i(k)$的关联系数为

$$\xi_i(k)=\frac{\min\limits_i\left[\min\limits_k\left|y(k)-x_i(k)\right|\right]+\rho\max\limits_i\left[\max\limits_k\left|y(k)-x_i(k)\right|\right]}{\left|y(k)-x_i(k)\right|+\rho\max\limits_i\left[\max\limits_k\left|y(k)-x_i(k)\right|\right]}$$

记 $\delta_i(k)=\left|y(k)-x_i(k)\right|$，则

$$\xi_i(k)=\frac{\min\limits_i\left[\min\limits_k\delta_i(k)\right]+\rho\max\limits_i\left[\max\limits_k\delta_i(k)\right]}{\delta_i(k)+\rho\max\limits_i\left[\max\limits_k\delta_i(k)\right]}$$

$\rho\in(0, \infty)$，称为分辨系数。ρ 越小，分辨力越高，一般 ρ 的取值范围为(0, 1)，具体取值可视情况而定。

6.2.4 计算关联度

因为关联系数是比较数列与参考数列在各个时刻(即曲线中的各点)的关联程度值，所以它的数不止一个，而信息过于分散不便于进行整体性比较，因此有必要将各个时刻(即

曲线中的各点)的关联系数集中为一个值，即求其平均值，作为比较数列与参考数列间关联程度的数量表示，关联度 r_i 公式如下：

$$r_i=\frac{1}{n}\sum_{k=1}^{n}\xi_i(k)$$

6.2.5　关联度排序

关联度按大小排序，如果 $r_1<r_2$，则参考数列 Y 与比较数列 X_2 更相似。

在算出 $X_t(k)$序列与 $Y(k)$序列的关联系数后，计算各类关联系数的平均值，平均值 r_i 就称为 $Y(k)$与 $X_t(k)$的关联度。

6.3　模型求解

题目中给出了 30 个酿酒葡萄的指标，9 个红葡萄酒的指标，8 个白葡萄酒的指标，依次对各指标进行编号，能计算得到 30 个酿酒指标之间的灰色关联度，MATLAB 计算得到的葡萄酒灰度关联度矩阵见表 15，源程序见数字课程网站。

表 15　酿酒红葡萄与红葡萄酒灰色关联度表

	1	2	3	4	5	6	7	8	9	10
1	0.16	0.69	0.72	0.72	0.62	0.62	0.61	0.62	0.73	0.61
2	0.14	0.83	0.78	0.78	0.99	0.99	0.98	0.99	0.58	0.98
3	0.14	0.83	0.78	0.78	0.99	0.99	0.99	0.99	0.58	0.98
4	0.14	0.83	0.78	0.78	0.99	0.99	0.99	0.99	0.58	0.99
5	0.14	0.82	0.78	0.78	0.99	0.99	0.99	0.99	0.58	0.99
6	0.14	0.82	0.77	0.77	0.98	0.99	1.00	0.99	0.57	1.00
7	0.15	0.88	0.83	0.83	0.91	0.90	0.89	0.90	0.63	0.89
8	0.15	0.89	0.85	0.85	0.88	0.88	0.87	0.88	0.64	0.87
9	0.14	0.86	0.81	0.81	0.96	0.95	0.94	0.95	0.60	0.94
	11	12	13	14	15	16	17	18	19	20
1	0.63	0.63	0.62	0.62	0.65	0.78	0.77	0.77	0.62	0.62
2	0.98	0.98	0.99	0.99	0.94	0.64	0.61	0.62	0.99	0.99
3	0.98	0.98	0.99	0.99	0.93	0.63	0.61	0.62	0.99	0.99
4	0.97	0.97	0.99	0.99	0.93	0.63	0.61	0.62	0.99	0.99
5	0.97	0.97	0.99	0.99	0.93	0.63	0.61	0.62	0.99	0.99
6	0.96	0.96	0.98	0.99	0.92	0.63	0.60	0.61	0.99	0.98
7	0.91	0.91	0.91	0.90	0.90	0.68	0.65	0.66	0.90	0.91
8	0.90	0.90	0.89	0.88	0.91	0.69	0.66	0.67	0.88	0.88
9	0.97	0.97	0.96	0.95	0.94	0.65	0.63	0.64	0.95	0.96

续表

	21	22	23	24	25	26	27	28	29	30
1	0.65	0.64	0.68	0.74	0.62	0.70	0.61	0.64	0.62	0.62
2	0.93	0.95	0.63	0.67	0.99	0.85	0.98	0.95	0.98	0.99
3	0.93	0.95	0.62	0.67	0.99	0.85	0.98	0.94	0.99	0.99
4	0.92	0.95	0.62	0.67	0.99	0.84	0.99	0.94	0.99	0.99
5	0.92	0.94	0.62	0.67	0.99	0.84	0.99	0.94	0.99	0.99
6	0.91	0.93	0.62	0.66	0.99	0.83	1.00	0.93	1.00	0.99
7	0.94	0.94	0.67	0.72	0.90	0.92	0.89	0.94	0.90	0.90
8	0.94	0.92	0.68	0.73	0.88	0.95	0.87	0.93	0.87	0.88
9	0.97	0.98	0.64	0.69	0.95	0.88	0.94	0.98	0.94	0.95

6.4 结果分析

6.4.1 葡萄酒指标和酿酒葡萄指标对应关系分析

分别选取对葡萄酒各指标影响最主要的酿酒葡萄指标，如表16、表17所示。

分别找出影响9种红葡萄酒最主要的指标，在灰色关联度区间一栏，发现很多的红葡萄酒指标与30个酿酒葡萄指标的灰色关联度极大，如3、4、5、6号红葡萄指标(总酚、酒总黄酮、白藜芦醇、DPPH半抑制体积)，但1、7、8、9号红葡萄指标(花色苷、色泽L*(D65)、色泽a*(D65)、色泽b*(D65))与30个酿酒葡萄指标相关性不大。同样分析出1、2、3、4、5、7、8号白葡萄指标(单宁、总酚、酒总黄酮、白藜芦醇、DPPH半抑制体积、色泽a*(D65)、色泽b*(D65))与30个酿酒葡萄指标相关性很大，只有6号白葡萄(色泽L*(D65))与30个酿酒葡萄指标相关性不大。

表16 对红葡萄酒各指标影响最主要的酿酒葡萄指标

红葡萄酒指标	酿酒葡萄的主要指标	灰色关联度区间
1	16, 17, 18, 24, 9, 4, 26	(0.8, 0.7)
2	13, 20, 5, 25, 8, 19, 6	(1, 0.99)
3	25, 8, 20, 19, 5, 30, 6	(1, 0.99)
4	19, 25, 8, 30, 6, 5, 13, 20, 29	(1, 0.99)
5	19, 25, 30, 8, 29, 7, 10, 27, 3	(1, 0.99)
6	27, 10, 3, 7, 29, 19, 30	(1, 0.99)
7	28, 21, 22, 26, 11, 12	(0.95, 0.9)
8	26, 21, 28, 22, 15, 11, 12, 13	(0.95, 0.9)
9	22, 28, 11, 21, 12, 13	(0.98, 0.95)

表 17　对白葡萄酒各指标影响最主要的酿酒葡萄指标

白葡萄酒指标	酿酒葡萄的主要指标	灰色关联度区间
1	4，14，7，10，3，29，12，21，13，27，6	(1，0.99)
2	14，4，10，7，3，29，12，21，13，27，6	(1，0.99)
3	10，29，3，14，7，4，13，12，21，6，27	(1，0.99)
4	29，10，3，14，4，7	(1，0.99)
5	29，3，10，14，4，7	(1，0.99)
6	18，19，28	(0.96，0.9)
7	29，3，10，14，4，7	(1，0.99)
8	21，27，12，4，6，7，13，14	(1，0.99)

6.4.2　葡萄酒指标和酿酒葡萄指标间的定量关系计算

根据上文中辨别出的对葡萄酒指标具有主要影响的酿酒葡萄指标，可对两组指标进行多元线性回归分析，得出葡萄酒指标和酿酒葡萄指标间的定量关系。

一组红葡萄的多元线性回归方程组如下：

$$\begin{cases} y_1=0.824x_4+0.243x_9-0.111x_{16}-0.094x_{17}+0.27x_{18}+0.072x_{24}-0.142x_{26} \\ y_2=-1.027x_5-1.921x_6+1.655x_8+0.559x_{13}+0.443x_{19}+0.443x_{20}+0.328x_{25} \\ y_3=0.1616x_5+1.512x_6-1.313x_8+0.291x_{19}+0.203x_{20}+0.248x_{25}+0.146x_{30} \\ y_4=1.086x_5+1.543x_6-1.608x_8+0.715x_{13}+0.15x_{19}-0.07x_{20}+0.031x_{25}-0.094x_{29}-0.094x_{30} \\ y_5=-0.071x_3-0.284x_7+0.091x_8+0.387x_{10}-0.27x_{19}+0.023x_{25}+0.02x_{27}-0.209x_{29}-0.152x_{30} \\ y_6=0.146x_3+0.043x_7+0.351x_{10}+0.104x_{19}-0.63x_{27}-0.258x_{29}-0.001x_{30} \\ y_7=-0.469x_{11}-0.255x_{12}-0.11x_{21}+0.041x_{22}+0.033x_{26}+0.19x_{28} \\ y_8=0.073x_{26}-0.424x_{21}-0.142x_{28}-0.289x_{22}+0.115x_{15}-0.201x_{11}-0.137x_{12}+0.184x_{13} \\ y_9=0.183x_{11}-0.694x_{12}+0.298x_{13}-0.02x_{21}+0.438x_{22}-0.104x_{28} \end{cases}$$

一组白葡萄的多元线性回归方程组如下：

$$\begin{cases} y_1=0.113x_3+0.003x_4-0.046x_6+0.272x_7+0.167x_{10}+0.515x_{12}-0.004x_{13}+0.073x_{14} \\ \qquad +0.157x_{21}-0.077x_{27}+0.381x_{29} \\ y_2=0.196x_3-0.077x_4+0.23x_6+0.112x_7+0.169x_{10}+0.425x_{12}+0.092x_{13}+0.162x_{14} \\ \qquad +0.133x_{21}-0.176x_{27}+0.348x_{29} \\ y_3=0.05x_3-0.107x_4+0.243x_6+0.066x_7-0.155x_{10}-0.029x_{12}+0.606x_{13}-0.157x_{14} \\ \qquad -0.069x_{21}-0.295x_{27}-0.124x_{29} \\ y_4=-0.488x_3-0.044x_4+0.068x_7+0.277x_{10}-0.072x_{14}-0.464x_{29} \\ y_5=-0.147x_3+0.084x_4-0.202x_7-0.06x_{10}+0.217x_{14}+0.463x_{29} \\ y_6=-0.501x_{18}+0.106x_4-0.059x_{28} \\ y_7=-0.128x_3-0.093x_4-0.304x_7-0.002x_{10}+0.44x_{14}+0.318x_{29} \\ y_8=0.169x_4-0.218x_6+0.27x_7+0.478x_{12}-0.0397x_{13}+0.317x_{14}+0.162x_{21}-0.014x_{27} \end{cases}$$

6.4.3 酿酒葡萄和葡萄酒聚类集合相关性分析

通过前述对葡萄酒各指标与酿酒葡萄的相关性分析，下面给出酿酒葡萄指标与葡萄酒指标的分类。

酿酒红葡萄指标与红葡萄酒指标的分类如下：

Ⅰ类酿酒红葡萄指标＝{11，13，10，12，2，26，4，9，6，5，25，7，8，5，19，21}

Ⅱ类酿酒红葡萄指标＝{16，18，22，17，1，20}

Ⅲ类酿酒红葡萄指标＝{24，27，23，30}

Ⅳ类酿酒红葡萄指标＝{14，29，28，3}

A 类红葡萄酒指标＝{3，6，2，4，1，5}

B 类红葡萄酒指标＝{8，9，7，14}

求解对应聚类类别的以灰色关联度均值作为类间的灰色关联度，见表18，可以得到以下结论：A 类红葡萄酒指标和Ⅱ类酿酒红葡萄指标相关性最低，而 B 类红葡萄酒指标与Ⅲ类酿酒红葡萄指标相关性最大。

酿酒白葡萄指标与白葡萄酒指标的分类如下：

Ⅰ类酿酒白葡萄指标＝{17，19，18，24，16，20，1，6，7，11，13，15，2，12，10，30，22，9，14}

Ⅱ类酿酒白葡萄指标＝{25，29，26，28}

Ⅲ类酿酒白葡萄指标＝{21，23，4，8，5，27，3}

A 类白葡萄酒指标＝{1，2，5，3，6，7}

B 类白葡萄酒指标＝{4，8}

白葡萄灰色关联度如表19所示。

表18 红葡萄灰色关联度

	A	B
Ⅰ	0.825	0.836
Ⅱ	0.804	0.81
Ⅲ	0.845	0.862
Ⅳ	0.851	0.861

表19 白葡萄灰色关联度

	A	B
Ⅰ	0.815	0.83
Ⅱ	0.803	0.806
Ⅲ	0.851	0.869

同理可以得到：A 类白葡萄酒指标和Ⅱ类酿酒白葡萄指标相关性最低，而 B 类白葡萄酒指标与Ⅲ类酿酒白葡萄指标相关性最大。

7 基于多元线性回归的分析与评价模型

7.1 问题分析

问题四要求分析酿酒葡萄和葡萄酒的理化指标对葡萄酒质量的影响，对于葡萄酒质量的评定，从4个不同角度考虑葡萄酒质量，分别为外观因素、香气因素、口感因素和整体因素，然后分析每一个因素和葡萄酒理化指标之间的关系。建立其回归方程后，必须分析因变量和自变量之间是否显著性相关，可用 F 检验。

7.2　多元线性回归的显著性检验

对于多元线性回归模型：

$$Y=\beta_0+\beta_1 x_1+\cdots+\beta_p x_p+\varepsilon \qquad \varepsilon\sim N(0,\sigma^2)$$

要检验自变量 x_1，x_2，…，x_p 与因变量 Y 之间是否显著地具有这种线性联系，步骤如下所述。

7.2.1　对模型作出假设

原假设 H_0：$\beta_1=\beta_2=\cdots=\beta_p=0 \leftrightarrow H_1$：$\beta_j$ 不全为 0。由 n 组观察值对假设是否成立进行判断，接受 H_0 则认为 Y 与 $x_1,x_2,\cdots,x_p$ 无关，线性回归不显著；拒绝 H_0 则认为线性回归显著。

7.2.2　找出检验统计量并给定显著性水平

在 H_0 成立的条件下，有

$$F=\frac{\mathrm{MS}_R}{\mathrm{MS}_r}$$

由上述统计量进行 F 检验，即可推断多元线性回归关系的显著性。

给定显著性水平 α，确定拒绝域。

列出多元线性回归方程方差分析表，判断线性回归的显著性。

7.3　模型求解与结论分析

4 个因素与葡萄酒的理化指标的多元回归表达式如下：

$$\begin{cases} y_1=\beta_{10}+\beta_{11}x_1+\cdots+\beta_{1p}x_p+\varepsilon_1 \\ y_2=\beta_{20}+\beta_{21}x_1+\cdots+\beta_{2p}x_p+\varepsilon_2 \\ y_3=\beta_{30}+\beta_{31}x_1+\cdots+\beta_{3p}x_p+\varepsilon_3 \\ y_4=\beta_{40}+\beta_{41}x_1+\cdots+\beta_{4p}x_p+\varepsilon_4 \end{cases}$$

式中，y_i 表示衡量红葡萄酒的 4 个因素，x_i 表示葡萄酒的理化指标，β_i 即为与各变量相关的回归系数。

用 SPSS 18.0 软件能求出衡量红葡萄酒质量的 4 个因素与红葡萄酒理化指标的多元线性回归方程的回归系数：

$$\begin{bmatrix} y_1 \\ y_2 \\ y_3 \\ y_4 \end{bmatrix}=\begin{bmatrix} -0.105 & 0.015 & -0.362 & -0.29 & 0.314 & 0.366 & -0.447 & 0.257 & -0.096 \\ -0.219 & 0.299 & -0.013 & 0.282 & 0.296 & 0.121 & 0.032 & -0.154 & -0.125 \\ -0.191 & 0.609 & -1.311 & 0.683 & 0.382 & 0.602 & 0.139 & 0.026 & 0.12 \\ -0.513 & 0.549 & -0.724 & 0.715 & 0.422 & 0.071 & -0.124 & -0.033 & 0.044 \end{bmatrix}\begin{bmatrix} x_1 \\ x_2 \\ \vdots \\ x_9 \end{bmatrix}$$

4 个多元线性回归方程的方差分析如表 20 所示。

表 20　4 个多元线性回归方程的方差分析

影响因素	回归平方和	自由度 df	均方	F 值	显著性水平 α
外观因素	27.185	9	3.021	1.036	0.452
香气因素	82.437	9	9.16	1.187	0.363
口感因素	176.132	9	19.57	2.796	0.032
整体因素	5.454	9	0.606	2.7	0.037

与红葡萄酒质量相关的4个多元线性回归方程表明：外观因素和香气因素回归方程的显著性水平α远高于被普遍接受的$\alpha=0.05$，而口感因素和整体因素的显著性水平都低于0.05，于是我们认为葡萄酒理化指标对衡量葡萄酒质量的外观因素和香气因素影响不大，而对口感因素和整体因素具有显著性影响。

对此我们可以得出结论：葡萄酒的质量不能完全用葡萄和葡萄酒的理化指标来评价，而葡萄酒的质量评价还应再加入香气指标，从而使得评价更加全面合理。

为了更加有力地论证这个结论，我们专门作了葡萄与葡萄酒中香气指标(实为芳香物质)对葡萄酒质量的关系分析，见表21。首先我们对所给数据进行了分析与筛选，然后利用Excel 2007统计分析工具得出了各个芳香物质与葡萄酒质量的相关系数，并对其系数进行排序，筛选出了相关性显著的物质，以分析这些指标与葡萄酒质量的关系。

表20 葡萄酒中香气指标与葡萄酒质量的相关系数

葡萄酒中香气指标	与葡萄酒质量的相关系数	葡萄酒中香气指标	与葡萄酒质量的相关系数	葡萄酒中香气指标	与葡萄酒质量的相关系数	葡萄酒中香气指标	与葡萄酒质量的相关系数
邻苯二甲酸二异丁酯	0.474033	2-甲基-1-丙醇	0.230225	1-丙醇	−0.02232	十六烷酸乙酯	−0.37947
柠檬烯	0.428571	壬酸乙酯	0.226361	2-辛酮	−0.03033	十五烷酸-3-甲基丁酯	−0.3819
正十二烷酸	0.428264	丁二酸二乙酯	0.222589	酚	−0.05316	十四烷酸乙酯	−0.39247
辛酸丙酯	0.427502	异山梨糖醇	0.221897	3,7-二甲基-16-辛二烯-3-醇	−0.07306	3-甲硫基-1-丙醇	−0.40622
乙酸庚酯	0.396751	1-庚醇	0.196766	3,7-二甲基-1,5,7-辛三烯-3-醇	−0.09179	十二酸乙酯	−0.42606
2-乙烯酸乙酯	0.348134	正十一烷	0.152693	2-癸酸	−0.09775	反式-4-癸烯酸乙酯	−0.43858
辛酸甲酯	0.347899	丙酸乙酯	0.137094	乳酸乙酯	−0.11004	苯甲酸	−0.43866
1-辛醇	0.344022	2,3-乙酰基丙酮	0.125016	乙酸-2-甲基丙基酯	−0.15307	3-甲基-1-丁醇	−0.4497
乙醇	0.319015	癸酸乙酯	0.109142	乙基氢酸	−0.18641	丁酸	−0.45101
己酸异戊酯	0.312984	香叶基乙醚	0.108507	辛酸3-甲基丁酯	−0.20056	2-苯氧基-1-丙醇	−0.45642
2-苯乙基乙酸酯	0.305325	乙酸戊酯	0.09735	2-壬醇	−0.20894	乙酸乙酯	−0.46313

续表

葡萄酒中香气指标	与葡萄酒质量的相关系数	葡萄酒中香气指标	与葡萄酒质量的相关系数	葡萄酒中香气指标	与葡萄酒质量的相关系数	葡萄酒中香气指标	与葡萄酒质量的相关系数
苯乙醇	0.303152	乙酸辛酯	0.085326	正十三烷	−0.23965	乙酸	−0.47015
2-甲基乙酸	0.295987	乙酸正丙酯	0.080335	4-甲基-1,1′-联苯	−0.24818	2,3-二氢苯并呋喃	−0.50564
7-甲氧基-2,2,4,8-四甲基-三环[5.3.1.0(4,11)]十一碳烷	0.277591	丁酸乙酯	0.07026	乙酸乙酯	−0.26393	2,5-二(1,1-二甲基乙基)-1,4-苯二醇	−0.50959
辛酸乙酯	0.277299	庚酸乙酯	0.057261	4-乙烯基-2-甲氧基-苯酚	−0.27273	(R)-3,7-二甲基-6-辛烯醇	−0.51723
3-甲基-1-丁醇-乙酸酯	0.268607	乙醛	0.035216	2-乙基-1-乙醇	−0.27549	苯甲醇	−0.54812
癸酸甲酯	0.237417	1-乙醇	0.028619	二甘醇单乙醚	−0.28311	甘油	−0.55702
苯乙烯	0.23626	乙酸乙酯	−0.00133	5-甲基糠醛	−0.28722	辛酸	−0.55934
						2-吡咯烷酮	−0.66491

从表21中，我们可以看出，醇、烯、酸、酯、烷等芳香类物质对葡萄酒质量的影响作用很大，相关系数达到0.3～0.5之间，这说明芳香烃物质对葡萄酒的质量有一定程度的影响；另外我们可以看出，有些油、酸、酮、喃、醇等芳香类指标对葡萄酒的质量指标有相反的影响。我们还可以得到一些信息，虽然芳香类物质在葡萄酒中的含量不是很高，但它们和葡萄、葡萄酒的理化指标一样，在一定程度上影响着葡萄酒的质量。

所以本文的结论为：酿酒葡萄和葡萄酒的理化指标在一定程度上影响着葡萄酒的质量，葡萄和葡萄酒的芳香物质也在一定程度上影响着葡萄酒的质量。

参 考 文 献

[1] 曾五一，黄炳艺. 调查问卷的信度和有效度分析[J]. 统计与信息论坛，2005，20(6)：11-13.

[2] 吕书龙，梁飞豹，刘文丽. 关于评委评分的评价模型[J]. 福州大学学报(自然科学版)，2010，38(3)：358-362.

[3] 孙晓东，胡劲松，焦玥. 基于主成分分析和灰色关联聚类分析的指标综合方法研究[J]. 中国管理科学，2005，13(Z1)：18-22.

[4] 李运，李记明，姜忠军. 统计分析在葡萄酒质量评价中的应用[J]. 酿酒科技，2009，

178(4)：79－82.

[5] 李华，刘勇强，郭安鹊，等. 运用多元统计分析确定葡萄酒特性的描述符[J]. 中国食品学报，2007，7(4)：114－118.

[6] 袁书萍，万家华. 基于模糊聚类的葡萄酒分类的简单实现[J]. 科技视界，2012(19)：96－99.

[7] 张虎. 主成分聚类分析法的案例教学方法[J]. 统计与决策，2007，248(20)：163－164.

[8] 王秋萍，张道宏，李萍. 主成分分析法与层次分析法排序公式的研究[J]. 西安理工大学学报，2005，21(4)：437－440.

[9] 吴仕勋，赵东方，金秀云. 多元线性回归的参数估计方法[J]. 中国科技文在线，2004(4)：1－5.

[10] 李华，刘曙东，王华，等. 葡萄酒评价结果的统计分析方法研究[J]. 中国食品学报，2006，6(2)：126－131.

[11] 吕锋. 灰色系统关联度之分辨系数的研究[J]. 系统工程理论与实践，1997(6)：49－54.

[12] 张毅. 主成分分析在综合评价中的应用[J]. 荆门职业技术学院学报，2005，20(6)：62－64.

[13] 李庆东，牛晶. 基于主成分分析的我国各省创新能力评价[J]. 辽宁石油化工大学学报，2010，30(4)：91－100.

[14] 何战平，李玉萍，刘银凤. 灰关联综合评价法及其在R&D项目投资决策中的应用[J]. 工业工程，2005，8(3)：89－91.

[15] 高惠璇. 处理多元线性回归中自变量共线性的几种方法[J]. 数理统计与管理，2000，20(5)：49－55.

[16] 王石青，史慧娟. 方差分类模型的假设检验[J]. 河南师范大学学报，2007，35(4)：171－172.

[17] 王惠文，王劼，黄海军. 主成分回归的建模策略研究[J]. 北京航空航天大学学报，2008，34(6)：661－664.

[18] 韩响玲，陈志刚，董婷婷. 竞赛评分结果的偏移量修正法[J]. 湘潭工学院学报，2003，5(1)：77－80.

[19] 余扬，陈文生，李茂青. 基于模糊理论的酒店产品质量评价方法[J]. 商场现代化，2008(12)：91－93.

[20] 周芸，陈立新，陈志燕，等. 卷烟质量全方位关联分析体系的研究[J]. 科技资讯，2011(27)：247－248.

论文点评

该论文获得2012年“高教社杯”全国大学生数学建模竞赛A题的一等奖。

1. 论文采用的方法和步骤

(1) 对于问题一，首先采用两配对样本 t 检验方法来评价在一定显著性水平下两组评酒员的差异性。然后，在有显著性差异的基础上，对两组评酒员的评价进行信度与效度分析，信度用于衡量评价的一致性和稳定性，效度用于衡量结果的正确性。最后通过数据比较分析得到结论。进一步分析，由于评酒员评分的宽严程度差异和评酒员本身评分一致性上的原因，对各指标的评分造成偏差。根据最终评分数据，通过对有关指标的统计分析及其检验，剔除了异常值，然后根据评酒员评分区分度，确定了评酒员权重，最后综合分析得到了更为合理的葡萄酒质量分数。

(2) 对于问题二，根据酿酒葡萄的理化指标和葡萄酒的质量对这些酿酒葡萄进行分级。首先对酿酒葡萄的各指标进行了聚类分析分类，然后利用主成分分析，对每个聚类提取主成分，构造出新的主成分集合；其次引入葡萄酒质量指标，考虑到各类指标得分与质量得分的相关系数，并根据其相关系数以及经验确立权重，建立了综合评价模型；最后对酿酒葡萄给出综合评分，并按照划分区间给出了分级。

(3) 对于问题三，分析酿酒葡萄与葡萄酒的理化指标之间的联系。首先对葡萄中的理化指标进行了灰色关联度分析，排除了一部分与葡萄酒理化指标相关性较小的酿酒葡萄的理化指标；然后利用多元线性回归，给出了每个葡萄酒理化指标和对其有主要影响的酿酒葡萄指标的定量关系式；最后在葡萄酒指标和酿酒葡萄指标聚类分析的基础上，进一步研究了二者类与类之间的关系，得出相关度最大和最小的葡萄酒指标类簇与酿酒葡萄指标类簇。

(4) 对于问题四，采用了多元线性回归模型分析酿酒葡萄和葡萄酒的理化指标对葡萄酒质量的影响。根据葡萄酒质量是由外观、香气、口感和整体平衡四个方面决定的，分别建立了酿酒葡萄的理化指标与葡萄酒外观、香气、口感、整体四个方面的回归关系，并对酿酒葡萄的理化指标与葡萄酒质量之间关系的合理性进行了分析。

2. 论文的优点

该论文根据所给数据利用相关统计方法，对葡萄酒及酿酒葡萄的若干问题进行了分析与评价。在对酿酒葡萄进行分级时，用聚类分析法对酿酒葡萄进行了简单有效的分类，较好结合了相应酿酒葡萄和葡萄酒的综合指标。分析酿酒葡萄与葡萄酒的理化指标之间的关系时，能很好注意到了葡萄酒中所含的理化指标都能在对应的酿酒葡萄的理化指标中找到，认为葡萄酒中的每一个理化指标是由原来酿酒葡萄中相应的理化指标和酿酒葡萄中的其他指标转化而来的。本文研究前后连贯密切，分析合理。

3. 论文的缺点

该论文在分析两组评酒员的评价是否有显著性差异时，没有注意到利用所选的统计方法进行显著性检验时的前提条件，没有验证所给的数据是否适合于自己选用的方法。

第8篇 嫦娥三号轨道设计及最优控制策略研究①

队员：宋楠(会计学)，钟珏(会计学)，章烨辉(电子信息工程)
指导教师：数模组

摘 要

本文结合轨道力学与控制理论研究了嫦娥三号探月飞行器软着陆的最优轨道和控制策略，并进行了误差和敏感性分析。

问题一要求我们确定嫦娥三号飞行器软着陆轨道近月点和远月点的位置及其相应的速度。首先，我们结合开普勒第二定律和牛顿经典力学知识，计算出在近月点和远月点椭圆轨道上的速度大小分别为 1.692 km/s、1.614 km/s，方向沿该点切线方向，并用动能定理计算速度以进行验证，得到两者误差为 0.356%，说明结果较为符合实际；然后，用动能定理近似求得始末点间夹角为 15.22°，再通过余弦定理求得预计着陆点上空 3 km 处到近月点和远月点的直线距离分别为 462.6 km 和 3545.5 km；最后，建立了月心空间直角坐标系，得到近月点坐标为(840026，－280544，1496774)，远月点坐标为(－155044，535386，1578402)，单位为 m。

问题二要求我们确定嫦娥三号的着陆轨道与最优控制策略。本文分六个阶段进行控制策略的选择。在着陆准备阶段，确立近月点位置。在主减速阶段，利用状态方程描述了嫦娥三号的运动状态，以燃油最省为目标进行制导控制；通过目标函数的推导，计算出最优推力为 7500 N，将时间离散化，计算出嫦娥三号燃油最优的制导方案并给出运动过程中飞行速度 v_x、v_y 及飞行速度仰角 ψ、探测器质量 m、水平位移 x 等量随时间的变化曲线。在快速调整阶段，我们以最短时间抵消水平速度为目标进行控制，方法与主减速阶段相同。在避障阶段，采用均方差分析得到着陆中心坐标为(1447，2222)，用Canny算子对高程图进行边缘检测，用边缘点坐标集合对均方差分析进行简化与验证。同理，精避障阶段着陆中心坐标为(143，120)。最后，六个阶段总耗时约为 661.72 s，消耗燃料总质量为 1292.64 kg。

问题三要求我们作误差分析和敏感性分析，我们考虑了主减速阶段和快速调整阶段。由于误差是逐级放大的，我们用倒推的方法先研究了快速调整阶段中初始速度的角度和脉冲推力器的推力对水平位移的敏感性，发现其都与水平位移近似呈线性负相关，敏感性大小分别为 4 m/(°)和 0.024 m/N，角度的微小变化对水平位移产生的影响相比于脉冲推力器的推力更大。在主减速阶段，因变量同时取水平位移和主减速阶段末时刻速度的角度，

---

①此题为 2014 年“高教社杯”全国大学生数学建模竞赛 A 题(CUMCM2014—A)，此论文获该年全国一等奖。

自变量取初速度和主推器最大推力，其中，两者对于水平位移的影响都很大，敏感性大小分别为 40 s 和 58 m/N；对角度的影响都很小，敏感性大小分别为 0.006°/(m/s)和 0.005°/N。最后，我们提出未来嫦娥登月系列飞船的发展方向是提高主推器最大推力的建议。

关键词：状态方程；时间离散化；Canny 算子；边缘检测；敏感性分析

1　轨道设计及控制策略问题的提出

嫦娥三号于 2013 年 12 月 2 日 1 时 30 分成功发射，12 月 6 日抵达月球轨道。嫦娥三号在着陆准备轨道上的运行质量为 2.4 t，其安装在下部的主减速发动机能够产生 1500～7500 N 的可调节推力，其比冲(即单位质量的推进剂产生的推力)为 2940 m/s，可以满足调整速度的控制要求。在四周安装有姿态调整发动机，在给定主减速发动机的推力方向后，能够自动通过多个姿态调整发动机的脉冲组合实现各种姿态的调整控制。嫦娥三号的预定着陆点为 19.51 W，44.12 N，海拔为－2641 m。

嫦娥三号在高速飞行的情况下，要保证准确地在月球预定区域内实现软着陆，关键问题是着陆轨道与控制策略的设计。其着陆轨道设计的基本要求是：着陆准备轨道为近月点 15 km、远月点 100 km 的椭圆形轨道；着陆轨道为从近月点至着陆点，其软着陆过程共分为六个阶段，要求满足每个阶段在关键点所处的状态；尽量减少软着陆过程的燃料消耗。

根据上述的基本要求，请建立数学模型解决下面的问题：

问题一，确定着陆准备轨道近月点和远月点的位置，以及嫦娥三号相应速度的大小与方向。

问题二，确定嫦娥三号的着陆轨道和在六个阶段的最优控制策略。

问题三，对所设计的着陆轨道和控制策略作相应的误差分析和敏感性分析。

2　轨道设计及控制策略的问题分析

2.1　问题一分析

问题一要求我们确定嫦娥三号飞行器软着陆轨道近月点和远月点的位置，并计算相应的速度。首先，通过开普勒面积定律与经典力学知识，可以推导出椭圆拱点处的速度；然后，结合椭圆几何性质求解半焦弦长度，即能算出近月点与远月点的速度。考虑在整个着陆准备的椭圆轨道上，对嫦娥三号做功的主要是月球的引力，因此可以通过引力做功与动能变化来验证结果的合理性。且考虑到速度的角度 φ 为一泛函，无法求解，我们就用动能定理求出整个主减速阶段的类抛物线长度，将其近似看成两个点平均高度的弧长，求得一个近似的夹角，再通过余弦定理计算近月点和远月点的直线距离。

2.2　问题二分析

为了研究六个阶段的运动状态，首先建立动力学模型。对于主减速阶段，其主要目标是消除较大的初始水平速度，因此，在这个过程中主要考虑如何设计发动机的减速控制方案，在使轨道末端满足下一阶段要求的前提下，以燃料最省为目标进行设计。快速调整阶段的主要目标是调整嫦娥三号的姿态，使其垂直向下，即使探测器的水平速度为0。根据主减速阶段的燃料最优制导方案，计算出该阶段嫦娥三号探测器的末状态，即为快速调整阶段的初始状态。对于粗避障和精避障这两个阶段，由于嫦娥三号在悬停时会对月面进行拍照来避障，我们考虑先采用图形边缘检测的方法对高程图进行边缘检测，根据该图可以进行大致的避障判断，以避开主要的陨石坑，再计算高程的平均方差以进行进一步的避障。

2.3 问题三分析

问题三要求我们作误差分析和敏感性分析，我们主要考虑主减速阶段和快速调整阶段。由于误差是逐级放大的，可以用倒推的方法先研究快速调整阶段中初始速度的角度和脉冲推力器的推力对水平位移的敏感性，在主减速阶段可以使因变量同时取水平位移和主减速阶段末时刻速度的角度，自变量取初速度和主推器最大推力，基于此进行分析。

3 模型假设与符号说明

3.1 模型假设

本文的研究基于以下基本假设：

(1) 月球的质心位于月球的中心。

(2) 在飞行轨道上，嫦娥三号可以看作质点。

(3) 从15 km下降到月球表面的时间较短，约750 s，且月球自转角速度只有地球自转角速度的1/29左右，因此，下降阶段不考虑月球自转所引起的科氏力。

(4) 由于发动机制动耗能远大于姿态调整器的耗能，因此不考虑姿态调整器的耗能。

(5) 月球引力场均匀。

3.2 符号说明

全文通用的符号如表1所示，局部符号在正文中说明。

表1 符号说明汇总表

符号	说明	单位
$r_{月}$	月球的平均半径	m
M	月球的质量	kg
m	嫦娥三号探测器的质量	kg
l_{AB}	表示AB两点之间的距离	m
$R_{近}$、$R_{远}$	分别表示近月点、远月点离月表高度	m
v	嫦娥三号的线速度	m/s
v_e	发动机比冲	m/s
F	主推器推力	N

4　关于椭圆轨道位置及速度问题的研究

4.1　近月点与远月点速度的确定

首先，通过开普勒面积定律与经典力学知识，可以推导出椭圆拱点处的速度，然后结合椭圆几何性质求解半焦弦长度，即能算出近月点与远月点的速度，推导过程如下。

根据面积速度公式：

$$m_u=\frac{1}{2}r^2\omega=\frac{1}{2}rv$$

式中，r 为轨道半径，ω 为角速度，v 为线速度。

令 h 为 2 倍的面积速度 m_u，得到下式：

$$h=2m_u=rv$$

根据开普勒第二定律(面积定律)：在相等的时间内，太阳和运动中的行星的连线(向量半径)所扫过的面积都是相等的。嫦娥三号在单位时间内扫过的面积是常数 $h/2$，但在周期 T 内，嫦娥三号扫过的面积等于椭圆面积 $ab\pi$(a、b 分别为椭圆的半长轴、半短轴的长)，所以有

$$\frac{1}{2}hT=ab\pi\Rightarrow T^2=\frac{4a^2b^2\pi^2}{h^2}$$

由椭圆的解析几何性质可知 $b^2=ad$(d 是椭圆的半焦弦)，代入上式，得

$$\frac{4\pi^2a^3}{T^2}=\frac{(rv)^2}{d}$$

结合牛顿力学导出式：

$$\frac{4\pi^2a^3}{T^2}=GM$$

由上两个式子进行化简得到椭圆拱点处速度 v，即

$$v=\sqrt{\frac{GMd}{r^2}}\tag{1}$$

因此只需要计算椭圆的半焦弦长度 d，见如下公式：

$$\begin{cases}a+c=r_{月}+100000\\a-c=r_{月}+15000\\a^2=b^2+c^2\\d=\dfrac{b^2}{a}\end{cases}\Rightarrow\begin{cases}a=1794.5\ \text{km}\\b=1794\ \text{km}\\c=42.5\ \text{km}\\d=1793.5\ \text{km}\end{cases}$$

由计算结果可以看出，嫦娥三号运行的椭圆轨迹是一个近圆轨迹。将 $d=1793.5$ km 代入式(1)进行计算，得到近月点速度 $v_{近}=1.692$ km/s，远月点速度 $v_{远}=1.614$ km/s，方向均沿着该点切线方向。

嫦娥三号飞行轨道包括发射及入轨段、地月转移段、环月段、动力下降段和月面工作段，其中环月段要从圆轨道变换到椭圆轨道，如图 1 所示。

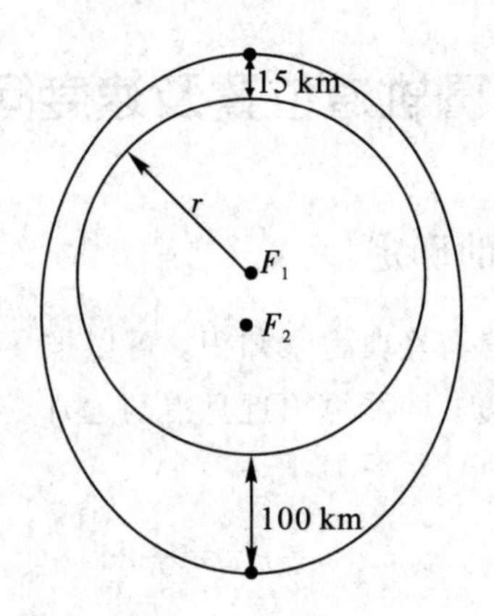

图 1　嫦娥三号环月段椭圆轨道示意图

(注：F_1、F_2表示椭圆轨道的两焦点，r表示月球平均半径)

下面基于能量守恒定律检验速度的合理性。在整个着陆准备的椭圆轨道上，对嫦娥三号做功的主要是月球的引力，因此可以通过引力做功与动能变化来验证结果的合理性。则

$$\Delta E_{动能}=\frac{1}{2}mv_{近}{}^2-\frac{1}{2}mv_{远}{}^2=3.094\times10^8\ \mathrm{J}$$

$$W=mg\Delta h=m\frac{GM}{l^2}\Delta h=3.105\times10^8\ \mathrm{J}$$

其中，$\Delta E_{动能}$表示动能变化量；W表示月球引力对嫦娥三号做的功；Δh表示嫦娥三号的下降高度；l表示嫦娥三号与月球质心的平均距离，取$[(1737.013+100)+(1737.013+15)]/2=1794.513$ km。

引力对嫦娥三号做的功与动能变化量的相对误差仅为0.356%，这部分误差其实为其他扰动因素造成的，如其他星体对月球的引力作用。可见，近月点与远月点的速度比较符合实际情况。

4.2　近月点与远月点位置的确定

假设嫦娥三号以最大推力7500 N相对于速度反方向进行减速仍需要460 km制动距离，对应弧度大约达到了15°，因此需要以整个月球为参考系，我们作出了主减速阶段轨道示意图，见图2。

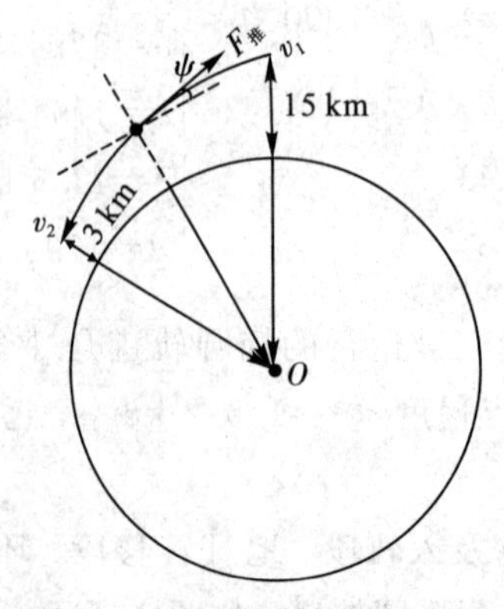

图 2　主减速阶段轨道示意图

理论上可以通过微积分计算弧长，计算方法如下：

$$\int_0^T \frac{F_{推} \cdot \cos(\psi(t))}{m(t)} \mathrm{d}t = v_1$$

$$\int_0^T \frac{m(t)g + F_{推} \cdot \sin(\psi(t))}{m(t)} \mathrm{d}t = v_2 - v_1$$

$$\int_0^H (m(t)g - F_{推} \cdot \sin(\psi(t)))\mathrm{d}h - \int_0^X F_{推} \cdot \cos(\psi(t))\mathrm{d}x = \frac{1}{2}mv_2^2 - \frac{1}{2}mv_1^2$$

式中，$F_{推}$表示嫦娥三号的主发动机推力；$m(t)$表示嫦娥三号探测器的质量随时间变化的函数；$\psi(t)$表示 $F_{推}$与月球水平面夹角 ψ 随时间变化的函数；v_1 表示主减速阶段的初始速度，为 1.692 km/s；v_2 表示主减速阶段的末速度，为 57 m/s。

但由于缺少具体参数，飞行过程中嫦娥三号的质量变化函数 $m(t)$未知，速度的角度 ψ 为一泛函，无法求解。因此我们简化了模型，依据动能定理计算主减速阶段的弧长 L，见如下公式：

$$mg\Delta H - F_{推} L = \frac{1}{2}mv_2^2 - \frac{1}{2}mv_1^2 \tag{2}$$

其中，ΔH 表示嫦娥三号探测器下降高度，为 85 km，代入数据得到 $L=463.776$ km。

由于 L 为主减速段始、终点间的一段弧长，为了得到始、终点间的直线距离，先把 L 近似看作半径为 1746.013 km 上的一段圆弧(见图 3)，可得到始、终点相对于月心的夹角，再利用余弦公式就可求得始、终点间的直线距离。

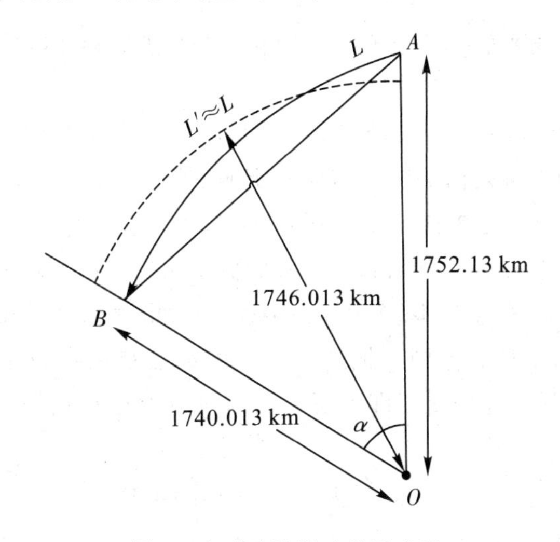

图 3　主减速阶段过程示意图

根据近似弧长得到始、终点相对于月心的夹角计算结果如下：

$$\alpha = \frac{L'}{2\pi r} \times 360° = 15.22°$$

$$\beta = 180° - \alpha = 164.78°$$

其中，α 为近月点和预计着陆点间的夹角，β 为远月点和预计着陆点间的夹角。再根据余弦公式 $c^2 = a^2 + b^2 - 2ab\cos C$，得到 $R_{近}$、$R_{远}$($R_{近}$、$R_{远}$分别表示近月点和远月点到预计着陆点上空 3 km 的直线距离)如下：

$$R_{近} = \sqrt{(r+3)^2 + (r+15)^2 - 2(r+3)(r+15)\cos\alpha} = 462.6 \text{ km}$$

$$R_{远}=\sqrt{(r+3)^2+(r+100)^2-2(r+3)(r+100)\cos\beta}=3545.5\ \text{km}$$

4.3 月球球心空间坐标系的确立

我们对月球建立空间直角坐标系，以月球球心为坐标原点，月球赤道所在平面为 xOy 面，x 轴正方向为 0 经度方向，y 轴正方向为东经 90°，z 轴正方向为月球北极方向，见图 4。

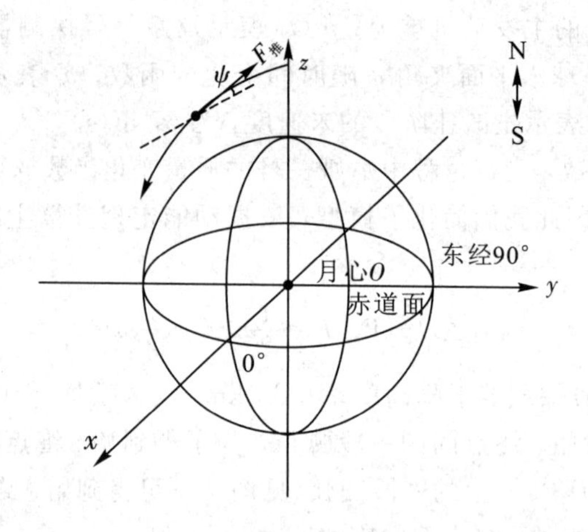

图 4 月心直角坐标系

根据我们建立的直角坐标系，把预计着陆点的经纬坐标转化为空间直角坐标系下的点坐标，即

$$(x_0,\ y_0,\ z_0)=(1175375.524,\ -416453.1836,\ 1209244.924)$$

我们发现近月点的位置是由椭圆轨道所决定的，椭圆轨道的旋转会导致近月点可以是距离预计着陆点上空 3 km 范围内圆上的任意一点，因此在椭圆轨道不确定的情况下，我们认为近月点在圆上任意一点都可以。下面我们做了两个球面：第一个球面是以预计着陆点上空 3 km 为球心，以近月点与该点距离为半径的球面；第二个球面是以月心为球心，以月球半径加上 15 km 为半径的球面。把这两个球面都绘制在我们建立的空间直角坐标系中，两球面相交有一个圆，这个交圆即为所有椭圆轨道上近月点的位置，进而求得近月点圆方程公式如下：

$$\begin{cases}(x-x_0)^2+(y-y_0)^2+(z-z_0)^2=R_{近}^2\\ x^2+y^2+z^2=1752000^2\end{cases}$$

$$\Rightarrow x_0^2+y_0^2+z_0^2-2(xx_0+yy_0+zz_0)=R_{近}^2-1752000^2 \tag{3}$$

近月点轨道示意图如图 5 所示。

对于远月点，根据椭圆性质，远月点和近月点在同一直线上，用同样方法即可求得远月点的圆方程公式如下：

$$\begin{cases}(x-x_0)^2+(y-y_0)^2+(z-z_0)^2=R_{远}^2\\ x^2+y^2+z^2=1837000^2\end{cases}$$

$$\Rightarrow x_0^2+y_0^2+z_0^2-2(xx_0+yy_0+zz_0)=R_{远}^2-1837000^2 \tag{4}$$

远月点轨道示意图如图 6 所示。

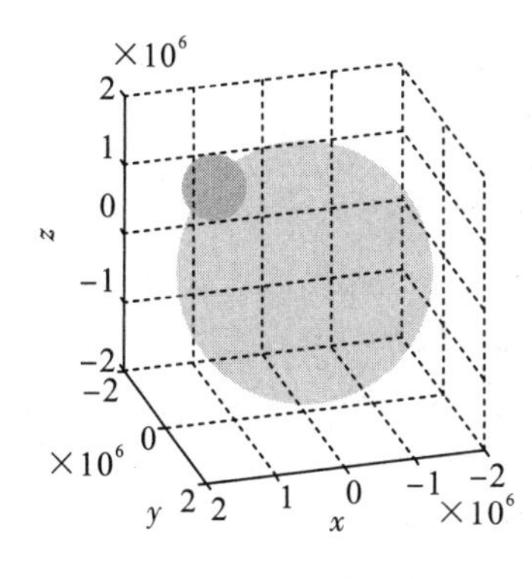

图 5　近月点轨道示意图

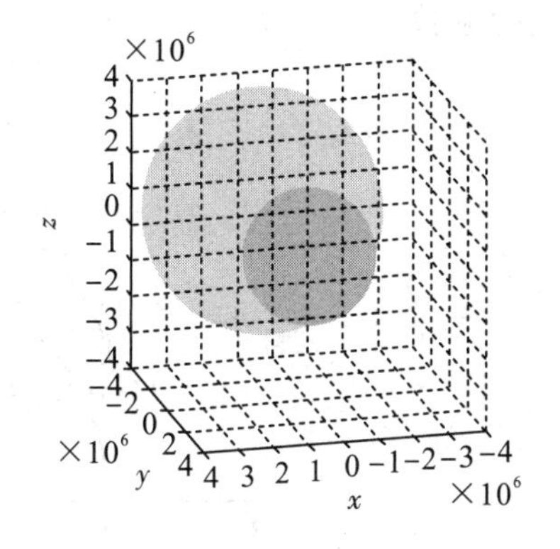

图 6　远月点轨道示意图

通过王晓成等人的文献[3]可知：环月轨道的倾角对发射轨道影响不大，而改变环月轨道的倾角将会改变环月运行期间的月面覆盖特性，进而对后面的着陆段产生影响。考虑到采用极轨道能够飞过预选着陆区，同时，由于改变环月轨道倾角对着陆过程也没有明显的直接好处，因此，专家认为，探测器的环月轨道倾角仍然以 90°为好，所以椭圆轨道也经过月球北极点上空。基于此，可以确定该轨道平面与着陆点同经度，进而计算出近月点的坐标为(840026，−280544，1496774)，远月点的坐标为(−155044，535386，1578402)，单位为 m。

5　软着陆轨道设计及最优控制策略研究

5.1　着陆准备阶段近月点的估计

着陆准备阶段最主要的目标是确定近月点的大致位置，从而确定主减速阶段减速制动任务开始的时刻。因此，首先要确定近月点在月心坐标系中的位置。嫦娥三号的预定着陆点、月球中心在同一个平面内，因此所有的椭圆轨道必定经过这两点。

5.2　软着陆轨道动力学模型

为了能够合理描述嫦娥三号着陆轨道的运动状态，我们参考单永正的论文[4]及 Howard D. Curtis 所著的《轨道力学》[5]，建立了嫦娥三号的动力学模型。

根据模型假设，我们忽略了月球自转所引起的科氏力，且假设嫦娥三号的软着陆运动在一个平面内(即忽略软着陆过程中的侧向移动)，因此可以通过如下的二维坐标系(见图 7)建立动力学模型。

我们参考单永正的动力学模型[4]。首先，考虑当嫦娥三号沿椭圆轨道飞行到近月点时，月球对其引力作用远大于地球以及其他星体摄动的影响，故可以忽略地球和其他星体的影响。根据牛顿第二定律，可得

$$\ddot{\boldsymbol{r}}=\frac{\boldsymbol{F}}{m}-\frac{GM}{r^2}\left(\frac{\boldsymbol{r}}{r}\right)$$

其中，$\boldsymbol{r}$ 为月心到嫦娥三号的距离矢量，$\boldsymbol{F}$ 为推力矢量，M 为月球质量，m 为探测器质量，

G 为万有引力系数。

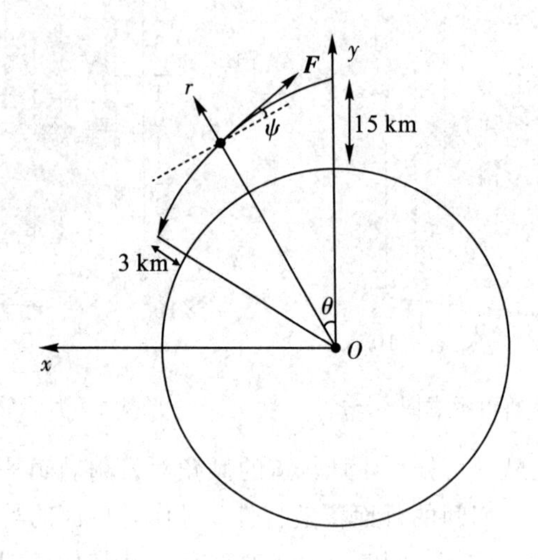

图 7 动力学模型极坐标图

(注：以月心 O 为坐标原点，Oy 指向着陆转移轨道的近月点；θ 是 Oy 与 Or 的夹角；ψ 为推力方向与 Or 垂线的夹角。)

令 $\mu=GM$，将上述方程写成轨道平面内的分量形式，则嫦娥三号的运动方程变为

$$\begin{cases}\ddot{x}=\dfrac{F\sin\psi\sin\theta}{m}-\dfrac{F\cos\psi\cos\theta}{m}-\dfrac{\mu x}{r^3}\\ \ddot{y}=\dfrac{F\sin\psi\cos\theta}{m}+\dfrac{F\cos\psi\sin\theta}{m}-\dfrac{\mu y}{r^3}\end{cases}$$

由于

$$\begin{cases}x=r\sin\theta\\ y=r\cos\theta\end{cases}$$

整理可得

$$\begin{cases}\ddot{r}-r\dot{\theta}^2+\dfrac{\mu}{r^2}-\dfrac{F}{m}\sin\psi=0\\ r\ddot{\theta}+2\dot{r}\dot{\theta}+\dfrac{F}{m}\cos\psi=0\end{cases}$$

令 $\dot{r}=v$，$\dot{\theta}=\omega$，并结合 $\dot{m}=-F/C$，得到动力学模型的公式如下：

$$\begin{cases}\dot{r}=v\\ \dot{v}=\dfrac{F}{m}\sin\psi-\dfrac{\mu}{r^2}+r\omega^2\\ \dot{\theta}=\omega\\ \dot{\omega}=-\dfrac{F}{mr}\cos\psi+\dfrac{2v\omega}{r}\\ \dot{m}=-\dfrac{F}{C}\end{cases} \tag{5}$$

5.3　主减速阶段燃料最优制导方案

嫦娥三号沿着椭圆轨道下降到距离月面 15000 m 时，变推力发动机开始工作，该阶段的主要目标是消除较大的初始水平速度。因此，在这个过程中，主要考虑如何设计发动机的减速控制方案。在使轨道末端满足下一阶段要求的前提下，以燃料最省为目标进行设计，公式如下：

$$\min J = \int_0^t \dot{m} \mathrm{d}t$$

由此可得

$$J = \int_0^t \frac{F_{\text{thrust}}}{v_e g_{月}} \mathrm{d}t = \frac{F_{\text{thrust}}}{v_e g_{月}} t \tag{6}$$

其中，$\dot{m}$ 表示单位时间燃料的消耗量(单位：kg/s)；F_{thrust}表示发动机的推力(单位：N)；v_e 表示发动机比冲(单位：m/s)；J 表示燃料消耗量(单位：kg)；$g_{月}$ 表示月球的重力加速度(单位：N/kg)。

根据郭敏华的文献[6]，制动发动机开始工作时高度越高，那么制动行程就会越长，所损耗的燃料就会越多。这是因为发动机不仅要抵消已有的速度，还要防止下降速度在月球引力作用下进一步增长。

由式(6)可知，当发动机确定时，发动机的比冲与推力幅度值也就确定下来了，即发动机的燃料消耗率已经确定，因此发动机燃料消耗量仅与时间有关，即

$$J \to \min \Rightarrow t \to \min$$

单永正利用 Pontryagin 极大值原理推导得到的最优推力函数公式[4]如下：

$$F(t)=\begin{cases} F_{\max} & \dfrac{\lambda_r}{m}\sin\psi-\dfrac{\lambda_r}{m}\cos\psi-\dfrac{\lambda_m}{C}>0 \\ 0 & \dfrac{\lambda_r}{m}\sin\psi-\dfrac{\lambda_r}{m}\cos\psi-\dfrac{\lambda_m}{C}<0 \\ \text{不定} & \dfrac{\lambda_r}{m}\sin\psi-\dfrac{\lambda_r}{m}\cos\psi-\dfrac{\lambda_m}{C}=0 \end{cases}$$

与我们的结果比较吻合，因此接下来将 7500 N 作为最优推力进行研究。

5.3.1　时间离散化算法

若采用直接法进行轨迹优化，由于优化变化量 ψ 的搜寻空间是一个泛函空间，故无法直接应用优化算法。我们这里采用微分的思想，首先将月球软着陆轨迹离散化，分割成 n 个小段，每段的时间都为 0.1 s，每段节点的开始时刻角度作为这个阶段运动的推力方向角，即速度与水平面的夹角，这样在 0.1 s 的时间内可以把减速过程看作恒力作用过程。那么下一个阶段推力的方向角，为上一阶段推力和重力作用后合成的速度与水平面的夹角，以此类推。我们已经根据燃料最优制导方案得到，要使主减速段消耗的燃料最少，就要使减速时间最短，这里我们就使推力恒为 7500 N，方向与速度方向相反(可由姿态调整器实现)。根据近月点 1692 m/s 减速到 57 m/s 的端点约束条件，我们不断改变时间长度，直到最后满足速度 57 m/s 的末端条件，此时的时间即为主减速段所消耗的时间，计算程序见数字课程网站。

初始状态、末端约束、状态转移方程分别如下所述。

初始状态：

$$v_x=1692\ \text{m/s},\ v_y=0,\ \psi=0,\ h=15000\ \text{m},$$
$$x=0,\ L=0,\ m=2400\ \text{kg},\ v_e=2940\ \text{m/s}$$

末端约束：

$$\sqrt{v_x{}^2+v_y{}^2}=57\ \text{m/s}$$
$$h=3000\ \text{m}$$

状态转移方程：

$$h=h_{初}-v_y t$$
$$x=x_{初}+v_x t$$
$$L=\sqrt{v_x{}^2+v_y{}^2}\,t+L_{初}$$
$$v_x=\frac{v_{x初}m-Ft\cos\psi}{m}$$
$$v_y=\frac{v_{y初}m-mgt-Ft\sin\psi}{m}$$
$$m=m_{初}-\frac{Ft}{v_e}$$
$$\psi=\frac{\pi}{2}-\arctan\left(\frac{v_x}{v_y}\right)$$
$$v=\sqrt{v_x^2+v_y^2}$$

5.3.2　计算结果

由以上算法计算可以得到最优推力 F、探测器质量 m、飞行速度 v、飞行速度仰角 ψ、水平速度 v_x、竖直速度 v_y、水平距离 d_x、弧线长度 l_{AB} 随时间的变化曲线，见图 8 至图 15。

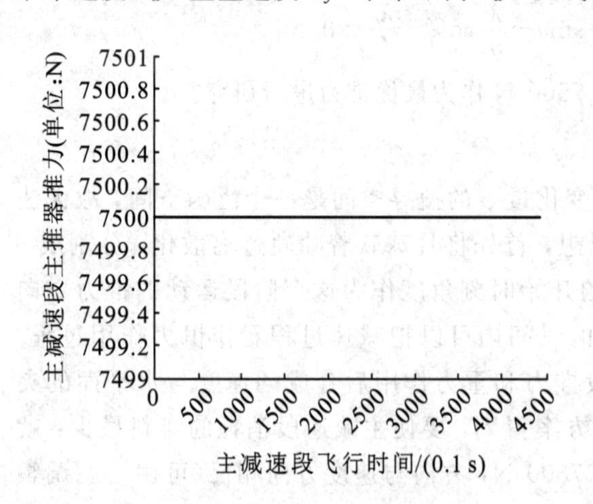

图 8　最优推力 F 随时间的变化曲线

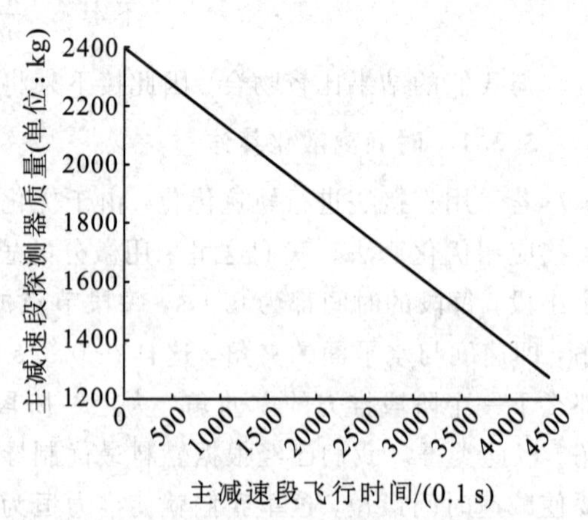

图 9　探测器质量 m 随时间的变化曲线

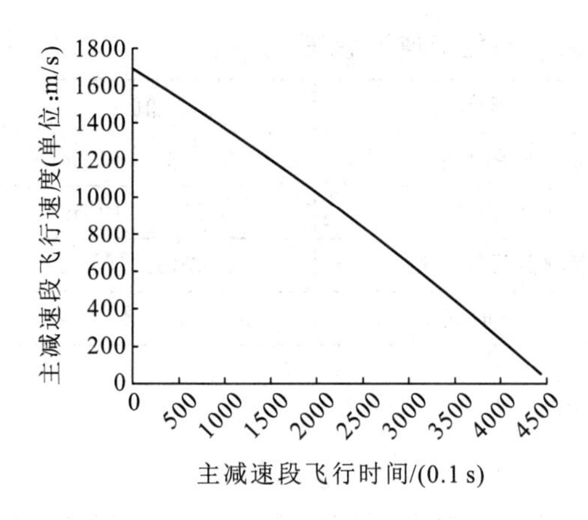

图 10　飞行速度 v 随时间的变化曲线

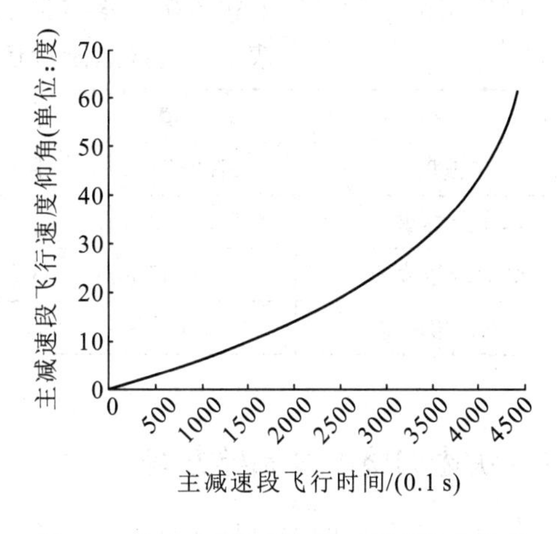

图 11　飞行速度仰角 ψ 随时间的变化曲线

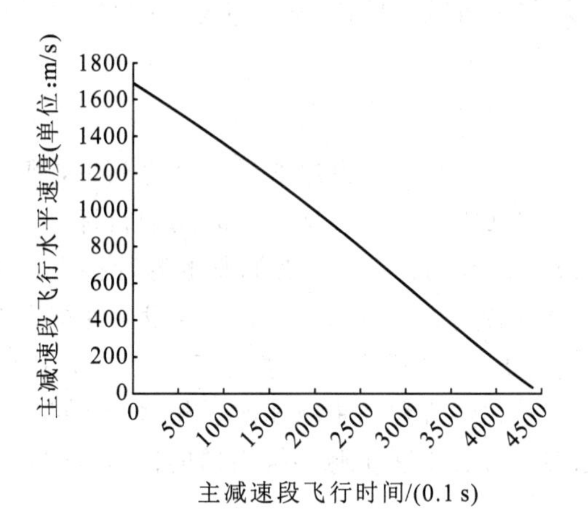

图 12　水平速度 v_x 随时间的变化曲线

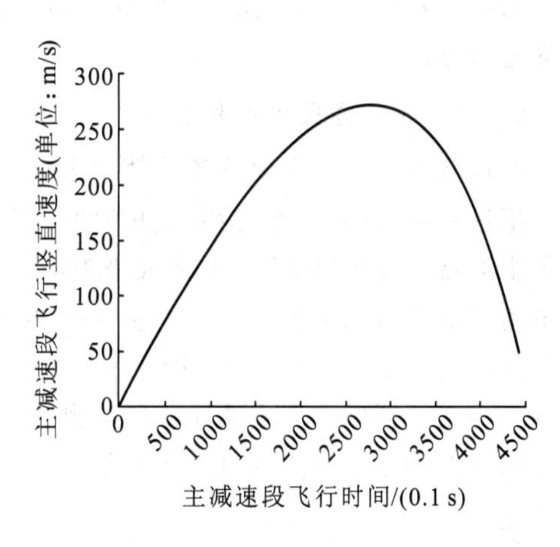

图 13　竖直速度 v_y 随时间的变化曲线

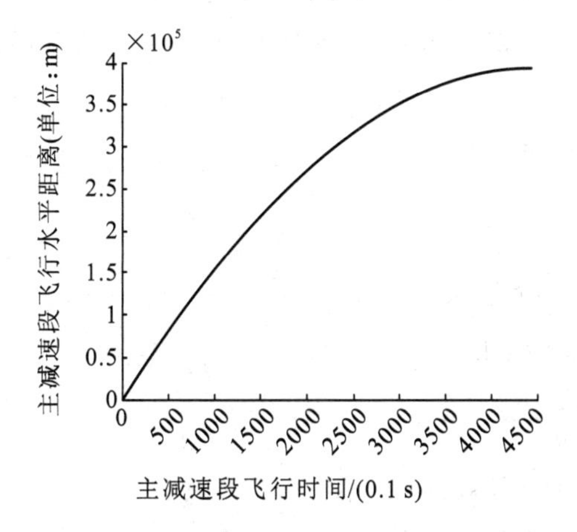

图 14　水平距离 d_x 随时间的变化曲线

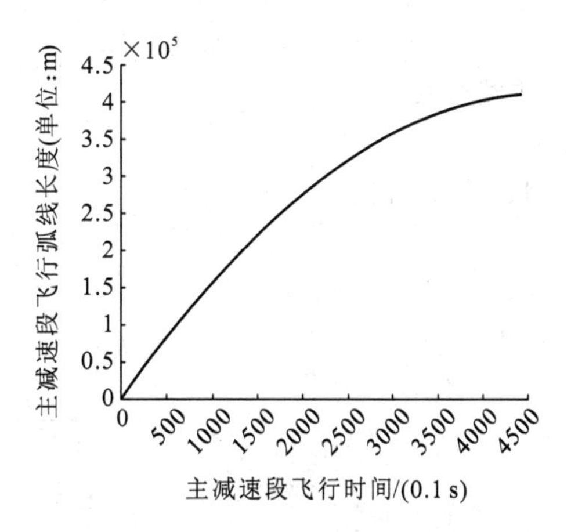

图 15　弧线长度 l_{AB} 随时间的变化曲线

最终主减速阶段的末状态指标参数见表2。

表2 主减速阶段运动末状态指标值汇总表

指标	值	指标	值
末速度 v	57.2872 m/s	划过弧线长度 l_{AB}	4.0835×10^5 m
水平分速度 v_x	27.6792 m/s	水平距离 d_x	3.9329×10^5 m
竖直分速度 v_y	50.1567 m/s	探测器最终质量 m	1.2745×10^3 kg
飞行角度 ψ	61°	飞行时间 t	441.2 s

5.4 快速调整阶段制导方案

快速调整阶段的主要目标是调整嫦娥三号的姿态，使其垂直向下，即使得探测器的水平速度为0。主减速阶段的末状态(见表2)即为快速调整阶段的初始状态。我们将快速调整分为两个阶段：水平速度抵消阶段(第一阶段)与竖直减速阶段(第二阶段)，然后对运动过程进行分析。

5.4.1 水平速度抵消阶段

快速调整阶段的主要任务是使水平速度为0，并且使主推力器的推力竖直向下，所以我们把这一阶段的目标定为在最短时间内把水平速度降为0。根据最短时间的目标，我们令主推力器一开始以7500 N最大推力沿速度反方向作用，用于姿态调整的脉冲推力器向水平速度的反方向喷射，但这里缺少脉冲推力器的推力大小的参数，我们假设脉冲推力能产生的推力为1500 N。在月球引力、主推力器推力、脉冲推力器推力这三个力的作用下，嫦娥三号飞行器做类似主减速阶段的抛物运动。动力学方程和主减速阶段相似，不同之处为初始状态和末端约束条件，在水平速度状态转移方程中多了脉冲推力器的推力影响，如下所述。

初始状态：

$$v_x=27.6292\ \text{m/s},\ v_y=50.1567\ \text{m/s},\ \psi=61.1077°,\ h=3000\ \text{m},$$
$$x=0,\ L=0,\ m=1274.5\ \text{kg},\ v_e=2940\ \text{m/s},\ f=1500\ \text{N}$$

末端约束：

$$v_x=0\ \text{m/s}$$

状态转移方程：

$$h=h_{初}-v_y t$$
$$x=x_{初}+v_x t$$
$$L=\sqrt{v_x{}^2+v_y{}^2}\,t+L_{初}$$
$$v_x=\frac{v_{x初}m-Ft\cos\psi-ft}{m}$$
$$v_y=\frac{v_{y初}m-mgt-Ft\sin\psi}{m}$$
$$m=m_{初}-\frac{Ft}{v_e}$$

$$\psi=\frac{\pi}{2}-\arctan\left(\frac{v_x}{v_y}\right)$$

$$v=\sqrt{{v_x}^2+{v_y}^2}$$

在主减速阶段 MATLAB 程序的基础上，改变初始状态和末端约束条件，状态转移方程中加入脉冲推力，得到下降高度 Δh、探测器质量 m、飞行速度 v、飞行速度仰角 ψ、水平速度 v_x、竖直速度 v_y、水平距离 d_x、弧线长度 l_{AB} 随时间变化的曲线，如图 16 至图 23 所示，各末项状态指标值汇总表见表 3。

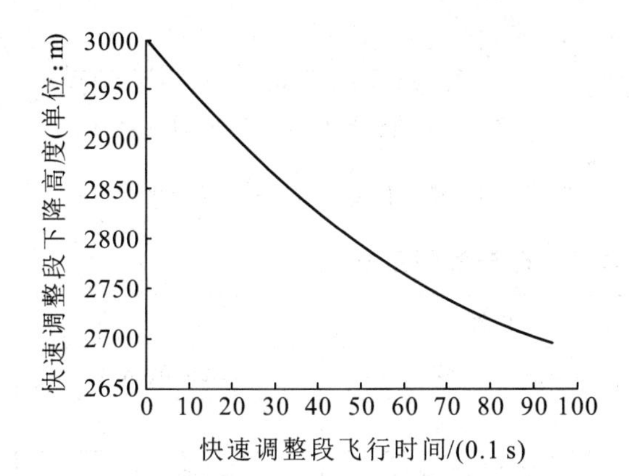

图 16　下降高度 Δh 随时间的变化曲线

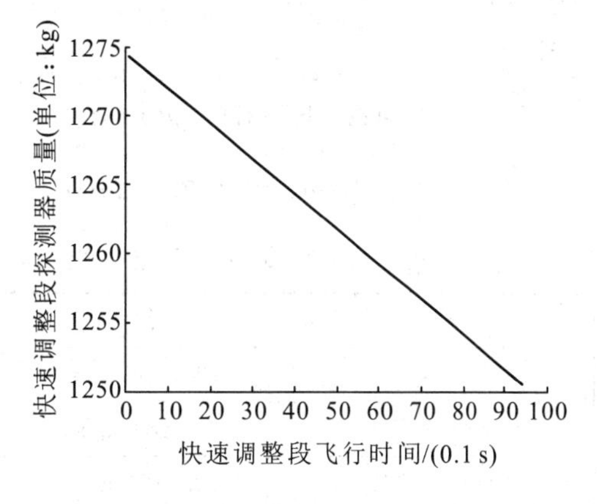

图 17　探测器质量 m 随时间的变化曲线

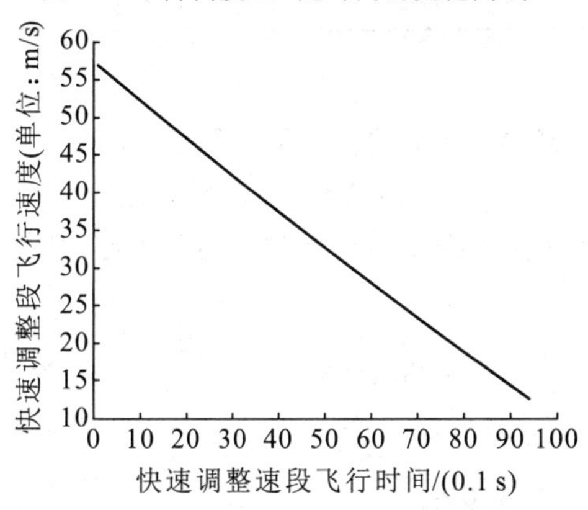

图 18　飞行速度 v 随时间的变化曲线

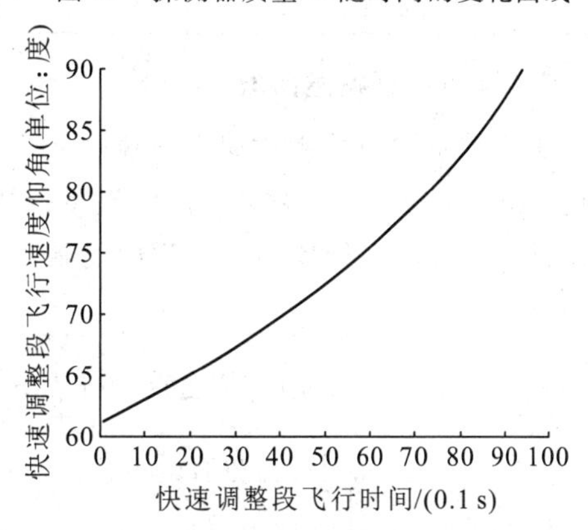

图 19　飞行速度仰角 ψ 随时间的变化曲线

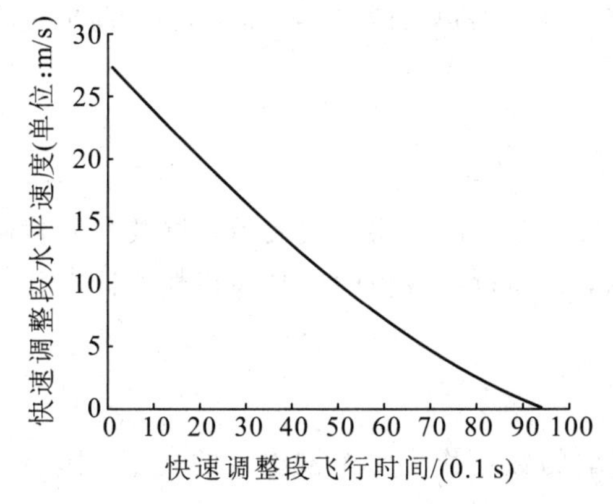

图 20　水平速度 v_x 随时间的变化曲线

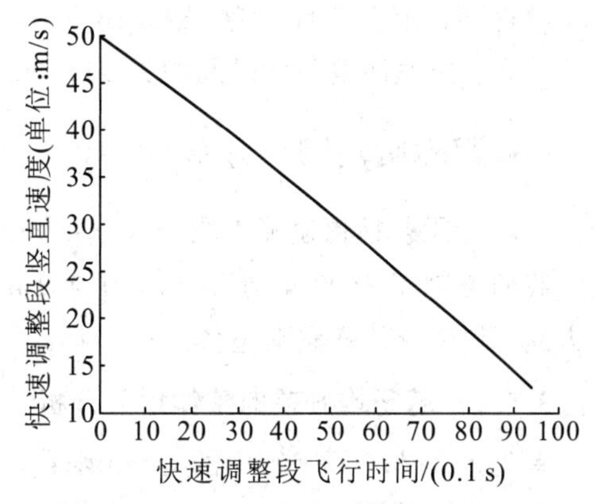

图 21　竖直速度 v_y 随时间的变化曲线

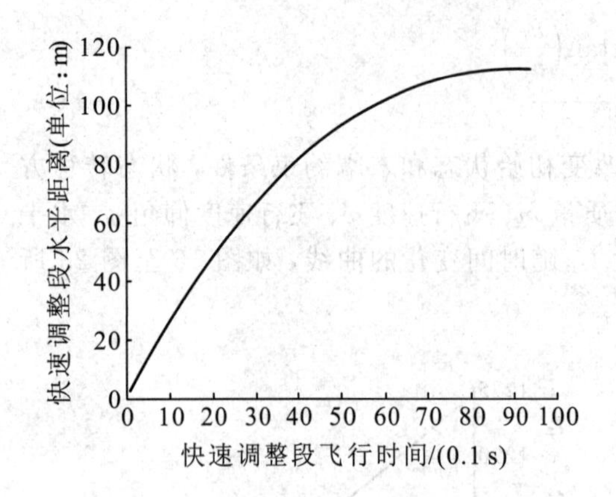

图 22 水平距离 d_x 随时间的变化曲线

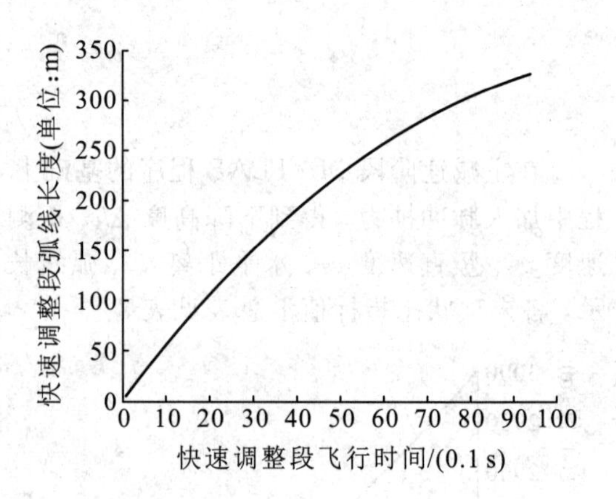

图 23 弧线长度 l_{AB} 随时间的变化曲线

表 3 快速调整阶段运动末状态指标值汇总表

指标	值	指标	值
末速度 v	12.6195 m/s	划过弧线长度 l_{AB}	326.07 m
水平分速度 v_x	0.0584 m/s	水平距离 d_x	112.2394 m
竖直分速度 v_y	12.6194 m/s	探测器最终质量 m	1.2505×10^3 kg
飞行角度 ψ	89.7347°	飞行时间 t	9.4 s

5.4.2 竖直减速阶段

快速调整阶段前半段使水平速度变为 0 时，竖直方向的速度为 12.6194 m/s，为了满足在 2400 m 悬停的条件，我们假设飞行器提供恒力使之匀减速至 2400 m 时刚好为 0，为简化计算，假设飞行器在该过程中质量不变，下面是根据动能定理和牛顿运动定律所列的方程：

$$\begin{cases}(mg-F)\Delta h=0-\dfrac{1}{2}mv^2\\[2mm] \dfrac{1}{2}\dfrac{F-mg}{m}t^2=\Delta h\\[2mm] \Delta h=2696.5-2400=296.5\ \text{m}\end{cases}\Rightarrow\begin{cases}F=2374.13\ \text{N}\\ t=47.0\ \text{s}\\ \Delta m=\dfrac{F}{v_e}t=37.9\ \text{kg}\end{cases}$$

解得飞行器恒定推力为 2374.13 N，质量减少 37.9 kg，时间为 47.0 s，加上前半段的时间，整个快速调整阶段时间约为 56.4 s。

5.5 粗避障阶段制导方案

避障阶段包括粗避障阶段(2400～100 m)，其主要目的是避开粗大陨石坑及月面障碍物。我们绘制了 2400 m 处的高程图与等高线图，并通过提取出的所有高程数据计算其平均方差，利用遍历算法对整体进行分析。

5.5.1 基于均方差的整体地形分析

首先采用 MATLAB 中的 mesh 函数，将读取的数据作为每个网格点的高度，作出了高程图及等高线图，见图 24～图 27(程序见数字课程网站)。

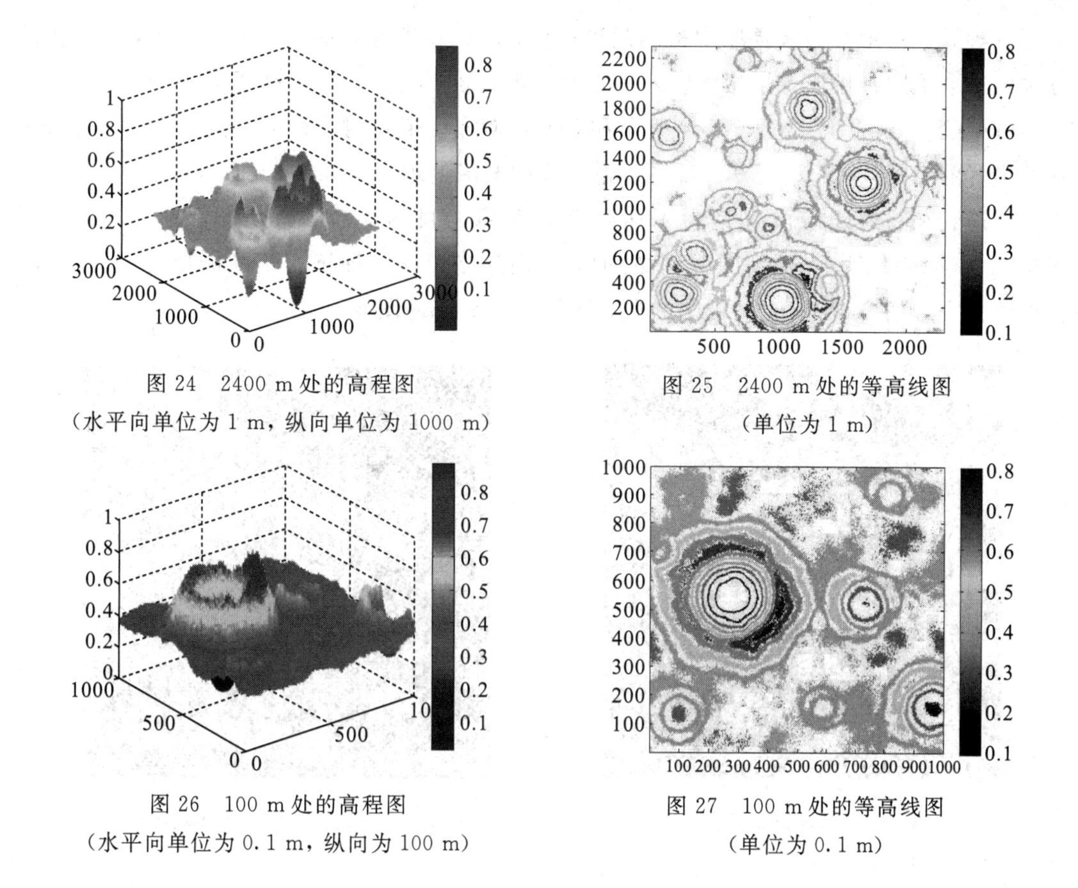

图 24　2400 m 处的高程图
（水平向单位为 1 m，纵向单位为 1000 m）

图 25　2400 m 处的等高线图
（单位为 1 m）

图 26　100 m 处的高程图
（水平向单位为 0.1 m，纵向为 100 m）

图 27　100 m 处的等高线图
（单位为 0.1 m）

从高程图和等高线图中可以初步判断出较为平坦的月球表面，但由于此时嫦娥三号处于"黑色 750 秒"，人工干预确定着陆点的可能性基本为 0，因此需要以实际的数学处理方法使嫦娥三号"自主"判断障碍物并选择着陆点。我们首先考虑的是将粗、精避障过程整合为一个阶段，利用从 2400 m 高空拍到的 2300 m×2300 m 范围的照片上提取出 2300×2300 个高程数据，根据这些数据我们用两个 for 循环遍历其中所有的 100×100 的数据并计算它们的平均方差进行分析。最后得到 x 区间为[1398，1497]、y 区间为[2173，2272]时这个 100×100 区域的高程平均方差最小，为 1.4945。所以避障阶段最终要到达的点为坐标(1477，1322)上方 100 m 处。

但在实际程序运行时，由于原始数据较大，一共要做 2200×2200 个循环，电脑一般要运行大约 1 个半小时。为了减少计算量，下面我们对图像做边缘提取，利用边缘图找到一些大型的陨石坑和月面障碍物，从而避开这些区域，并在剩下的区域搜寻着陆点。

5.5.2　基于边缘检测的地形分析

边缘检测的实质是采用选定的算法来提取出图像中对象与背景间的交界线，而边缘则定义为图像中灰度发生急剧变化的区域边界。参考多篇论文后发现，经典的边界提取技术大都基于微分运算。首先通过平滑来滤除图像中的噪声，然后进行一阶微分或二阶微分运算，求得梯度最大值或二阶导数的过零点，最后选取适当的阈值来提取边界。由于无法确定哪一种算子在地形边缘提取中检测效果最佳，因此在参考其他论文后，于众多边缘检测方法中选取了四种检测效果相对较好且受噪声影响较小的算子来对高程图进行检测，分别是Sobel算子、Roberts算子、Log算子和Canny算子。通过对它们的检测效果进行比较来筛选最优的算子，从而利用其边缘图作进一步的避障处理。

考虑到在粗避障阶段仅是为了达到粗略避障的目的，为了简化解题过程，在利用MATLAB软件编程(见数字课程网站)时，我们忽略了同一种算子不同阈值之间的比较，得到四张距月面2400 m时高程图的边缘图形，见图28～图31。

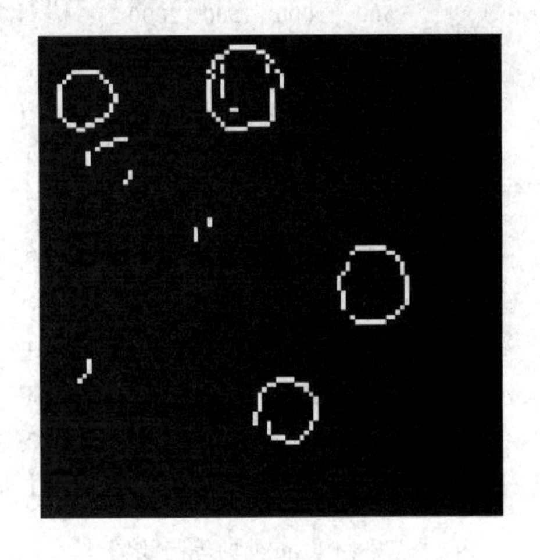

图28 Sobel算子边缘检测图

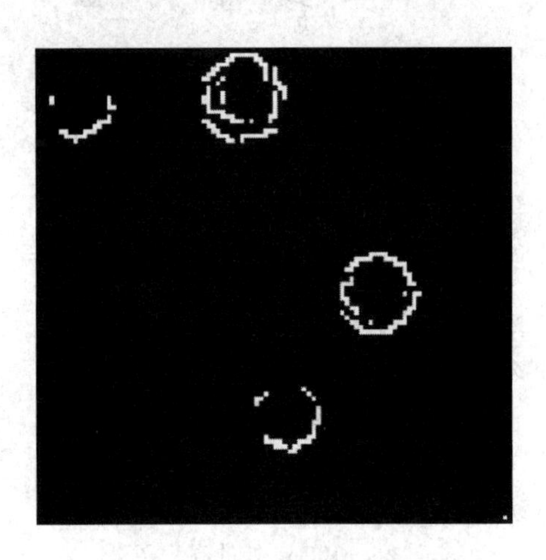

图29 Roberts算子边缘检测图

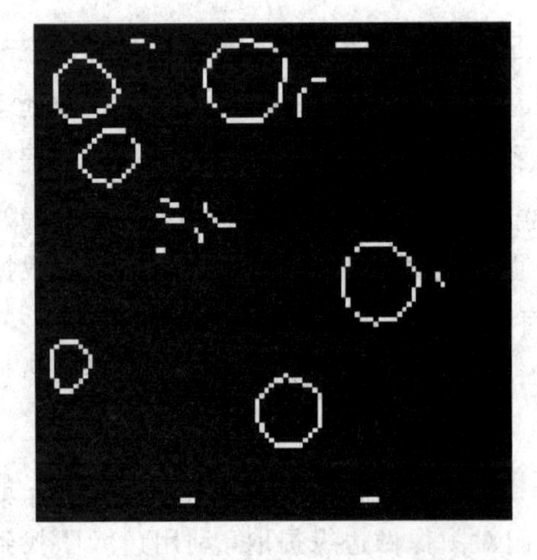

图30 Log算子边缘检测图

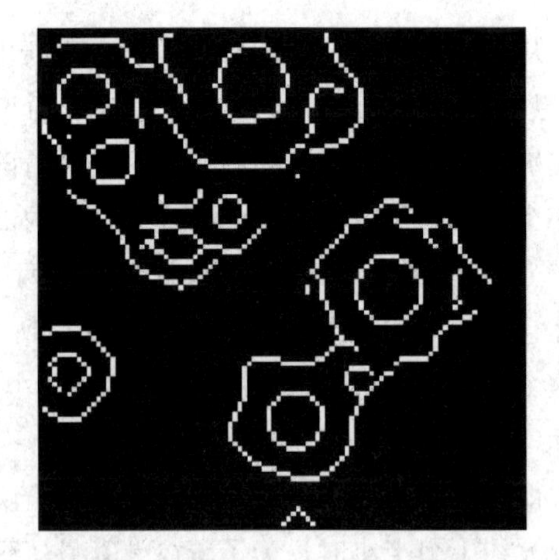

图31 Canny算子边缘检测图

通过比较可以看出，Canny算子的最终检测效果是最好的，因为它既能滤去噪声又能保持边缘特性，所以通过Canny算子得到的检测图，大致可以看出图中白线部分是嫦娥三号需要避开的陨石坑，而黑色部分则是较为平坦的可以作为降落点的地面。接下来就基于该检测图提取边缘点的坐标(程序见数字课程网站)，坐标图如图32所示。

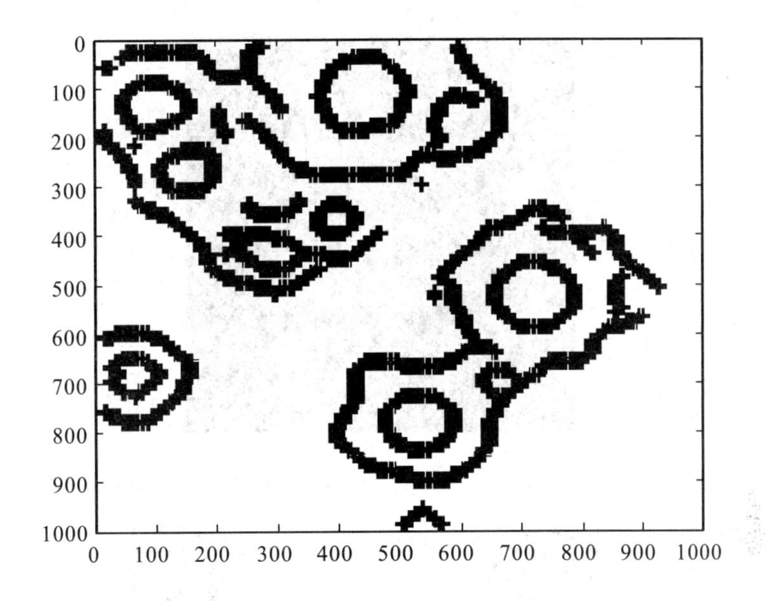

图 32　根据 Canny 算子边缘检测图提取的边缘点坐标图

(注：坐标数据见数字课程网站程序 duqudianji_2400.m 文件中的 B 矩阵，第一列表示 x 坐标，第二列表示 y 坐标)

通过 MATLAB 读图函数，获取边缘点坐标图上的边缘点坐标，在作均方差检验时就可以避开这些点，大大减少了计算量。

5.5.3　运动过程时间计算

从 2400 m 时速度为 0 下降到 100 m 时速度也为 0，我们设计竖直方向上的运动分为先重力加速到某一速度，再匀速运动，最后制动减速运动到 0 三个阶段，所需时间分别为 t_1、t_2、t_3，运动距离分别为 h_1、h_2、h_3。设计减速时间 t_3 和加速时间 t_1 相同，重力加速阶段运动距离与匀速运动距离相等。假设整个过程中飞行器质量 m 近似不变，匀速时的速度为 15 m/s，制动减速消耗燃料质量为 Δm。计算过程如下：

$$\begin{cases} gt_1=15 \\ 0.5gt_1^2=h_1 \\ 15t_2=h_2 \\ 0.5\dfrac{F-mg}{m}t_3^2=h_3 \\ h_1=h_2 \end{cases} \Rightarrow \begin{cases} t_1=t_3=9.2\ \text{s} \\ t_2=130.8\ \text{s} \\ \Delta m=12.37+87.90=100.27\ \text{kg} \end{cases}$$

由此计算得到粗避障阶段的飞行时间为 149.3 s，质量减少 100.27 kg。

5.6　精避障阶段策略

由于精避障时数据量较小，采用均方差最小来求着陆点是可行的，我们计算了 10×10 范围内的均方差，通过计算求得最优区域的中心坐标为(143，120)，单位为 m。

由上节得到的算子比较结果，对于精避障阶段，我们直接采用 Canny 算子对其高程图进行边缘提取，见图 33。提取的边缘点坐标图见图 34。

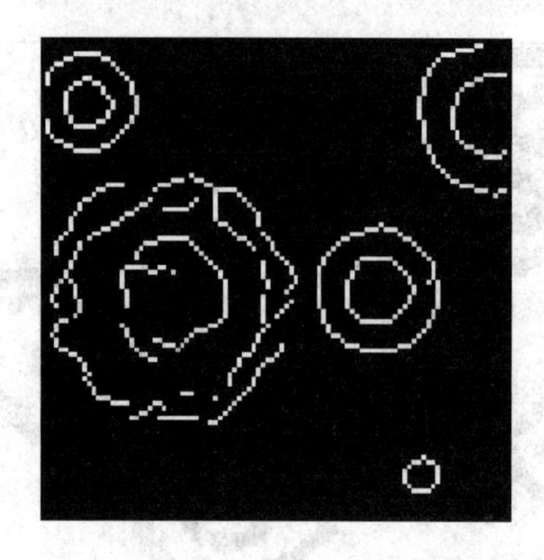

图 33　Canny 算子边缘检测图

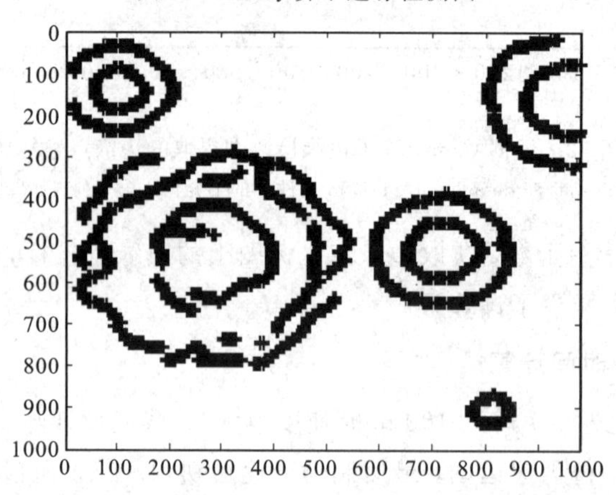

图 34　根据 Canny 算子边缘检测图提取的边缘点坐标图

(注：坐标数据见数字课程网站程序 duqudianji_100. m 文件中的 B 矩阵，第一列表示 x 坐标，第二列表示 y 坐标)

同理可得采用精避障时的运动过程，计算可得运动时间为 10.3 s，质量减少 30.5 kg。

5.7　缓速下降阶段减速策略

该阶段的主要目的是控制嫦娥三号探测器的速度，使其在距离月表 4 m 处相对于月面静止，这样才能保证在自由落体阶段的软着陆。计算可得该阶段耗时 4.52 s，质量减少 12.37 kg。

总结上述计算结果可得，六个阶段总耗时约为 661.72 s，消耗燃料总质量为 1292.64 kg。

6　敏感性分析

嫦娥三号飞行器软着陆的过程在快速调整阶段前基本位于预计着陆点上方，在快速调整阶段结束时水平速度变为 0，所以主减速阶段和快速调整阶段的一些状态变量的改变会使飞行器的着陆点改变。主减速阶段状态变量的改变会影响快速调整阶段开始时刻的状态，我们通过先分析快速调整阶段变量的敏感性，再来决定主减速阶段用于作敏感性分析的目标变量，我们用斜率来衡量敏感性的大小。

6.1　快速调整阶段敏感性分析

6.1.1　快速调整阶段脉冲推力器推力对水平位移的敏感性分析

在快速调整阶段，我们自己假设了水平发动机推力为 1500 N，这个推力会直接影响到这个阶段的水平位移，我们取主减速阶段结束时的各参数值，通过设定不同的脉冲推力器的推力值，从 1000 N 变化到 1500 N，其他条件都不变，得到脉冲推力器推力对快速调整阶段水平位移的关系如图 35 所示。

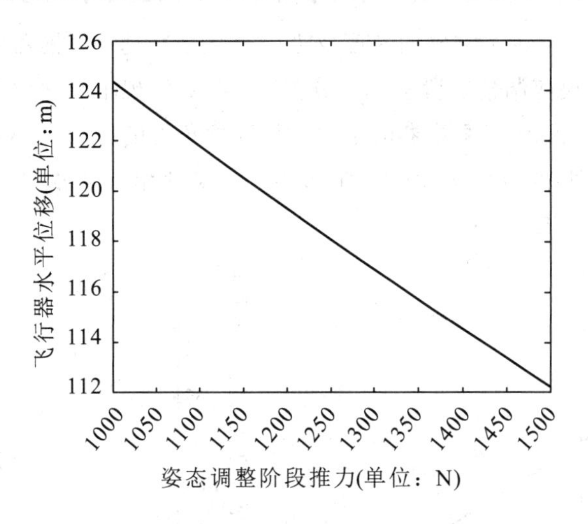

图 35　快速调整阶段脉冲推力器推力对水平位移的影响

由图 35 我们发现，脉冲推力器的推力与水平位移呈线性负相关关系，推力变化 500 N，水平位移变化 12 m 左右，敏感性大小约为 0.024 m/N。

6.1.2　快速调整阶段初始时刻速度夹角对水平位移的敏感性分析

在到达 3000 m 高度位置时速度约为 57 m/s，但这个速度的夹角会有不同(在主减速阶段敏感性分析时会看到)。我们改变速度的角度从 60°到 90°，保持其他条件和状态参数不变，脉冲推力器推力取 1000 N，得到快速调整阶段初始时刻速度夹角对水平位移的关系如图 36 所示。

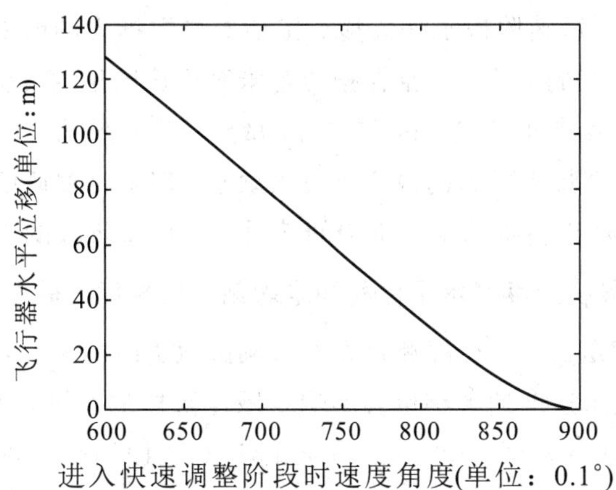

图 36　快速调整阶段初始时刻速度对水平位移的影响

由图 36 我们发现，初始速度角度与水平位移呈近似线性负相关，角度从 60°变化到 90°水平位移改变了 120 多米，在 90°减时为 0，敏感性大小约为 4 m/(°)。

从快速调整阶段初始速度角度和脉冲推力器推力对水平位移的敏感性分析中，我们发现水平位移对脉冲推力器推力的变化不是很敏感，对初始速度角度的变化很敏感。

6.2　主减速阶段敏感性分析

6.2.1　主减速阶段主推器推力对水平位移和末时刻速度角度的敏感性分析

在主减速阶段时，利用主推器向速度反方向喷气来减速，主推器的推力大小直接决定水平位移的大小。在快速调整阶段敏感性分析时，我们发现主减速阶段末时刻的速度夹角对水平位移的影响很大，所以主推器的推力对该速度角度的影响大小有必要作下研究。我们通过改变主推器最大推力从 7000 N 到 8000 N，得到相应的水平位移和末时刻速度角度，具体结果如图 37、图 38 所示。

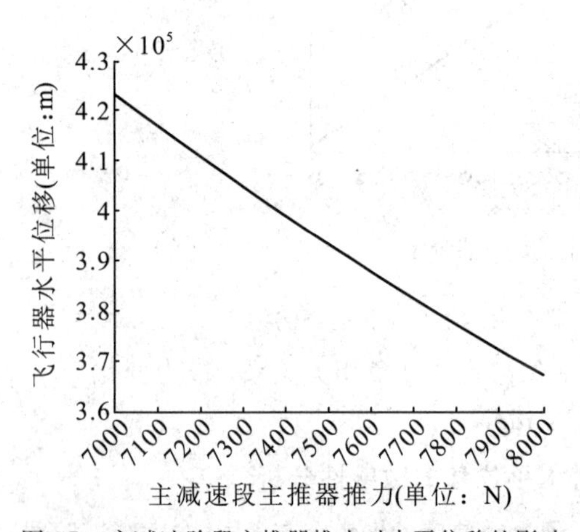

图 37　主减速阶段主推器推力对水平位移的影响

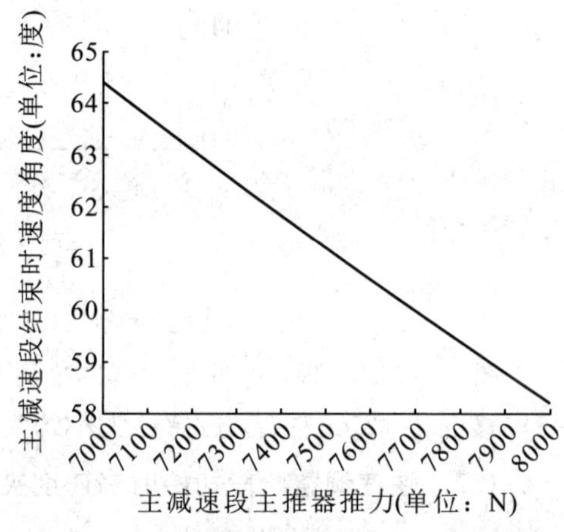

图 38　主减速阶段主推器推力对末时刻速度角度的影响

从图 37 我们发现，主推器推力与水平位移近似呈线性负相关，推力改变 1000 N，水平位移改变约 58 km，主减速阶段水平位移对主推器最大推力的改变很敏感，敏感性大小约为 58 m/N。从图 38 我们发现，主推器推力与末时刻速度角度近似呈线性负相关，但推力改变 1000 N，末时刻速度角度仅改变 5°左右，敏感性大小约为 0.005°/N，在主减速阶段末时刻速度角度对主推器最大推力的改变不是很敏感，但末时刻速度角度在快速调整阶段对水平位移影响较大，所以主推器最大推力间接对快速调整阶段的水平位移有影响。

6.2.2　主减速阶段初速度对水平位移和末时刻速度角度的敏感性分析

主减速阶段初速度是嫦娥三号探测器在经过椭圆轨道时的速度，这个速度由椭圆轨道的近地点高度决定。这个速度的大小也会影响主减速阶段的水平位移和末时刻速度角度，我们改变初速度从 1600 m/s 到 1700 m/s 来探讨其对上面两个量的影响，具体结果如图 39、图 40 所示。

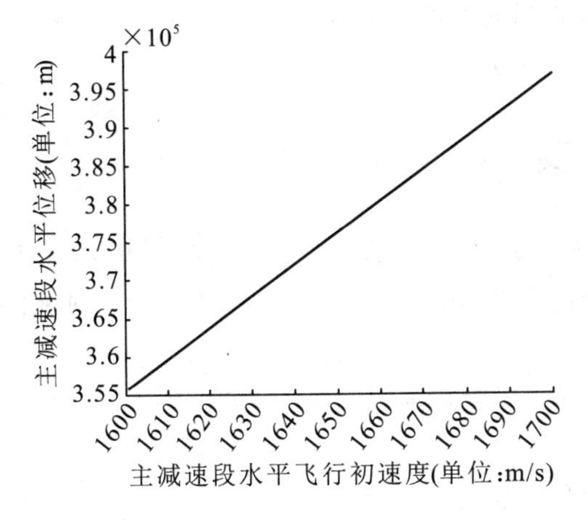

图 39　主减速阶段初速度对水平位移的影响

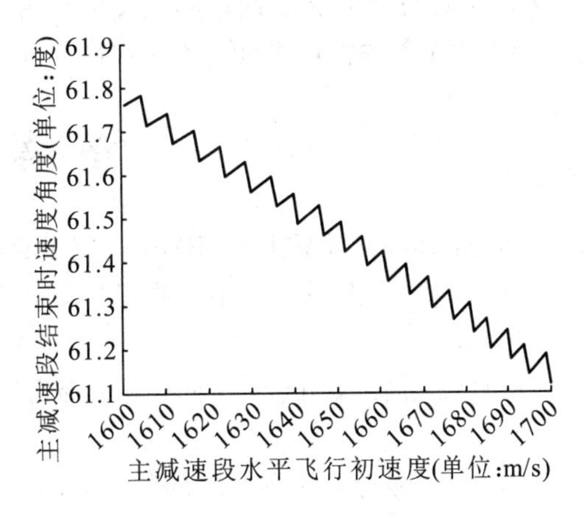

图 40　主减速阶段初速度对末时刻速度角度的影响

从图 39 中我们发现，初始速度与水平位移近似呈线性正相关，初速度改变 100 m/s，水平位移改变约 40 km，敏感性大小约为 40 s。从图 40 我们发现，初始速度与末时刻速度角度呈负相关，图中角度呈锯齿形变化递减，这是由于程序原因判断末时刻速度造成的，实际上应该是逐渐递减的，其角度在初速度变化 100 m/s 的时候变化范围为 0.6°，敏感度大小约为 0.006°/(m/s)。

6.2.3　主减速阶段主推器最大推力和初始速度对水平位移和末时刻速度角度的纵向比较

通过主减速阶段敏感性分析可知，主推器推力、初始速度对水平位移的影响都很大；主推器推力、初始速度对末时刻速度的角度影响很小，但初始速度与主推器推力相比较，初始速度对末时刻速度的角度影响更敏感。考虑到近月轨道的特殊性，初始速度的改变不会很大，但随着科学的进步，推进器的最大推力是可以在很大程度上提高的，所以未来嫦娥登月系列飞行器应主要在提高推进器最大推力上发展。

7　模型评价

7.1　模型的优点

(1) 由已知的近月点和远月点与月面的距离，采用倒推的方法计算出了近月点和远月点的速度，并且根据能量守恒定律进行了合理的验证，得到了误差，思路严密。

(2) 在精、避障阶段时考虑到利用基于 Canny 算子的图形边缘检测方法，得到了边缘图形并提取出了边缘点的坐标集合，以选定平坦的着陆区域，与通过计算均方差来求着陆点的方法相比，大大简化了求解时间，且分阶段进行筛选着陆区域更加符合题意，显得更加合理。

7.2　模型的缺点

(1) 在避障阶段用图形边缘检测方法选定着陆区域时，只能通过提取的边缘点坐标集合使嫦娥三号避免取那些区域，而无法得到着陆点的精确范围。

(2) 高程图转化在边缘检测过程中有明暗相间的点信息损失。

(3) 没有考虑软着陆轨道的偏移量及水平位移量。

参 考 文 献

[1] 刘浩，韩晶. MATLAB R2012a 完全自学一本通[M]. 北京：电子工业出版社，2013.

[2] 苏金明，张莲花，刘波，等. MATLAB 工具箱应用[M]. 北京：电子工业出版社，2004.

[3] 王晓晨，潘晨，五轩. 十问嫦娥：揭密嫦娥三号探测器[J]. 中国航天，2014 (1)：15 - 26.

[4] 单永正. 月球探测器软着陆的制导问题研究[D]. 哈尔滨：哈尔滨工业大学，2009.

[5] CURTIS H D. 轨道力学[M]. 周建华,译. 北京：科学出版社，2009.

[6] 郭敏华. 月球软着陆的建模与控制[D]. 哈尔滨：哈尔滨工业大学，2007.

[7] 王杰，陈陈. 现代控制理论与分析[M]. 北京：中国水利水电出版社，2011.

[8] 百度文库. 图像边缘检测与提取算法比较[EB/OL]. http：//wenku. baidu. com/link? url =fyKzW9GNabv7JdCGHgR0KONQ_tVKoErWdEGzbgdWRdpWZ9JBs8vAs 7mNUITIuJU - T3sULxnEePQwVU3_q2QGMpDqgJO57k2bSLr89wVnMRC. 2013 - 07 - 19.

[9] 单永正，段广仁，张烽. 月球精确定点软着陆轨道设计及初始点选取[J]. 宇航学报，2009，30(6)：2009 - 2104.

[10] 蒋瑞，韩兵. 嫦娥三号着陆控制研究与软件仿真[J]. 研究与设计，2012，28(2)：17 -20.

[11] 王鹏基，曲广吉，张熇. 月球软着陆飞行动力学和制导控制建模与仿真[J]. 中国科学，2009，39(3)：521 - 527.

[12] 梁东平，柴洪友，陈天智. 月球着陆器软着陆动力学建模与分析综述[J]. 航天器工程，2011，20(6)：104 - 112.

[13] 荆海英. 最优控制理论与方法[M]. 沈阳：东北大学出版社，2008.

论 文 点 评

该论文获得 2014 年“高教社杯”全国大学生数学建模竞赛 A 题的一等奖。

1. 论文采用的方法和步骤

论文研究嫦娥三号软着陆轨道设计与控制策略。

(1) 对于问题一，在已知环月轨道近月点为 15 km、远月点为 100 km 的条件下，要确定环月准备轨道，就需要确定其相对位置和嫦娥三号的运行速度等参数。首先，通过开普勒面积定律与牛顿经典力学知识推导出了椭圆拱点处的速度，然后结合椭圆几何性质求解半焦弦长度，确定了近月点和远月点的速度。其次，建立了月心空间直角坐标系，用动能定理求出了整个主减速阶段的类抛物线长度，将其近似看成两个点平均高度的弧长，求出一个近似的夹角，再通过余弦定理得到了近月点和远月点的直线距离，最后确定出了近月点和远月点的位置。

(2) 对于问题二，确定嫦娥三号的着陆轨道和在六个阶段的最优控制策略。首先，将二维月心坐标系转化为极坐标系，在极坐标系下建立了软着陆轨道动力学模型。根据对软着陆过程中六个阶段的要求，分析了各个阶段嫦娥三号的受力情况，给出了软着陆轨道动力学模型，以简化其在各阶段的运动方程，给出了起止状态(速度和高度)，建立了以燃料消耗最少为目标的最佳控制策略(主发动机的推力大小和方向)，以满足各个阶段起止状态的要求。在嫦娥三号着陆准备阶段确立近月点位置，对于主减速阶段，其主要策略是消除较大的初始水平速度，因此，在这个过程中主要考虑如何设计发动机的减速控制方案，在使轨道末端满足下一阶段要求的前提下，以燃料最省为目标进行设计。快速调整阶段的主要策略是调整嫦娥三号的姿态垂直向下，即使探测器的水平速度为 0。根据主减速段燃料最优制导方案，计算出该阶段嫦娥三号探测器的末状态，即为快速调整阶段的初始状态。对于粗避障和精避障两个阶段，由于嫦娥三号在悬停时会对月面进行拍照来避障，考虑先采用图形边缘检测的方法对高程图进行边缘检测，根据该图可以进行大致的避障判断，避开主要的陨石坑，再计算高程的平均方差作进一步的避障。缓速下降阶段的主要策略是控制嫦娥三号探测器的速度，使其在距离月表 4 m 处相对于月面静止，这样才能保证在自由落体阶段的软着陆。最后，得到了六个阶段的总耗时与消耗燃料总质量。

(3) 对于问题三，对所设计的着陆轨道和控制策略作了相应的误差分析和敏感性分析。考虑了快速调整阶段脉冲推力器推力对水平位移及初始时刻速度夹角对水平位移的敏感性分析，主减速阶段主推器推力对水平位移和末时刻速度角度及初速度对水平位移和末时刻速度角度的敏感性分析，最后对它们进行了纵向比较。

2. 论文的优点

该论文较好地完成了“嫦娥三号软着陆的轨道设计和控制策略”。文中采用开普勒定律，结合牛顿经典力学知识，准确地确定了近月点和远月点的速度，根据动能定理和弧长公式，最终确立了两点的具体位置。以燃料消耗最少为设计目标，根据 Pontryagin 极大值原理，给出了耗损燃料的最优推力方案，较完整设计了相应的着陆轨道和六个阶段的控制策略。

3. 论文的缺点

该论文在后三个阶段的最优控制策略上，没有给出明确简化的优化模型。所设计的着陆轨道与控制策略没有作相应的误差分析和敏感性分析，讨论亦不足。

第9篇　系泊系统的设计①

队员：任胜苗(电气工程及自动化)，应芝(电气工程及自动化)，
杨碧姣(电气工程及自动化)
指导教师：数模组

摘　　要

本文研究近浅海观测网传输节点中系泊系统的设计问题，需求出系统各个组件的相关参数。根据题目所给要求，该系统为单点系泊系统，主要涉及的力包括重力、浮力、拉力、风力、水流力，为求出钢桶的倾斜角度、浮标的吃水深度及游动区域、锚链的曲线形状等系统参数，需建立模型并求解，所依据的原理主要是力的合成与分解以及索链的抛物线理论。

对于问题一，首先要确定的是各个部分的受力情况，在不考虑海水流动的情况下，风速会对系统状态产生主要影响，系统可能处于拖地或者不拖地两种状态，通过对系统各个部分进行受力分析，求出锚链长度计算值，并与实际值进行比较，得出风速为12 m/s时系统拖地，风速为24 m/s时系统不拖地的结论。在两种状态下分别代入数据计算参数，在求解锚链曲线的过程中，由于不确定因素过多使计算精确解十分复杂，我们首先考虑引用抛物线理论建立曲线模型，求其近似解，但是此种方法仅适用于不拖地状态，因此我们将每一节链环看作一节钢管，用力学原理写出递推公式，从而能够适用于更多情况。

对于问题二，基于问题一的讨论结果，风速为24 m/s时系统已经处于不拖地的状态，因此在同样假设条件下，风速为36 m/s时系统同样不拖地，且不满足问题二要求，从而需要增加重物质量使系统符合要求。将重物球的质量设为未知量，运用问题一的力学模型和递推模型，计算相关参数。调节重物球的质量使系统符合要求，给出了满足条件的重物球质量区间[2060, 4895.8]kg。

对于问题三，考虑水流速度，并且水深、风速、锚链、重物均不确定。对于系统状态，同样有拖地和不拖地两种状态，风速和水速产生的合力为系统所受外力。我们首先计算了在不同水深情况下锚链的极限拖地状态，得到水越深系统越容易失去稳定的结论。然后在最大水深情况下，作了同种锚链型号的长度对系统稳定性的灵敏度分析，以及在相近的锚链长度下，不同种锚链型号对系统稳定性的灵敏度分析，得出了在满足该海域中极限海况条件下，保持系统稳定的条件，并得出锚链型号Ⅳ与Ⅴ在极限海况条件下效果较好。最后我们设计了两条锚链，使系统能够在极限海况下相对稳定，并且求出了使钢桶在该条件下保持倾斜角小于5°时需要增加的重物球的质量。

关键词：力的合成与分解；抛物线理论；灵敏度分析；单点系泊系统

①此题为2016年“高教社杯”全国大学生数学建模竞赛A题(CUMCM2016—A)，此论文获该年全国一等奖。

1 问题重述

近浅海观测网的传输节点由浮标系统、系泊系统和水声通信系统组成。浮标可简化为底面直径2 m、高2 m的圆柱体，质量为1000 kg。系泊系统由钢管、钢桶、重物球、电焊锚链和特制的抗拖移锚组成。锚的质量为600 kg，锚链型号见原题。钢管共4节，每节长度为1 m，直径为50 mm，每节钢管的质量为10 kg。锚链末端与锚的链接处的切线方向与海床的夹角不超过16°。钢桶长为1 m，外径为30 cm，质量为100 kg。钢桶上接第4节钢管，下接电焊锚链。钢桶与电焊锚链链接处可悬挂重物球。

系泊系统的设计问题就是确定锚链的型号、长度和重物球的质量，使得浮标的吃水深度和游动区域及钢桶的倾斜角度等系统参数尽可能小。

需要解决以下问题：

问题一，选用Ⅱ型电焊锚链22.05 m，重物球的质量为1200 kg，将该型传输节点布放在水深为18 m、海床平坦、海水密度为1.025×10^{3} kg/m^{3}的海域。若海水静止，分别计算海面风速为12 m/s和24 m/s时的系统参数。

问题二，在问题一的假设下，计算海面风速为36 m/s时的系统参数。请调节重物球的质量，使得钢桶的倾斜角度不超过5°，锚链在锚点与海床的夹角不超过16°。

问题三，若水深介于16～20 m之间，海水速度最大为1.5 m/s，风速最大为36 m/s，请给出考虑风力、水流力和水深情况下的系泊系统设计，并分析不同情况下的系统参数。

2 问题分析

本题目主要解决近浅海观测网中系泊系统的设计问题。在海洋开发利用过程中，系泊定位系统有着广泛的应用。根据题中所给的条件，仅一块锚和浮标可在一定范围内活动，因此本问题考虑单点系泊系统，其特点是能够降低外界环境造成的影响，整个系统趋向于受力最小的方位。

在该系泊系统中，锚链部分是非线性化程度最高的部分，由于其刚度的不连续性、锚链几何形状的非线性[1]等因素，极大地影响到了整条锚链的受力情况。在建模过程中，为了简化计算，首先将锚链假设为密度均匀的链条，忽略其自身的扭动，忽略其各个接口受力不均造成的阻力及突发状况，基于此，整个系统主要考虑的是重力、浮力、链条张力、空气阻力和外力。

问题一分析：在不考虑海水流速的情况下，浮标的位置主要受风向和风速的影响。在风速一定时，整个系统维持在一定的平衡状态，理想情况下各个组件在同一竖直平面内，将该平面围绕锚所在的竖直轴线旋转，浮标的位置组成的圆形海域即为浮标的游动区域，因此只需要对整个系统的竖直截面进行受力分析。在风速未知时，对于浮标受重力、浮力、风力、拉力，钢管受重力、拉力，重物球和钢桶受重力、拉力、浮力的情况，不确定锚块是否拖地，此时，先假设其拖地，将题目中所给风速当作已知条件代入，求各个系统参数。当用抛物线理论求解锚链曲线时，在不拖地的状态下，抛物线理论无法计算精确解，可将链环看作钢管，建立力学的递推模型求出锚链的形状，并且用递推模型求解拖地状态，与曲线模型作对比，分析其误差产生的原因。

问题二分析：可以确定风速为 36 m/s 时系统状态为不拖地，因此可采用递推法求解锚链曲线形状。在求出各个参数以后，将重物球的质量设为未知量，调节重物球的质量使之满足钢桶的倾斜角度不超过 5°，锚链在锚点与海床的夹角不超过 16°的条件，由此可知满足条件的重物质量不止一个，需要求出钢桶倾角符合条件下重物质量的区间，即求其临界值。

问题三分析：考虑海水流速对系统造成的影响，在水速、风速、水深、锚链、重物均不确定的情况下分析系统的各个参数。首先控制变量，为了方便对比，先代入问题一中锚链和重物的假设。为了描述每种情况下系统的状态，我们计算各个极限状态的参数，即得到各个参数的区间。再考虑锚链、重物的参数，其中问题二中已经讨论一部分重物质量对系统的影响，因此在本问题中我们着重考虑锚链型号及长度对系统的影响。在列举合理范围内的状况后，我们考虑在大多数环境较平稳的条件下，得出系泊系统稳定性最高的相关参数。

3 模型假设与符号说明

3.1 模型假设

本文研究基于以下基本假设：

(1) 锚链整体密度均匀，链环连接处没有损失，也不增加长度。

(2) 浮标、钢管、钢桶、重物球之间的连接处不产生其他阻力。

(3) 系统中的每个组件均不考虑其自身的扭动变形等受力情况。

(4) 风速、水速所产生的力均为恒力。

3.2 符号说明

对本文研究过程中用到的符号作以下说明：

$F_{浮力}$——浮标所受的浮力；

$F_{风}$——近海风荷载；

g——物体重力加速度；

h_1——浮标吃水深度；

$S_{底}$——浮标底面积；

$m_{浮标}$——浮标质量；

$G_{浮标}$——浮标重量；

$F_{拉1}$——钢管对浮标的拉力；

θ——钢管对浮标的拉力与重力之间的夹角；

$G_{钢管}$——一根钢管所受的重力；

$G_{钢桶}$——钢桶所受的重力；

$G_{重物}$——重物球所受的重力；

α——锚链对钢桶的拉力与竖直方向间的夹角；

β——钢桶在竖直方向上的倾角；

T_1——钢管对钢桶的拉力；

T_2——锚链对钢桶的拉力；

$F_{重物浮力}$——重物球在海水中受到的浮力；

$F_{钢桶浮力}$——钢桶在海水中受到的浮力；

W——锚链在水中的重量；

w——锚链在水中单位长度的重量；

T_x——锚链所受的张力在水平方向上的分量；

Δ_x——第 x 根钢管在竖直方向上的倾角；

H——锚链在竖直方向上的投影长度；

L_0——锚链在水平方向上的投影长度；

S_0——锚链曲线长度的计算值；

γ——弦 OA 与水平面的夹角；

w_x——锚链的重量在 x 轴上单位长度的重量；

$F_{锚y}$——锚受到拉力的竖直分量；

Ω——锚链在着地点切线的倾角；

H_0——水深的计算值。

4　模型建立及求解

4.1　问题一的模型建立及求解

4.1.1　求解思路

在海水静止的情况下，整个系统在平衡状态时，我们假设系统的各个组件没有自身扭动变形受力，锚链、钢管的密度均匀，浮力忽略不计，锚块为拖地状态。其中锚链形状为曲线，将其所受张力在水平、竖直方向分解，假设其张力水平分量恒定不变且近似为近海风荷载。根据题目所给的数据，浮标为 1000 kg，重物球为 1200 kg，推测其所受浮力不可忽略，假设重物球密度为 8000 kg/m^3。由此将系统分为浮标、钢管、钢桶、锚链四个部分，从上到下进行受力分析。将被分析的组件所受的力按照水平、竖直方向进行分解，根据受力平衡的原则列出方程，建立模型。根据模型求出钢管、钢桶的倾斜角度。由于锚链形状为曲线，求曲线方程的精确解计算复杂，因此考虑采用抛物线理论求其近似解，得到锚链曲线方程后可得浮标的游动区域。

4.1.2　浮标的受力分析及相应的力学方程

浮标的受力分析如图 1 所示。

根据平衡状态及近海风荷载公式，列写如下方程：

$$F_{浮力}=\rho_{海水}\times g\times h_1\times S_{底} \tag{1}$$

$$F_{风}=0.625\times(2-h_1)\times 2\times v_{风}^2 \tag{2}$$

$$G_{浮标}=m_{浮标}\times g \tag{3}$$

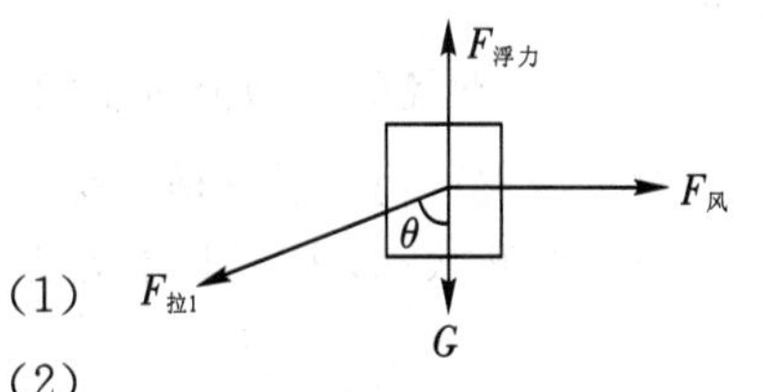

图 1　浮标受力分析图

其中：$F_{浮力}$表示浮标所受的浮力；$F_{风}$ 表示近海风荷载；$\rho_{海水}$表示海水密度；g 表示物体重力加速度；h_1 表示浮标吃水深度；$S_{底}$ 表示浮标底面积；$m_{浮标}$表示浮标质量；$G_{浮标}$表示浮标重量。将 $F_{拉1}$在水平和竖直方向上分解，建立方程组：

$$\begin{cases} F_{浮力}=G_{浮标}+F_{拉1}\times\cos\theta & (4) \\ F_{风}=F_{拉1}\times\sin\theta & (5) \end{cases}$$

其中：$F_{拉1}$表示钢管对浮标的拉力；θ 表示钢管对浮标的拉力与重力之间的夹角。在上述方程中，$F_{拉1}$、h_1、θ 为未知量。

4.1.3 钢管的受力分析及相应的力学方程

钢管的受力分析如图 2 所示。

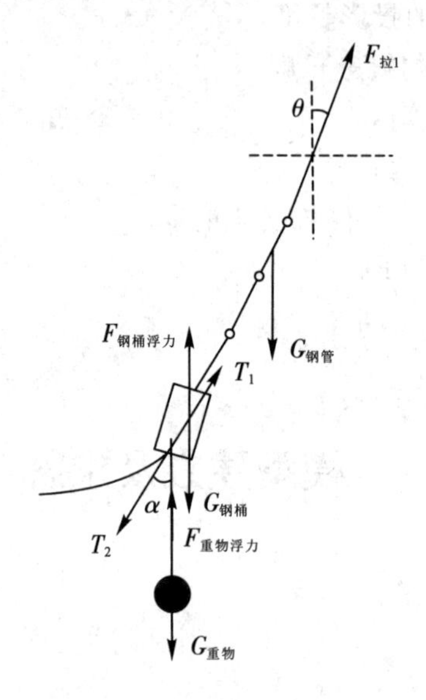

图 2 钢管的受力分析图

根据平衡状态，列写如下方程：

$$T_2\times\cos\alpha+G_{重物}+4\times G_{钢管}+G_{钢桶}-F_{重物浮力}-F_{钢桶浮力}=F_{拉1}\times\cos\theta \quad (6)$$

$$\frac{T_x}{\sin\alpha}=\frac{F_{风}}{\sin\alpha}=T_2 \quad (7)$$

将式(5)、式(7)代入式(6)，可得

$$\frac{F_{风}}{\tan\alpha}+G_{重物}+4\times G_{钢管}+G_{钢桶}-F_{重物浮力}-F_{钢桶浮力}=\frac{F_{风}}{\tan\theta} \quad (8)$$

其中：$G_{重物}$表示重物球所受的重力，$G_{钢管}$表示一根钢管所受的重力；T_x 表示锚链所受张力的水平分量，近似等于近海风荷载；T_2 表示锚链对钢桶的拉力；α 表示 T_2 与竖直方向间的夹角。

4.1.4 钢桶的受力分析及相应的力学方程

对于悬挂重物球的钢桶，其受力分析如图 3 所示。

根据平衡状态，列写如下方程：

$$\boldsymbol{T}_2=\boldsymbol{F}_{风}+\boldsymbol{W} \quad (9)$$

$$\tan\alpha=\frac{F_{风}}{W} \quad (10)$$

$$\boldsymbol{T}_1=\boldsymbol{G}_{钢桶}+\boldsymbol{G}_{重物}+\boldsymbol{T}_2+\boldsymbol{F}_{钢桶浮力}+\boldsymbol{F}_{重物浮力} \tag{11}$$

其中：T_1 表示钢管对钢桶的拉力；T_2 表示锚链对钢桶的拉力；W 表示锚链在水中的重量，$W=0.87\,W_a$[2]（W_a 是锚链在空气中的重量）。钢管对钢桶的拉力理论上并不是沿着钢管的方向，也不是沿着与钢桶上地面垂直的方向，由于钢管和钢桶在竖直方向上的倾角十分小，因此在力的合成过程中我们把力的方向看作与钢桶上底面垂直。图 3 中，β 为钢桶在竖直方向上的倾角。

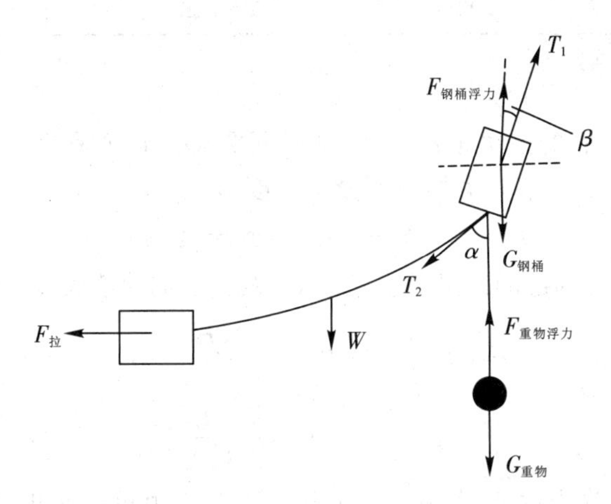

图 3　钢桶、重物球系统的受力分析图

将式(10)代入式(8)，得

$$W+G_{重物}+4\times G_{钢管}+G_{钢桶}-F_{重物浮力}-F_{钢桶浮力}=\frac{F_{风}}{\tan\theta} \tag{12}$$

联立式(4)、式(5)、式(12)，可求出 h_1、$F_{拉}$、θ、$F_{风}$。其中式(11)是对钢桶的受力分析写成的方程，将钢桶所受的力沿水平、竖直方向进行分解，得出如下方程：

$$\begin{cases}T_1\cos\beta=G_{重物}+G_{钢桶}+T_2\cos\alpha-F_{重物浮力}-F_{钢桶浮力} & (13)\\ T_1\sin\beta=T_2\sin\alpha & (14)\end{cases}$$

$$\begin{aligned}\tan\beta&=\frac{T_2\sin\alpha}{G_{重物}+G_{钢桶}+T_2\cos\alpha-F_{重物浮力}-F_{钢桶浮力}}\\&=\frac{F_{风}}{G_{重物}+G_{钢桶}+W-F_{重物浮力}-F_{钢桶浮力}}\end{aligned} \tag{15}$$

$$\tan\Delta_x=\frac{F_{风}}{G_{重物}+G_{钢桶}+W+xG_{钢管}-F_{重物浮力}-F_{钢桶浮力}} \tag{16}$$

其中，Δ_x 表示该钢管在竖直方向上的倾角，下标 x 表示钢管的编号，即从下到上为 1、2、3、4 号钢管。

对每一根钢管来说其受力情况如图 4 所示。其中，T_3、T_4 是钢管两端所受的拉力。与钢桶分析的情况相同，一根钢管两端所受到的拉力理论上不与任何一根钢管重合，为了简化计算，我们将其两端力的倾角看作与之衔接的钢管的倾角。根据以上方程可得出相关角度的结果，如表 1 所示。

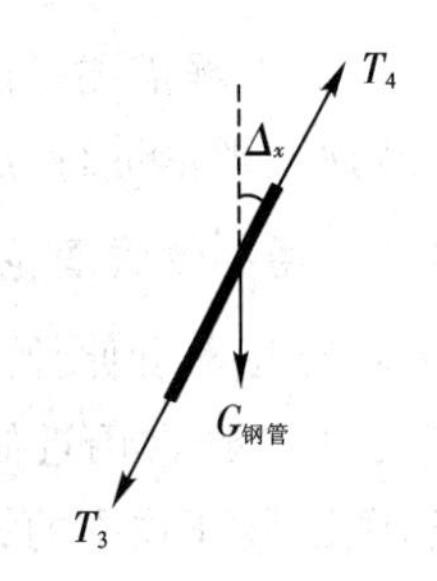

图 4　单根钢管受力分析图

表 1 问题一中风速为 12 m/s 时的结果

参数	数值	参数	数值
$v_{风}$	12 m/s	Δ_1	1.125°
h_1	0.698 m	Δ_2	1.116°
β	1.134°	Δ_3	1.107°
θ	1.098°	Δ_4	1.098°

注：钢管角度从下往上编号。

由于钢桶与各个钢管的倾角相差很小，因此可先将其近似看作一条直线。我们取Δ_l为这条直线的倾角，则锚链在竖直方向上的投影长度为

$$H=18-h_1-5\times105\ \Delta_l=12.30\ \text{m}$$

引用文献[2]中计算锚链的水平投影长度 L_0 及锚链的曲线长度 S_0 的公式：

$$L_0=\frac{T_x}{w}\times\text{arcosh}\left(\frac{w\times H}{T_x}+1\right)$$

$$S_0=\frac{T_x}{w}\times\sinh\left(\frac{w\times L_0}{T_x}\right)$$

其中，T_x 为锚链所受张力的水平分量，w 为锚链在水中单位长度的重量。求得结果为 $L_0=8.23$ m，$S_0=15.73$ m<22.05 m。由于锚链曲线长度的计算值远小于实际值，因此先前假设的锚块处于拖地状态是合理的。根据以上推导将系统受力模型整理如下：

$$\begin{cases}F_{浮力}=G_{浮标}+F_{拉1}\times\cos\theta\\F_{风}=F_{拉1}\times\sin\theta\\W+G_{重物}+4\times G_{钢管}+G_{钢桶}-F_{重物浮力}-F_{钢桶浮力}=\dfrac{F_{风}}{\tan\theta}\\\tan\beta=\dfrac{F_{风}}{G_{重物}+G_{钢桶}+W-F_{重物浮力}-F_{钢桶浮力}}\\\tan\Delta_x=\dfrac{F_{风}}{G_{重物}+G_{钢桶}+W+x\,G_{钢管}-F_{重物浮力}-F_{钢桶浮力}}\\L_0=\dfrac{T_x}{w}\times\text{arcosh}\left(\dfrac{w\times H}{T_x}+1\right)\\S_0=\dfrac{T_x}{w}\times\sinh\left(\dfrac{w\times L_0}{T_x}\right)\end{cases}\tag{17}$$

可进一步求解描述锚链形状的曲线方程，但是直接求解方程计算复杂，因此引用文献[2]中的抛物线理论进行近似计算。

4.1.5 用抛物线理论构建曲线模型并求解锚链曲线近似解

两端固定且不可伸长的索或链的曲线形状称为“悬链曲线”[2]。由于计算悬链曲线方程十分复杂，因此经常用近似计算方法求解。抛物线理论就是其中之一，其实质上是取悬链曲线泰勒级数展开式中的第一项经过修正得到的[2]。

以锚所在的位置为原点建立坐标系，如图 5 所示。

引用文献[2]中的抛物线理论公式，作为求解锚链曲线的曲线模型，即

$$y=x\tan\gamma-\frac{qx(L_0-x)}{2T_x} \tag{18}$$

$$q=\frac{w_x S_{实长}}{L_0}=159.9$$

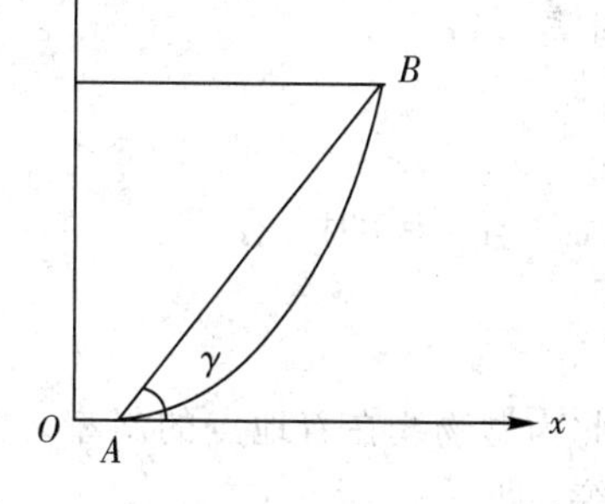

图5　锚链坐标示意图

其中：γ 为弦 AB 与水平面的夹角；w_x 为锚链的重量在 x 轴上单位长度的重量。将参数代入式(18)，可得

$$y=x\frac{12.3}{8.23}-\frac{159.9}{2T_x}x(8.23-x)=0.341x^2-1.316x$$

求 y 关于 x 的导数，得

$$y'=0.682x-1.316$$

当 $x=0$ 时，$y'=-1.316<0$，这在实际生活中是不存在的，因此锚链的拖地状态是合理的；当$y'=0$ 时，$x=1.93$，则离地点为(1.93，0)，整理得到锚链曲线方程为

$$y=\begin{cases}0 & 0\leqslant x\leqslant 1.93\\ 0.34x^2-1.316x & 1.93<x\leqslant 8.23\end{cases}$$

式中单位为 m。由此得到浮标的游动区域半径 $r=L_0+5\sin\beta+1=9.33$ m。

4.1.6　锚链不拖地时的系统参数求解

根据上述推导出的公式，下面计算在风速为 24 m/s 时系统的各个参数。同样先假设锚链不拖地，则浮标吃水深度不变，锚链在竖直方向上的投影长度不变，求解式(2)、式(12)、式(13)，得 $F_{风}=937.44$ N，$L_0=18.56$ m，$S_0=28.00$ m>22.05 m，显然假设拖地是不合理的。因此，在锚链不拖地的情况下，需要对以上分析计算过程进行调整，建立以锚为原点的平面直角坐标系。

在不拖地时，锚对锚链有拉力且不水平，锚链的受力分析如图6所示。

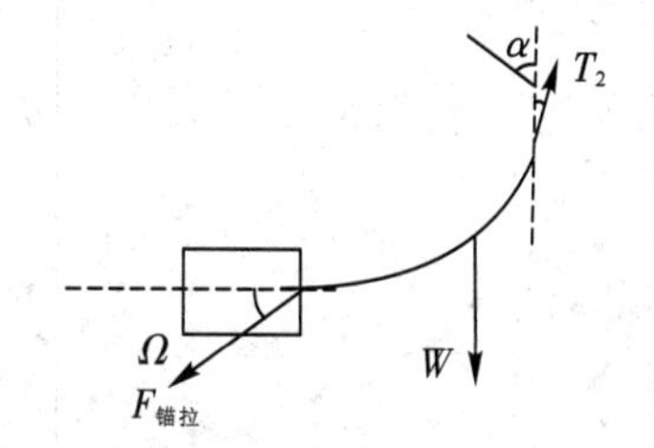

图6　不拖地时锚链的受力分析图

$F_{锚拉}$ 的水平分量约等于近海风荷载，设垂直分量为 $F_{锚y}$，则

$$\tan\alpha=\frac{F_{风}}{W+F_{锚y}} \tag{19}$$

$$W+F_{锚y}+G_{重物}+4\times G_{钢管}+G_{钢桶}-F_{重物浮力}-F_{钢桶浮力}=\frac{F_{风}}{\tan\theta} \tag{20}$$

$$\tan\Omega=\frac{F_{锚y}}{F_{风}} \tag{21}$$

相比较于风速为 12 m/s 的情况，浮标受到的浮力增加了 $F_{锚y}$，即

$$F_{锚y}=\rho g\Delta hS \tag{22}$$

$$\Delta h=h_2-h_1 \tag{23}$$

引用文献[2]中锚链不拖地时水平投影长度 L_0 与曲线计算长度 S_0 的公式：

$$L_0=\frac{T_0}{w}\left\{\operatorname{arcosh}\left[\frac{Hw}{T_0}+\operatorname{arsinh}(\tan\Omega)\right]-\operatorname{arsinh}(\tan\Omega)\right\} \tag{24}$$

$$S_0=\frac{T_0}{w}\left\{\sinh\left[\frac{wL_0}{T_0}+\operatorname{arsinh}(\tan\Omega)\right]-\tan\Omega\right\} \tag{25}$$

若要计算 L_0，需要知道锚链在着地点处与海底平面的角度 Ω，对抛物线理论公式进行求导，得

$$y'=\tan\gamma-\frac{qL_0-2qx}{2T_x} \tag{26}$$

当 $x=0$ 时，有

$$y'=\tan\gamma-\frac{qL_0}{2T_x} \tag{27}$$

此为抛物线在着地点的斜率，也是抛物线在着地点水平方向倾角的正切值，因此两者相等，即

$$\tan\gamma-\frac{qL_0}{2T_x}=\tan\Omega \tag{28}$$

理论上，若曲线方程与实际锚链形状吻合，则上述等式成立，但是由于抛物线理论只能求出近似解并且适用范围极小，所以存在较大误差，不能求得 Ω 的精确解。为此我们重新考虑锚链部分的求解问题，由题目中给出的已知数据，锚链本身也是由链环构成的，我们不考虑链环之间连接的长度、连接处受力问题，将链环看作钢管，对每节链环从下到上进行受力分析，将锚链从下往上分成 n 段，第 i 段物体竖直方向下的合力为 G_i，长度为 L_i，在竖直方向上的倾角为 θ_i，海水深度的计算值为 H_0，原理和公式与钢管部分基本相同，递推模型如下：

$$\min z=|H_0-18|$$

$$\text{s.t.}\begin{cases} H_0=\sum\limits_{k=1}^{n}L_k\times\cos\theta_k+h_1 \\ \theta_i=\arctan\dfrac{F_{锚y}}{F_{锚y}+\sum\limits_{k=1}^{i}G_k} \\ F_{风}=0.625\times2\times(2-h_1)\times v_{风}^2 \\ h_1=\dfrac{F_{锚y}+G_{浮标}+\sum\limits_{k=1}^{n}G_k}{\rho gS}\leqslant 2 \end{cases} \tag{29}$$

将相关的参数代入模型，用 MATLAB 软件进行计算，得到的结果如表 2 所示。

表 2　问题一中风速为 24 m/s 时的结果

参　数	数　值	参　数	数　值
$v_{风}$	24 m/s	Δ_1	4.469°
h_1	0.698 m	Δ_2	4.440°
β	4.499°	Δ_3	4.412°
r	17.778 m	Δ_4	4.383°

锚链的曲线形状根据如下两个递推公式得到：

$$x_i=L_0\cos\theta_i+x_{i-1} \tag{30}$$

$$y_i=L_0\sin\theta_i+y_{i-1} \tag{31}$$

锚链的曲线图像如图 7 所示。在系统所取平面内，锚链在海底着地点为坐标原点，水

平为横轴 x（锚链水平位置），竖直为纵轴 y（锚链纵向位置），单位为 m。截图取自 MATLAB软件图像绘制结果。

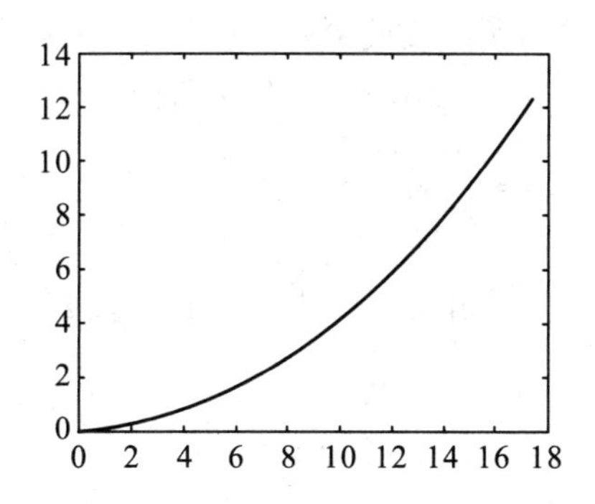

图 7　风速为 24 m/s 时锚链的曲线图像

4.1.7　结果分析与检验

在拖地状态下的模型建立及求解中，求解锚链曲线采用的原理是抛物线理论，这是一种近似算法，并且误差较大，适用范围较小；在不拖地的状态中，我们将链环看作钢管，建立了力学的递推模型求解锚链曲线，这是一种适用范围比较大的方法，我们考虑用同样的思路求解拖地情况下的锚链曲线，并将两者进行对比。对不拖地状态的模型进行改造，将锚链从下往上分成 n 段，第 i 段物体竖直方向下的合力为 G_i，长度为 L_i，在竖直方向上的倾角为 θ_i，海水深度的计算值为 H_0，拖地块数为 x，将重物球和钢桶的力合在一起，模型如下：

$$\min z = |H_0 - 18|$$

$$\text{s.t.}\begin{cases} H_0 = \sum\limits_{k=x+1}^{n} L_k \times \cos\theta_k + h_1 \\ \theta_i = \arctan \dfrac{F_{风}}{\sum\limits_{k=x+1}^{i} G_k} \\ F_{风} = 0.625 \times 2 \times (2 - h_1) \times v_{风}^2 \\ h_1 = \dfrac{G_{浮标} + \sum\limits_{k=x+1}^{n} G_k}{\rho g S} \leqslant 2 \end{cases} \tag{32}$$

目标函数为每一段在竖直方向上的投影总和与海平面相差最少。根据该模型求得的结果如表 3 所示。

表 3　风速为 12 m/s 时递推模型的求解结果

参　数	数　值	参　数	数　值
$v_{风}$	12 m/s	Δ_1	1.175°
h_1	0.684 m	Δ_2	1.167°
β	1.183°	Δ_3	1.159°
r	14.544m	Δ_4	1.152°

与表 1 进行比较，可以发现两种方法所得结果相差不大，能够说明其结果的合理性。就模型本身而言，曲线模型本身为近似解，其误差无法估量，递推模型在受力分析时，将

钢管链环上端所受的拉力看作沿上端钢管链环的方向，在实际生活中我们不能确定力的准确方向，理论上是在上下两个倾角之间的某个角度。为了对比其区别，我们将拉力方向沿下端的情况列举出一种。在本问题的假设中，风速为 24 m/s 时，将模型改造如下：

$$\min z=|H_0-18|$$

$$\text{s. t.}\begin{cases} H_0=\sum\limits_{k=2}^{n}L_k\times\cos\theta_k+L_1\dfrac{F_{锚y}}{\sqrt{F_{锚y}^2+F_{风}^2}} \\ \theta_i=\arctan\dfrac{F_{风}}{\sum\limits_{k=1}^{i-1}G_k+F_{锚y}}(i\geqslant 2) \\ F_{风}=0.625\times 2\times(2-h_1)\times v_{风}^2 \\ h_1=\dfrac{F_{锚y}+G_{浮标}+\sum\limits_{k=1}^{n}G_k}{\rho g S}\leqslant 2 \end{cases}\tag{33}$$

用 MATLAB 软件进行计算，得到的结果如表 4 所示。

表 4　沿下端受力的系统参数

参　数	数　值	参　数	数　值
$v_{风}$	24 m/s	Δ_1	4.489°
h_1	0.698 m	Δ_2	4.460°
β	33.699°	Δ_3	4.431°
r	18.152 m	Δ_4	4.403°

由表 4 可见，除了钢桶倾角以外，其他参数均与沿上端受力方向差别不大，因此可以认为沿上端方向受力分析是可以采用的。

4.2　问题二的模型建立及求解

4.2.1　解题思路

根据问题一讨论的结果，风速为 24 m/s 时系统已经处于不拖地的状态，因此在同样假设条件的情况下，风速为 36 m/s 时系统同样不拖地，运用如上的力学模型和递推模型，计算相关参数。在此基础上改变重物球的质量使系统符合要求。

4.2.2　风速为 36 m/s 时系统参数的求解

运用问题一中的力学模型和递推模型，计算风速为 36 m/s 时系统的相关参数，结果如表 5 所示。

表 5　风速为 36 m/s 时的系统参数

参　数	数　值	参　数	数　值
Ω	20.795°	Δ_1	9.260°
h_1	0.721 m	Δ_2	9.204°
β	9.316°	Δ_3	9.149°
r	18.865 m	Δ_4	9.094°

得到的锚链曲线图像如图8所示。

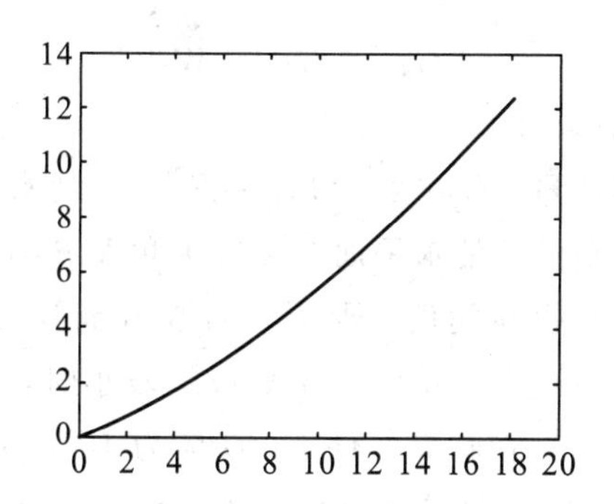

图8　风速为36 m/s时的锚链曲线图像

4.2.3　重物球模型的建立及求解

显然，利用问题一中重物球的质量并不符合要求，因此我们要调整重物球的质量使系统参数达到标准，建立模型如下：

$$\min z = G_{重物}$$

$$\text{s.t.}\begin{cases} H_0 = \sum_{k=1}^{n} L_k \times \cos\theta_k + h_1 \\ |H_0 - 18| \leqslant 0.01 \\ \theta_i = \arctan\dfrac{F_{风}}{F_{风}\tan\Omega + \sum_{k=1}^{i} G_k} \\ \arctan\dfrac{F_{风}}{F_{风}\tan\Omega + \sum_{k=1}^{211} G_k} \leqslant 5^\circ \\ F_{风} = 0.625 \times 2 \times (2 - h_1) \times v_{风}^2 \\ h_1 = \dfrac{F_{风}\tan\Omega + G_{浮标} + \sum_{k=1}^{n} G_k}{\rho g S} \leqslant 2 \\ \Omega \leqslant 16^\circ \end{cases} \tag{34}$$

目标函数为重物球质量最小，约束条件为水平面与锚链夹角小于16°，钢桶与竖直方向倾角小于5°，浮标不被水淹没。已知

$$\Omega = \arctan\frac{F_{锚y}}{F_{风}} \tag{35}$$

整理式(34)、式(35)，可以推出

$$\Omega = \arctan\frac{F_{锚y}}{0.625 \times 2 \times \left(2 - \dfrac{G_{重物} + G_{钢桶} + W + G_{浮标} + 4 \times G_{钢管} + F_{锚y}}{\rho g S}\right) \times v_{风}^2}$$

其中，除$F_{锚y}$、$G_{重物}$外均为常数，且水平面与锚链夹角随$F_{锚y}$、$G_{重物}$的增大而增大。由式(15)、式(33)可以推出

$$\tan\beta=\frac{0.625\times 2\times\left(2-\dfrac{G_{重物}+G_{钢桶}+W+G_{浮标}+4\times G_{钢管}+F_{锚y}}{\rho g S}\right)\times v_{风}^{2}}{G_{重物}+G_{钢桶}+W+F_{锚y}}$$

可知 β 随 $F_{锚y}$、$G_{重物}$ 的增大而减小。

假设重物球有足够大的质量，存在某一 $F_{锚y}=F_{锚ymin}$，使水平面与锚链夹角及 β 均小于 16°，此时若适当增大 $F_{锚y}$，则仍可使水平面与锚链夹角及 β 小于阈值。$F_{锚y}$ 最多可增大至 $F_{锚ymax}$，即水平面与锚链夹角达到阈值，则 $F_{锚y}$ 的取值范围为$[F_{锚ymin}, F_{锚ymax}]$。若存在 $F_{锚ymin}=F_{锚ymax}$，则只有一种情况符合条件。又知 $G_{重物}$ 较小时，不存在该 $F_{锚y}$ 值，所以我们将 $G_{重物}$ 从小到大代入程序中，且在临界条件下，Ω 应为 16°。于是，我们在 $\Omega=16°$ 的情况下，将 $G_{重物}$ 从小到大代入程序中，计算得到的结果如表 6 所示。

表 6　极限条件下重物球最小时的系统参数

参　数	数　值	参　数	数　值
m	2060 kg	Δ_1	4.545°
h_1	0.978 m	Δ_2	4.528°
β	4.562°	Δ_3	4.512°
r	18.849 m	Δ_4	4.495°

重物球的质量最大时，即把浮标拖入水，有

$$G_{重物}+G_{钢桶}+W+G_{浮标}+4\times G_{钢管}=F_{浮标浮力} \tag{36}$$

得到 $m_{重物max}=4895.8$ kg，$m_{重物min}=2060$ kg。

4.3　问题三的模型建立及求解

4.3.1　求解思路

问题三的原理与问题一的基本相同，但是考虑了水速，并且风速、水速、水深、锚链、重物球全部为不确定因素。为了方便对比，我们首先考虑锚链、重物球与问题一的假设相同。在原有模型的基础上改造力学模型，同样按照力的合成与分解进行受力分析。我们假设潮汐因素只影响其水深，不考虑潮汐力。在环境影响因素从单一的风速变为风速和水速的情况下，为了简化计算，我们把风速和水速形成的近海风荷载和近海水流力看作恒力，因此系统所受的外力为风速和水速形成的合力。

本问题同样需要分析拖地和不拖地两种状态。因为我们计算时将风速假设为恒定，使得浮标能够达到一个稳定状态，锚链对锚的拉力始终水平，不会因为风速方向的变化而改变锚的受力方向，因此浮标在水中的吃水深度几乎是不变的，我们认为这是一个相对稳定的状态。

而在锚链不拖地时，锚链对锚的拉力有向上的分量，在风速不断变化的情况下，这个方向上的分量大小也会变化，使得浮标受到的浮力发生变化，导致浮标在竖直方向上做来回振荡运动。由于风力的变化以及浮标的上下振荡运动，锚链会陷入松弛—紧张—松弛的循环状态。我们认为，这种状态下整个系泊系统是非常不稳定的，需要尽可能降低发生这种状态的可能性。

因此在系泊系统的设计过程中，我们将各种情况进行分析后，寻求使系统处于拖地稳定状态下的系统参数。

4.3.2　问题一假设下锚链拖地状态参数的求解

在问题一中锚链、重物球假设的基础上，我们先认为当曲线长度计算值 $S_0=22.05$ m 时锚链达到了拖地的极限状态。在 $h_{深}$ 确定时能够得到在拖地极限状态下张力水平分量 T_x 的最大值。由问题一中的分析我们知道，在拖地状态下钢桶、钢管的倾角只与张力的水平分量有关，其他参数均为常量，改造问题一中的力学模型如下：

$$\begin{cases} H=h_{深}-h_1-5\times 105\,\Delta_l \\ T_x=0.625\times(2-h_1)\times 2\,v_{风}^2+374\times(h_1\times 2+1)\times v_{水}^2 \\ \tan\beta=\dfrac{T_x}{G_{重物}+G_{钢桶}+W-F_{重物浮力}-F_{钢桶浮力}} \\ \tan\Delta_n=\dfrac{F_{风}}{G_{重物}+G_{钢桶}+W+nG_{钢管}-F_{重物浮力}-F_{钢桶浮力}} \\ L_0=\dfrac{T_x}{w}\times\operatorname{arcosh}\left(\dfrac{w\times H}{T_x}+1\right) \\ S_0=\dfrac{T_x}{w}\times\sinh\left(\dfrac{w\times L_0}{T_x}\right) \end{cases} \tag{37}$$

锚链形状曲线方程：

$$y=x\tan\gamma-\frac{qx(L_0-x)}{2T_x} \tag{38}$$

浮动半径：

$$r=L_0+5\cos\Delta_2+1$$

运用 MATLAB 软件计算 $h_{深}$ 与 T_x，其对应的结果如表 7 所示。

表 7　不同水深下锚链张力水平分量的极限值

参　数	数　值				
$h_{深}$/m	16	17	18	19	20
T_x/N	1095	941	808	690	584

由表 7 可以看出，水越深锚链的拖地状态越容易遭到破坏，原因是过深的水导致锚链的竖直跨度变大，水平跨度减少，锚链的系泊效果减弱。在每个状态下我们能够求得钢管及钢桶倾角、锚链形状、浮标吃水深度及游动区域等参数。将参数代入式(37)，可得到如下方程：

$$\begin{aligned} T_x&=0.625\times1.3\times2\times v_{风}^2+374\times(0.7\times2+0.3\times0.1)\times v_{水}^2 \\ &=1.625\,v_{风}^2+635.8\,v_{水}^2 \end{aligned}$$

由此我们可以得到该极限状态下的风速和水速。再用已建立的模型计算系泊系统的其他参数，结果如表 8 所示。

表 8　不同水深、风速、水速下的系统参数

参　数	数　值				
$h_{深}$/m	16	17	18	19	20
T_x/N	1095	941	808	690	584
极限 $v_{风}$/(m/s)	26	24.1	22.3	20.6	19.0
$v_{水}$/(m/s)	1.31	1.34	1.24	1.15	1.06
β/(°)	5.284	4.544	3.904	3.335	2.824
L_0/m	18.63	17.90	17.10	16.18	15.17
Δ_1/(°)	5.242	4.508	3.873	3.309	2.802
Δ_2/(°)	5.201	4.472	3.842	3.283	2.779
Δ_3/(°)	5.159	4.436	3.811	3.256	2.757
Δ_4/(°)	5.117	4.401	3.781	3.230	2.734
r/m	20.08	19.29	18.44	17.47	16.41
曲线方程	$y=0.032x^2-0.044x$	$y=0.039x^2-0.067x$	$y=0.048x^2-0.102x$	$y=0.059x^2-0.132x$	$y=0.074x^2-0.184x$

4.3.3　不拖地条件下的系统参数

我们还可以计算在风速为 36 m/s、水速为 1.5 m/s 且风速与水速同向时的极限情况。在此情况下锚链不拖地，锚链曲线需要用递推公式计算而没有抛物线公式，所以在表格中不给出。计算结果如表 9 所示。

表 9　不拖地情况下不同深度的系统参数

参　数	数　值				
$h_{深}$/m	16	17	18	19	20
T_x/N	3538.804	3539.289	3539.822	3540.417	3541.090
h_1/m	0.736	0.743	0.752	0.761	0.772
β/(°)	14.077	13.832	13.573	13.295	12.994
L_0/m	19.351	18.797	18.173	17.470	16.685
Δ_1/(°)	13.997	13.755	13.499	13.224	12.923
Δ_2/(°)	13.917	13.678	13.425	13.153	12.858
Δ_3/(°)	13.839	13.602	13.352	13.083	12.791
Δ_4/(°)	13.761	13.527	13.279	13.018	12.724
r/m	20.553	19.979	19.334	18.608	17.797
ω/(°)	19.598	23.009	26.566	30.290	34.183

在极限情况下，问题一假设中的锚链近似为一条直线，因为在实际中风速与水速有一定的变化，因此整个系泊系统是极不稳定的。为了能够让系泊系统保持相对稳定的状态，我们需要采用具有合适参数的锚链。

4.3.4　锚链长度对系统灵敏度的分析

在正常情况下，系泊系统锚块拖地更能保证其稳定性。上述分析中，锚链和重物球的假设与问题一的相同，有不拖地和拖地两种情况，我们通过改变锚链的长度，使其稳定在拖地的状态，描述锚链对系统的影响状况。选择水深为 20 m、Ⅱ号锚链的条件，求出锚链长度不同时的极限拖地情况下所能承受的最大张力水平分量、最大风速与水速等其他参数，如表 10 所示。

表 10　Ⅱ号锚链不同长度下的系统参数

参　数	数　值				
锚链长度/m	22.05	23.10	24.15	25.20	26.25
锚链节数/节	210	220	230	240	250
吃水深度/m	0.698	0.700	0.702	0.704	0.706
极限 T_x/N	584	688	791	900	1013
极限风速/(m/s)	19	20.6	22.1	23.6	25.0
极限水速/(m/s)	0.96	1.04	1.12	1.19	1.26
β/(°)	2.824	2.828	2.813	2.800	2.784
Δ_1/(°)	2.802	2.805	2.791	2.776	2.762
Δ_2/(°)	2.779	2.783	2.768	2.754	2.740
Δ_3/(°)	2.757	2.760	2.746	2.732	2.718
Δ_4/(°)	2.734	2.738	2.724	2.711	2.697
水平跨度/m	15.17	16.67	18.04	19.40	20.72
锚链曲线	$y=0.074x^2-0.184x$	$y=0.06x^2-0.144x$	$y=0.051x^2-0.118x$	$y=0.043x^2-0.098x$	$y=0.037x^2-0.083x$
游动半径/m	16.41	17.91	19.28	20.64	21.96

由表 10 可以看出，在水深及锚链型号相同的条件下，锚链长度越长，锚链在极限拖地的情况下所能承受的最大张力水平分量越大，能在更高的风速与水速下保持良好的状态，并且钢桶的倾角也随锚链长度的增大而减小。

4.3.5　锚链型号对系统灵敏度的分析

与上述分析相同，我们希望系统能够在比较极端的条件下保持拖地的稳定状态，我们假设水深为 20 m，锚链长度在 26 m 左右，在此条件下考虑锚链型号对系统稳定产生的影响。计算结果如表 11 所示。

表 11 不同型号下的系统参数

参数	Ⅰ	Ⅱ	Ⅲ	Ⅳ	Ⅴ
锚链节数/节	334	250	217	173	144
锚链长度/m	26.05	26.25	26.04	25.95	25.92
锚链重量/kg	83.36	183.75	325.5	506.03	728.87
吃水深度/m	0.679	0.706	0.744	0.793	0.853
极限 T_x/N	452	1013	1776	2760	3998
极限风速/(m/s)	16.54	25.01	33.64	42.77	52.81
极限水速/(m/s)	0.84	1.26	1.67	2.08	2.51
β/(°)	2.304	4.785	7.609	10.537	13.434
Δ_1/(°)	2.284	4.747	7.552	10.470	13.359
Δ_2/(°)	2.265	4.709	7.498	10.403	13.284
Δ_3/(°)	2.245	4.672	7.444	10.337	13.211
Δ_4/(°)	2.227	4.635	7.392	10.272	13.138
水平跨度/m	20.46	20.71	20.48	20.41	20.42
锚链曲线	$y=0.038x^2-0.086x$	$y=0.037x^2-0.083x$	$y=0.038x^2-0.083x$	$y=0.038x^2-0.081x$	$y=0.038x^2-0.078x$
游动半径/m	26.45	26.69	26.44	26.33	26.29

分析以上数据，我们可以得出以下结论：

(1) 在水深相同、长度相似的情况下，不同锚链型号所能承受的最大水平张力分量随型号数递增，Ⅰ型最小，Ⅴ型最大；同时，在极限状态下，吃水深度与钢桶、钢管的倾角都呈递增现象。

(2) 在极限拖地情况下，相同长度的锚链形状相差很小，几乎与锚链型号无关。

(3) 在极限拖地情况下，Ⅲ、Ⅳ、Ⅴ型锚链的钢桶倾角均大于5°，原因是张力的水平分量过大，而竖直分量变化不大，需要增加重物球的质量来满足条件。

(4) 由题目要求，布放海域的极限情况为水深 20 m，风速最大 36 m/s，水速最大 1.5 m/s，由于数据中的极限风速和水速是指在另一种为零时的状态，所以在极限情况下应采用Ⅳ型或Ⅴ型才能更好地保持系统稳定，必要时需要再增加一点锚链长度以及重物球质量，来减小钢桶的倾角。

4.3.6 极限状态下锚链参数的设计

根据公式：

$$T_x=F_{风}+F_{水}=0.625\times(2-h_{深})\times 2\,v_{风}^2+374\times(h_{深}\times 2+0.3)v_{水}^2$$

在风速为 36 m/s、水速为 1.5 m/s 时，

$$T_x = 3492.5 + 63\,h_{深}$$

由此可知，在该极限状态下浮标吃水深度越深，水平张力越大，但实际浮标的高度只有 2 m，在之前的数据中浮标吃水深度不超过 1 m，因此我们认为，如果在水平张力分量达到 3560 N 以上时，若锚链仍保持拖地，则该锚链能够适用该海域的所有情况。

我们选择Ⅳ与Ⅴ两种锚链型号，设计能够适应极限海况的系统，并增加重物球的质量，使得钢桶的倾角小于 5°，得到的参数结果如表 12 所示。

表 12　Ⅳ、Ⅴ型锚链相关参数

参　数	Ⅳ		Ⅴ	
锚链节数/节	191		138	
锚链长度/m	28.65		24.84	
锚链重量/kg	558.675		698.5	
重物球质量增加量/kg	不增加重物球的质量	增加重物球的质量	不增加重物球的质量	增加重物球的质量
	0	2672	0	2433
吃水深度/m	0.807	1.637	0.845	1.600
极限 T_x	3628	3596	3528	3593
β/(°)	13.351	4.956	12.084	5.092
Δ_1/(°)	12.916	4.851	12.015	4.988
Δ_2/(°)	12.837	4.840	11.946	4.976
Δ_3/(°)	12.759	4.829	11.879	4.964
Δ_4/(°)	12.682	4.818	11.812	4.952
水平跨度/m	22.71	22.56	19.05	19.25
曲线方程	$y=0.027x^2-0.051x$	$y=0.028x^2-0.095x$	$y=0.044x^2-0.095x$	$y=0.043x^2-0.132x$
游动半径/m	29.58	29.54	24.94	25.23

因此有两种方案：① 采用型号Ⅳ的锚链，长度为 28.65 m，并增加重物球质量 2672 kg；② 采用型号Ⅴ的锚链，长度为 24.84 m，并增加重物球质量 2433 kg。这两种方案均可使浮标在布放海域内，即使遇到极限情况也能保持稳定。

5　模型评价与改进

在本问题中，建立的力学分析模型、曲线模型以及应用范围更广的递推模型比较完备，求得的结果在分析和误差方面做得比较完整。其中最有特色的是抛物线理论的分析与应用。在实际生活中，抛物线理论的可应用性更强，而力学的递推模型则因为省略了很多非线性的状态，在实际生活中不能有效地应用。

在问题一和问题二中，对拖地和不拖地两种状态有了比较完备的分析，因此在问题三中将前两种情况综合起来，列举了每种因素对整体系统的影响，其结果是单调的，最后推出极限状态下的系统参数，该极限状态范围以内的情况均有相对应的模型解决。在问题三中涉及多种不确定因素和条件约束，从整体上来看可以直接建立一个多目标模型，以找到系统设计的最优解。

可以进行如下改进，在优良的系泊系统中，要求浮标的吃水深度、游动区域以及钢桶的倾角尽可能小，因此这是一个多目标优化问题，我们需要设计一个在不拖地状态下相对优良的系泊系统。

由于在这个多目标优化问题中，目标之间的量纲不同，且目标的重要程度也不得而知，无法用简单的加权方法将多目标问题转化为单目标问题，因此我们根据题意以及在建模求解过程中所得到的数据设定约束条件，即钢桶的倾角需要小于5°，而浮标的吃水深度要大于0.7 m但不能超过1 m，求解在此约束条件下的系泊系统参数。模型建立如下：

$$\min z = r$$

$$\text{s.t.}\begin{cases} r = L_0 + 5\sin\beta + 1 \\ \beta = \arctan\dfrac{T_x}{G_{重物} + G_{钢桶} + W - F_{重物浮力} - F_{钢桶浮力} + F_{锚y}} < 5 \\ 0.7 < h_1 = \dfrac{G_{重物} + G_{钢桶} + W - F_{重物浮力} - F_{钢桶浮力} + F_{锚y}}{\rho g S_{底}} < 1 \\ T_x = 3492.5 + 63h_1 \end{cases}$$

将锚链型号的相关参数代入，通过求解此模型，可以得到该锚链型号下浮标的吃水深度、游动区域以及钢桶的倾角均比较小的锚链长度与重物球质量。改变锚链型号的相关参数，可以得到不同锚链型号的锚链长度和重物球质量。

参考文献

[1] 王磊. 单点系泊系统的动力学研究[D]. 青岛：中国海洋大学，2012.
[2] 郑瑞杰. 锚泊系统受力分析[D]. 大连：大连理工大学，2006.

论文点评

该论文获得2016年“高教社杯”全国大学生数学建模竞赛A题的一等奖。

1. 论文采用的方法和步骤

论文研究近浅海海底观测网传输节点中系泊系统的设计问题。

(1) 对于问题一、二，在不考虑海水流速的情况下，浮标的水平位置主要受风向和风速的影响。在风速一定时整个系统维持在一定的平衡状态，理想情况下各个组件在同一竖直平面内，浮标的位置组成圆形海域。浮标吃水深度主要由锚点竖直力，即锚链、重物球、钢桶、钢管、浮标的重力决定。由于钢管和钢桶的夹角都不大，简化为力的方向是与钢管或钢桶的方向一致，因此只需要对整个系统处于拖地或者不拖地两种状态的竖直截面进行静力分析。对于浮标受重力、浮力、风力、拉力，钢管受重力、拉力，重物球和钢桶受重力、拉力、浮力的情况，在锚链分析时，根据与海床相切与不相切讨论(若锚链与海床相切，则将之视为悬链曲线，若锚链与海床不相切，则将链环看作钢管)，建立力学的递推模型，求出锚链的形状。根据上述分析，给出以传输节点布放在水深为目标的优化规划模型，分别计算在不同海面风速时钢桶和各节钢管的倾角、锚链形状、浮标的吃水深度和游动区域。进一步，对风速为 36 m/s、重物球的质量为 1200 kg 的情况进行讨论，由于其不满足对系泊系统的要求，因此需要增加重物球的质量来进行调节。以调节重物球的质量最小为优化目标，满足设计要求，且浮标不被水淹没建立描述重物球对系统的影响模型，给出重物球的质量。

(2) 对于问题三，考虑海水流速对系统造成的影响，在水速、风速、水深、锚链、重物球均不确定的情况下分析系统的各个参数。同样考虑有拖地和不拖地两种状态，将风速和水速产生的合力作为系统所受外力。首先给出不同水深情况下锚链的极限拖地状态；然后在最大水深情况下，分析同种锚链型号的长度对系统稳定性的灵敏度，以及在相近的锚链长度下不同种锚链型号对系统稳定性的灵敏度，得出要满足该海域中极限海况且保持系统稳定的条件下效果较好的锚链型号；最后给出使系统能够在极限海况下相对稳定的系泊系统设计结果。

2. 论文的优点

该论文针对近浅海海底观测网传输节点中系泊系统的优化问题，较好地通过浮标、钢桶和钢管、锚链(或锚链简化为悬链线)的静力平衡分析，特别考虑到了海水对这些组件的浮力，得出了钢桶和钢管的倾角、浮标的活动半径、浮标的吃水深度等变量随重物球质量变化的关系，建立了以吃水深度、活动半径、钢桶和钢管倾角为主的多参数优化设计模型，给出了系泊系统设计结果。论文思路清楚，静力分析到位，表达清晰，层次分明。

3. 论文的缺点

该论文没有考虑力矩的平衡，只给出了力的平衡关系，虽然注意到一根钢管(或钢桶)两端所受到的拉力理论上不与任何一根钢管(或钢桶)重合，但处理时基于钢管和钢桶的夹角都不大，简化为力的方向是与钢管或钢桶的方向一致，这种对于刚体的处理方式，没有一般性，模型存在明显缺陷。

第 10 篇 Quantitative Marine Debris Impacts and Evaluation of Ocean System[①]

队员：付晨光(应用物理学)，沈珑斌(自动化)，文亚伟(计算机科学与技术)
指导教师：数模组

Summary

To study the marine debris problem, we abstract the ocean system as a simplified input-output system. The input of the ocean system is debris, and the output is impacts.

The Hawaiian monk seal is taken as an example to study the potential impacts of the marine debris on the ocean ecosystem. Along with the increase of derelict fishing gear and other marine debris, the annul number of Hawaiian monk seal entanglements has an increasing trend with fluctuation. This increasing trend is divided into certain growth trend and smooth random change trend. Grey model GM (1, 1) and time series analysis method are used to predict the certain growth trend and the smooth random change trend respectively. Then combine the two trends to generate the predictive value. Based on error analysis, the predictive data is highly similar with actual data during the period 1985 - 1999. This paper comes to some conclusions: the number of entangled Hawaiian monk seal will increase in short-term; in terms of long period, the Hawaiian monk seal will probably vanish in the near future, the food chain will be destroyed, which may leads to ecosystem disorder.

To investigate the annul situation of ocean system, we establish an ocean system evaluation model. Quantitative debris and impacts data of the ocean system are obtained based on analytical hierarchy process (AHP). This paper puts forward an evaluation vector, which consists of the two components debris and impacts, to evaluate the situation of ocean system. A comparison function is constructed to compare the situation of ocean system during different period on the basis of evaluation vector. The results indicate that the amount of debris increases and the situation of ocean system get worse along with the time passing. Contrast between the predictive impacts and the actual impacts indicate that recycling action will improve the situation and bring the positive effect.

A feedback system is provided and a feedback variable recovery is brought into the

---

① 此题为 2010 年美国大学生数学建模竞赛与交叉学科建模竞赛 C 题(MCM/ICM2010—C)，此论文获该年特等奖。

system. Analyzing the system, we conclude that decreasing the amount debris or increasing the amount of recovery contribute to improve the situation.

In the last, we submit a research report to the expedition leader summarizing our findings, proposals for solutions and needed policies.

Key words: Hawaiian monk seal; grey model GM (1, 1); time series analysis; ocean system evaluation model; analytical hierarchy process

1 Introduction

Two of the key characteristics that make plastics so useful—their light weight and durability—also make inappropriately handled waste plastics a significant environmental threat. Plastics are readily transported long distances from source areas and accumulate mainly in the oceans, where they have a variety of significant environment and economic impacts[1]. The United Nations Joint Group of Experts on the Scientific Aspects of Marine Pollution (GESAMP) estimated that land-based sources are responsible for up to 80% of marine debris and the remainder was due to sea-based activities[2]. Masahisa et al[3] used numerical simulation methods to research the movement and accumulation of floating marine debris drifting throughout the Pacific Ocean; they found that a large amount of marine debris is concentrated in specific regions that located far from the sources of much marine debris. The specific region is often referred to as The Great Pacific Ocean Garbage Patch (GPOGP) in the media.

In our paper, the main questions that we investigate are:

• What are the potential short-and long-term impacts of the marine debris on the ocean ecosystem?

• What are the sources of marine debris? What is current situation of the ocean? If the situation is poor, how to improve it?

2 Description and Analysis

We put forward a method to study the marine debris problem which exists in the ocean system. To simplify the problem, we first abstract the ocean system as a simplified input-output system (Fig. 1).

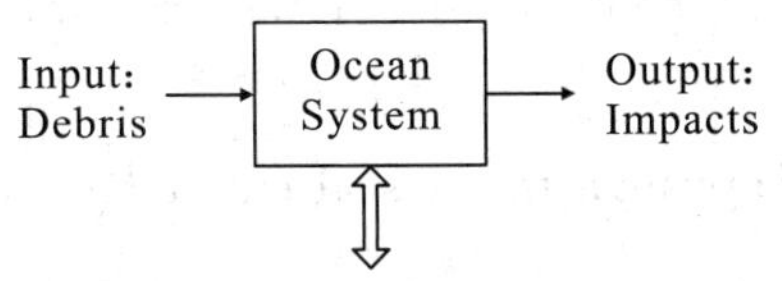

Fig. 1 Input-Output Ocean System

Viewed in isolation, a good ocean system should make little negative impacts to the marine ecosystem. When linked to input, a good ocean system is the one with less marine debris. In order to reduce the negative impacts, solutions should include reducing the input.

2.1 Debris Sources

A review of the available data on debris found worldwide indicates that the dominant types and sources of debris come from what we consume (including food wrappers, cigarettes), what we use in transporting ourselves by sea, and what we harvest from the sea (fish gear). Marine debris researchers traditionally classify debris sources into two categories: land-or sea-based, depending on where the debris enters the water[4]. In our paper, to completely research the debris sources and easily calculate, the debris is divided into two aspects:

- Direct Data: direct data contain all the land-or sea-based marine debris, which mainly contains plastics, rubber and leather, textiles and so on.
- Indirect Data: along with population increasing and economic development, more debris is manufactured, discarded, and finally go into the ocean, so the population and economy have been considered as indirect data.

2.2 Impacts

Marine debris is a global issue, affecting all the major bodies of water on the planet—above and below the water's surface. This debris can negatively impact wildlife, habitats, and the economy of coastal communities[4].

Since the marine debris concentrate in the ocean, its main impacts are ocean ecosystem and coastal economy. In following section, we will model and focus on researching its impacts on the ocean ecosystem and coastal economy.

3 Model for Impacts on Ocean Ecosystem

One of the most notable types of impacts on ocean ecosystem from marine debris is wildlife entanglement. Numerous marine animals become entangled in marine debris each year[5]. In this paper, we take the entangled Hawaiian monk seal as example to study the impacts on ecosystem.

The annual number of Hawaiian monk seal entanglements comes from NOAA[6], as show in Fig. 2.

From Fig. 2, a sequence about the entanglements number of the 15 years (1985 - 1999) can be generated, and it is not difficult to find there is a growing trend with fluctuation.

$$X_0 = \{X_0(1), X_0(2), \cdots, X_0(15)\}$$
$$= \{2, 4, 12, 15, 12, 4, 7, 14, 7, 6, 11, 22, 16, 18, 25\}$$

We divide sequence X_0 into sequence Y_0 and sequence Z_0, Y_0 reflects the certain growth trend of X_0, and Z_0 reflects the smooth random change trend of X_0.

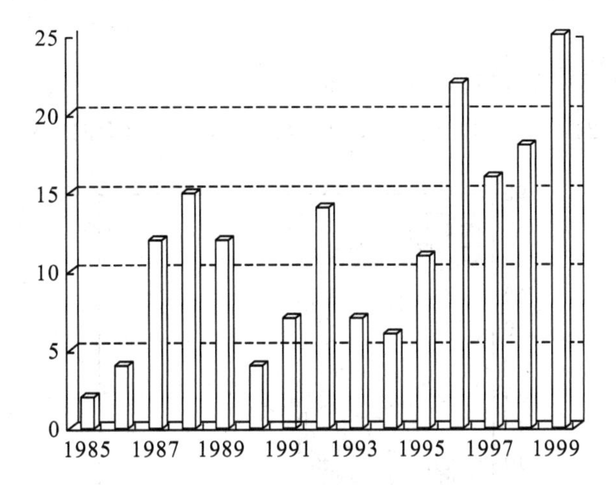

Fig. 2 Number of Hawaiian Monk Seal Entanglements Observed

3.1 GM (1, 1) Model Predicts Certain Growth Trend of Sequence X_0

GM (1, 1) is the most commonly used grey model, particularly suitable for small samples, which is a single variable first-order grey model. The modeling procedure is summarized as follows:

- Given the original data sequence $X_0 = \{X_0(1), X_0(2), \cdots, X_0(15)\}$, where $X_0(i)$ corresponds to the time i.
- A new sequence $X_1 = \{X_1(1), X_1(2), \cdots, X_1(15)\}$ is generated, where $X_1(k) = \sum_{m=1}^{k} X_0(m)$, $k=1, 2, \cdots, 15$.
- From X_1 we can form the first-order differential equation $\frac{dX_1}{dt} + aX_1 = u$. From which it is possible to obtain a and u with $\begin{bmatrix} a \\ u \end{bmatrix} = (\boldsymbol{B}^{\mathrm{T}}\boldsymbol{B})^{-1}\boldsymbol{B}^{\mathrm{T}}\boldsymbol{y}_N$, where $\boldsymbol{B} = \begin{bmatrix} -\frac{1}{2}(X_1(2)+X_1(1)) & 1 \\ \vdots & \vdots \\ -\frac{1}{2}(X_1(15)+X_1(14)) & 1 \end{bmatrix}$ and $\boldsymbol{y}_N = [X_0(2), X_0(3), \cdots, X_0(15)]^{\mathrm{T}}$.
- The predictive function is $X_1(k) = \left(X_0(1) - \frac{u}{a}\right)e^{-a(k-1)} + \frac{u}{a}$.

With the help of MATLAB, we get $a = -0.092352$, $u = 5.645140$. Therefore, we obtain the certain growth trend sequence Y_0 (Show in Fig. 3).

It is easy to calculate the value of certain growth trend in the 15 years (1985—1999).

$$Y_0 = \{Y_0(1), Y_0(2), \cdots, Y_0(15)\}$$
$$= \{2, 6, 7, 7, 8, 9, 10, 11, 12, 13, 14, 15, 17, 18, 20\}.$$

Therefore, the value of certain growth trend in the next 15 years (2000—2014) can be predicted:

$$Y_0' = \{Y_0(16), Y_0(17), \cdots, Y_0(30)\}$$
$$= \{22, 24, 27, 29, 32, 35, 39, 42, 47, 51, 56, 61, 67, 74, 81\}$$

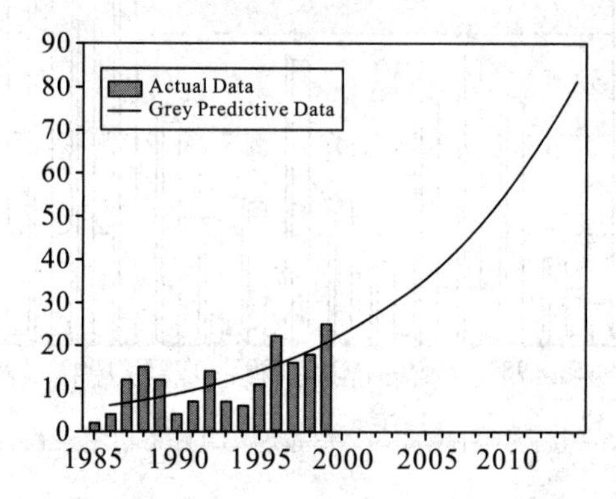

Fig. 3 Original and Grey Predictive Data

3.2 Time Series Analysis Predicts Smooth Random Change Trend of X_0

Eliminating the influence of certain growth trend Y_0 from the original sequence X_0, we can obtain smooth random change trend Z_0 of the former 15 years.

$$Z_0 = \{Z_0(1), \cdots, Z_0(15)\} = \{X_0(1), \cdots, X_0(15)\} - \{Y_0(1), \cdots, Y_0(15)\}$$

Fig. 4 shows smooth random change trend of sequence Z_0, using the time series analysis ARMA model to predict smooth random change trend of the later 15 years.

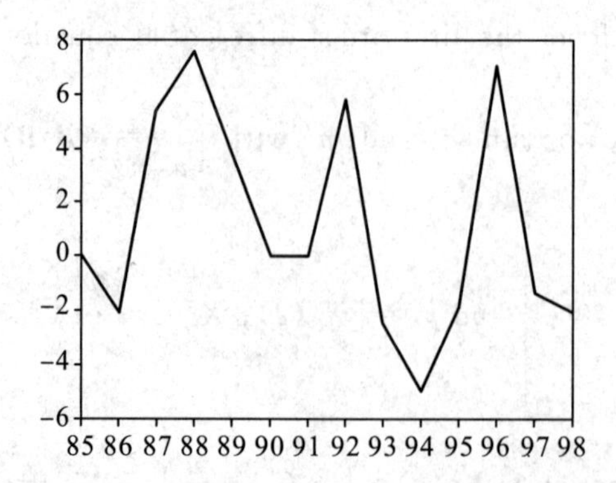

Fig. 4 Smooth Random Change Trend

Taking the sequence Z_0 as the sample, we can obtain sample autocorrelation function and partial correlation function, show in Fig. 5.

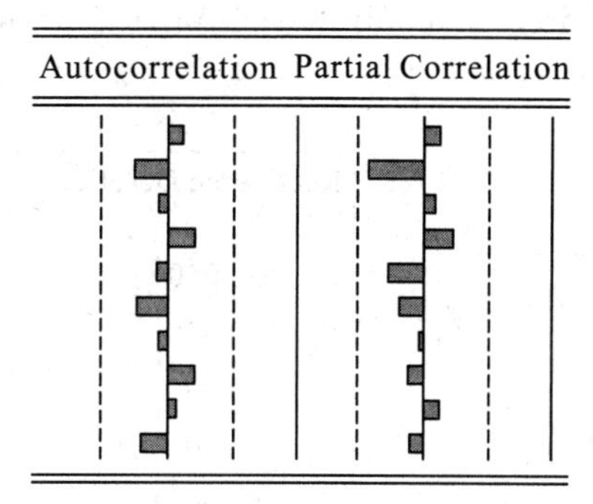

Fig. 5 Autocorrelation and Partial Correlation

Fig. 5 shows autocorrelation coefficient denoted by ρ_k is tailing and partial correlation coefficient φ_{kk} is censored. Using censored property, we know the parameter $p=2$. Hence we can choose AR (2) model. With the help of EViews, we can get the predictive value of smooth random change trend Z_0, its change trend shows in Fig. 6.

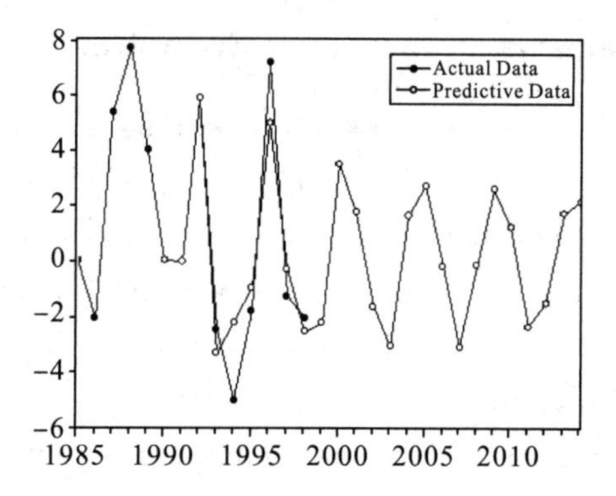

Fig. 6 Smooth Random Change Trend

Finally, combining the predictive value of certain growth trend Y_0 and the predictive value of smooth random change trend Z_0, we can obtain the predictive value of sequence X_0. The predictive value of sequence X_0 in the later 15 years is:

$$X_0' = \{X_0(16), X_0(17), \cdots, X_0(30)\}$$
$$= \{26, 26, 25, 26, 34, 38, 39, 39, 46, 54, 57, 59, 66, 76, 83\}$$

3.3 Result Analysis

We validate our model by examining historical entanglements number between 1985 and 1999. Result of the comparison between the actual and predictive data, in the former 15 years, is shown in Fig. 7, the change trends of the two data are similar. The correlation coefficient between the actual and predictive data comes up to 0.9767.

However, there is an obvious deviation between the actual and predictive data since

2000. This difference can be explained by Fig. 8, since 1999 year the amount of recovered derelict fishing gear begins to increase. Correspondingly, the number of entanglements will decrease. Yet our prediction is mainly based on the former years when there are not large scale recovery program.

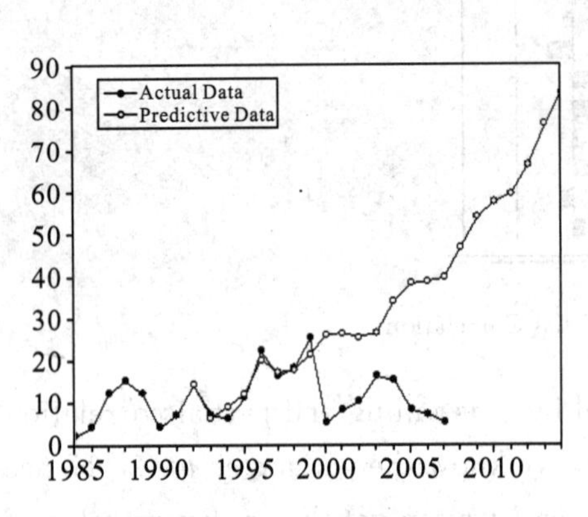

Fig. 7 Comparative Result Diagram

Recovered Derelict Fishing Gear in the Hawaii Islands from 1996 to 2004-(kg)

140 000
120 000
100 000
80 000
60 000
40 000
20 000
0
96/97 98 99 00 01 02 03 04

Fig. 8 Amount of Recovered Fishing Gear

3.4 Analysis of the Impacts on the Ocean Ecosystem

In short-term, more and more monk seals will be entangled along with the time passing, according to the predictive data. Hawaiian monk seals are one of the most endangered mammals in the world, the population of Hawaiian monk seals is in decline. In 2008, it is estimated that only 1200 individuals remain. Combining with our predictive data, it is not hard to predict that the Hawaiian monk seal will vanish in the near future if we do not take some measures to prevent it.

In long-term, the extinction of Hawaiian monk seal is not just a single event. Since the Hawaiian monk seal is a member of the food chain, its extinction will cause serious influence to other species of the food chain. Moreover, as a significant segment of ocean ecosystem, the destruction of the food chain probably leads to the ecosystem disorder. What we must be reminded is the Hawaiian monk seal is not the only specie that is impacted by marine debris, many other marine creatures such as reef, whales and seabirds are all impacted by the marine debris. Therefore, if considered more species, the negative impacts of marine debris on ocean ecosystem would be huge.

4 Ocean System Evaluation Model

4.1 Analytical Hierarchy Process

• Divide Layers. We divide the debris and Impacts into several layers as Fig. 9 and Fig. 10 show.

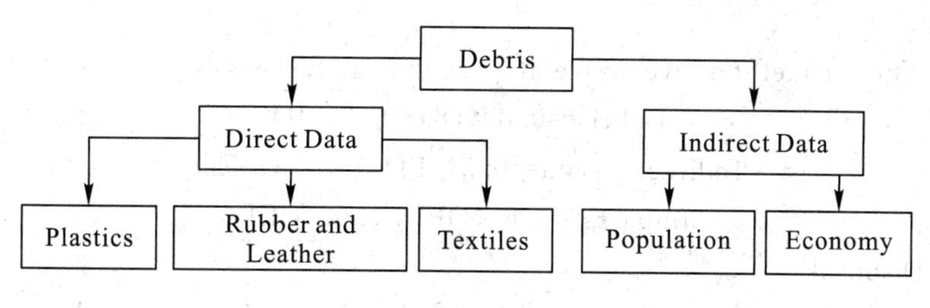

Fig. 9 Debris

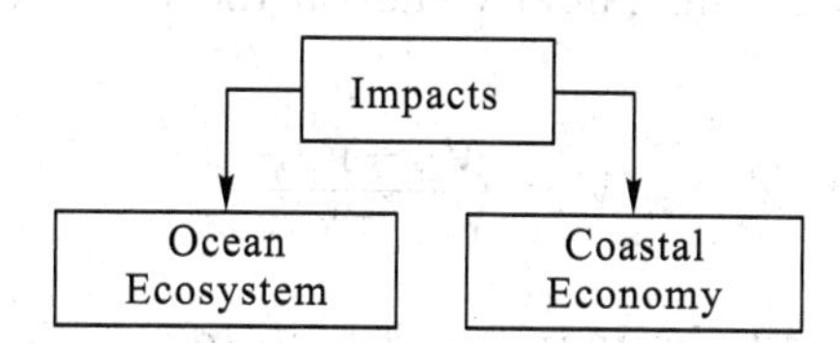

Fig. 10 Impacts

• Determine Weights

We specify the calculation of debris. Impacts can be calculated in the same way. Understanding the impacts of different types of marine debris is important. Not all types of debris are equally harmful and not all organisms or regions are equally vulnerable. After comparing the effect of two criteria in the same layer to the higher layer, we can construct the conjugated-comparative matrix with Saaty's Rule. For example, a_{13} indicates the difference of the effect on direct data between plastics and textiles. Let $\boldsymbol{M}_1$ be the conjugated-comparative matrix of Debris:

$$\boldsymbol{M}_1=\begin{bmatrix} 1 & 1/3 & 1/2 \\ 3 & 1 & 3 \\ 1/2 & 1/3 & 1 \end{bmatrix}$$

After calculating the matrix using the summation method, we obtain the weight vectors:

$$w_1=[0.539, 0.164, 0.297]$$

So we can obtain the formula:

$$\text{Direct Data}=0.539\times PD+0.164\times RLD+0.297\times TD \tag{1}$$

Where, our symbols are defined in Table. 1.

Table. 1 Symbols Definitions

Abbreviations	Meaning	Abbreviations	Meaning
DD	Direct Data	RLD	Rubber and Leather Data
ID	Indirect Data	TD	Textiles Data
PD	Plastics Data	GPOGP	Great Pacific Ocean Garbage Patch
POD	Population Data	OEI	Ocean Ecosystem Impacts
ED	Economy Data	CEI	Coastal Economy Impacts

• Formulas

Using a similar method, we arrive at equations as follows:

$$\text{Debris}=0.8\times \text{DD}+0.2\times \text{ID} \tag{2}$$

$$\text{Indirect Data}=0.5\times \text{PD}+\times 0.5\times \text{ED} \tag{3}$$

$$\text{Impacts}=0.5\times \text{OEI}+0.5\times \text{CEI} \tag{4}$$

• Data Disposal

For the sake of consistency, we need to process the original data, which we denote as V_{or}. Finding the maximum and minimum values in the whole table, denoted by V_{max} and V_{min}. The adjusted value is

$$V_{ad}=\frac{V_{or}-V_{min}}{V_{max}-V_{min}} \tag{5}$$

4.2 Evaluation Vector and Comparison Function

A good ocean system should have little negative impacts on ocean ecosystem and coastal economy. So Impacts can be used to evaluate the situation of ocean system. Debris is also an important factor that affects the situation of ocean system. Since the two metrics may not have the same magnitude, it is not appropriate to add or multiply them.

Hence, we form an evaluation vector (EV) consisting of the two metrics:

$$\text{EV}=(\text{Debris}, \text{Impacts}) \tag{6}$$

This is our final composite measure to evaluate the situation of ocean system. When both components of the vector are lower, the system is better.

Let EV_i be the evaluation vector of ocean system in the year i: $\text{EV}_i=(D_i, I_i)$, where D_i is debris and I_i is impacts.

In order to evaluate the situation of annul ocean system and compare the ocean system of each year, we construct the comparison function as follow:

$$f(\text{EV}_i)=D_i^2+I_i^2 \tag{7}$$

As D_i and I_i are two components of the evaluation vector, $D_i^2+I_i^2$ means the square of the vector length. The lower value of $f(\text{EV}_i)$ is, the system is better.

4.3 Result

Data Collection

We obtain the discarded debris data of the USA from statistics abstract of the United States, so D_i can be determined. Impacts data we use is the number of entanglements of Hawaiian monk seal. It contains the actual number of entanglements and the predictive number of entanglements.

Through the following steps we can obtain the evaluation vector (EV) and the comparison function $f(\text{EV}_i)$:

• All data should be disposed with formula (5);

- Calculating D_i and I_i according to formula (1), (2), (3) and (4);
- Evaluation vector EV_i can be obtained with formula (6).
- Calculating $f(EV_i)$ with the comparison function (7).

The results show in Fig. 11~13.

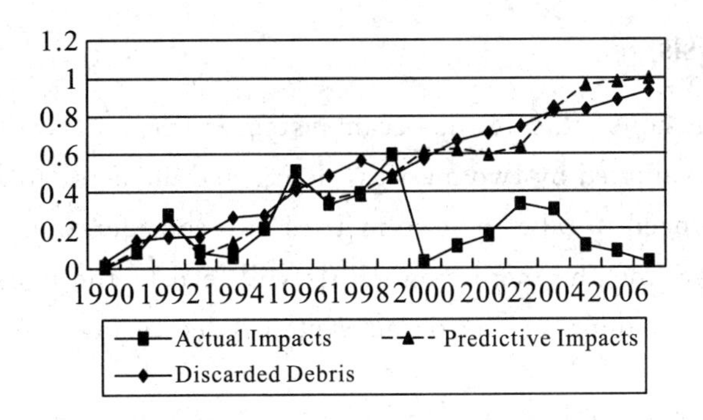

Fig. 11 Result of EV_i

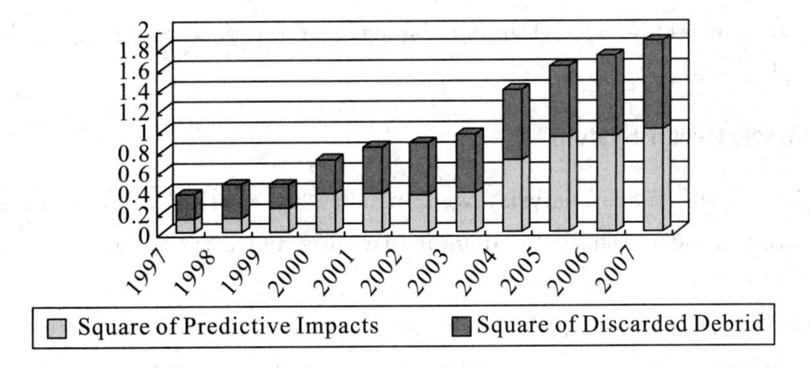

Fig. 12 Result of $f(EV_i)$ Based on Predictive Data

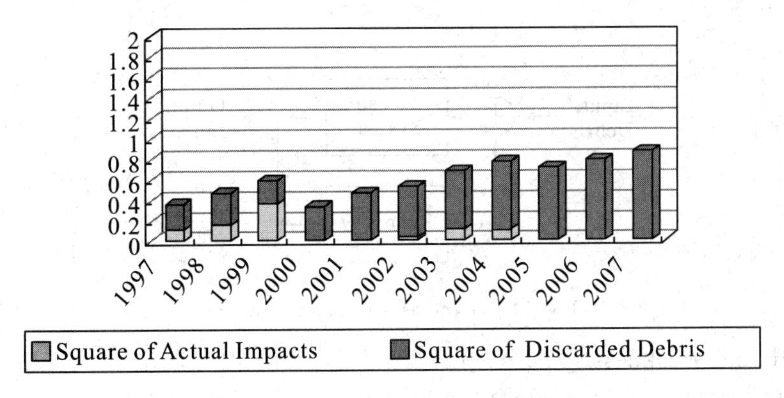

Fig. 13 Result of $f(EV_i)$ Based on Actual Data

From the above Fig. 11~13, we can conclude some important points as follows:

- The amount of discarded debris increases year by year, the predictive impacts are also increasing, the trend of actual impacts increases before 1999 year and decreases after 2000 year.

• The increasing trend of $f(EV_i)$ is obvious based on the predictive data, there is also an increasing trend based on the actual data, but not obvious.

• The value of $f(EV_i)$ is becoming larger and larger, which means the situation of ocean system is becoming worse and worse.

4.4 Result Analysis

The above conclusions indicate the ocean system is becoming worse and worse. Since the ocean system is evaluated by two metrics: debris and impacts, to improve the situation of ocean system, we need to take the two metrics into consideration.

From Fig. 13, we find the increasing debris will lead to the worse situation of ocean system, as a result, to improve the ocean system, decreasing the amount of debris is essential.

Analyzing Fig. 12 and Fig. 13, we find that the situation of actual ocean system is better than the predictive one since 2000 year; the reason is the same with that we have already analyzed in section 3.3: Derelict fishing gear recovery program has been carried out in Hawaii.

4.5 Feedback Ocean System

According to the above analysis, we conclude the ways to improve the situation of ocean system, i.e., decreasing the amount of debris and carrying out artificial recovery program.

For further study, we regard the ocean system as a feedback system, showed in Fig. 14. As long as decreasing the amount debris or increasing the recovery, the ocean system will improve.

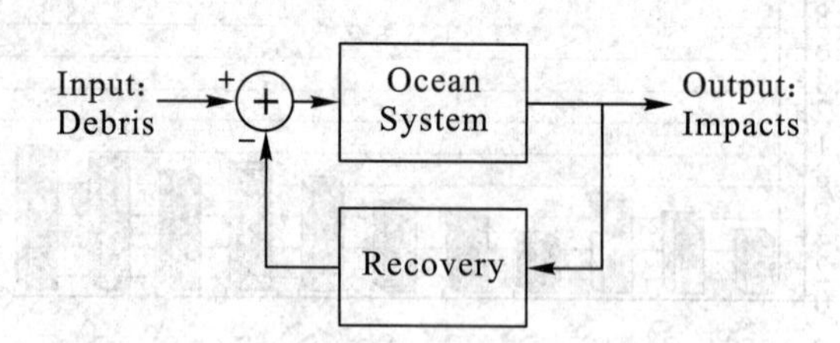

Fig. 14 Ocean as a Feedback System

Strength and Weakness

• Combination of grey model GM (1, 1) and time series analysis method contribute to generate a good prediction.

• The AHP method is a good combination of qualitative and quantitative analysis, and it gives the weights conveniently. But it possesses certain subjectivity.

• Evaluation vector and comparison function is convenient to get quantitative evaluation of the situation of the ocean system.

5 A Research Report to Our Expedition Leader

5.1 Our Finding

• Impacts on Ocean Ecosystem

In order to study the impacts of marine debris on ocean ecosystem, we model and analyze the change in the number of entangled Hawaiian monk seal. The results indicate, in short-term, the amount of Hawaiian monk seal will have a rapid decline in the next decades if there are no artificial protection program to be carried out. In long-term, the decline of Hawaiian monk seal will affect the food chain of the ecosystem, finally may lead to ecosystem disorder.

• Change in Ocean System in Recent Years

We build an ocean system evaluation model to analyze the change in ocean system. The result we find in the ocean system is becoming worse and worse, but through decreasing the amount of debris or increasing recovery, we would see the light and have confidence to rescue the Ocean System.

5.2 Proposals for Solutions

The feasible solutions to improve the ocean system should focus on two aspects: decreasing the amount of debris and increasing recovery according to our finding. Some suggestive solutions are:

• Clean-up the coastal debris;

• Reducing the generation and amount of debris that enter the stream/river;

• Recycling the debris from the ocean.

5.3 Government Policies and Practices

Solutions we provide in section 5.2 are feasible but not binding. In order to thoroughly solve the marine debris problem, Government has many works to do:

• Establish incentives for people and fishing vessel that recycle the marine debris;

• Educating or funding industries to set up recovery system of solid waste;

• When necessary, legislating to ensure the relative policies implement successfully.

Reference

[1] RYAN P G, MOORE C J, van FRANCEKER J A, et al. Monitoring the abundance of plastic debris in the marine environment. Philosophical Transactions of The Royal Society B Biological Sciences,2009,364(1526): 1999 - 2012.

[2] SHEAVLY S B. Sixth Meeting of the UN Open-ended Informal Consultative Processes on Oceans & the Law of the Sea[J]. Marine debris-an overview of a critical issue for our oceans.，2005(6)：6－10. http：//www. un. org/Depts/los/consultative_process/consultative_process. htm

[3] KUBOTA M，TAKAYAMA K，NAMIMOTO D. Pleading for the use of biodegradable polymers in favor of marine environments and to avoid an asbestos-like problem[J]. Appl Microbiol Biotechnol，2005(67)：469－476.

[4] SHEAVLY S B，RRGISTER K M. Marine Debris & Plastics：Environmental Concerns，Sources，Impacts and Solutions[J]. J Polym Environ，2007(15)：301－305.

[5] NOAA，Marine Debris，http：//marinedebris. noaa. gov/info/impacts. html.

[6] NOAA，National Marine Fisheries Service (2007). Recovery Planfor the Hawaiian Monk Seal. http：//www. fpir. noaa. gov/Library/PRD/Hawaiian%20monk%20seal/SHI%20MS%20Recovery%20Plan%20FINAL%20August%202007%20pdf. pdf.

论文点评

该论文获得2010年美国数学建模竞赛与交叉学科建模竞赛(C题)的特等奖。

1. 论文采用的方法和步骤

论文将海洋系统抽象为一个简化的投入产出系统。首先，以选取夏威夷僧海豹为例，研究了海洋碎片对海洋生态系统的潜在影响，利用灰色模型GM(1，1)和时间序列分析方法分别研究了短、长期预测海洋碎片对夏威夷僧海豹的影响。其次，研究了海洋系统的现状，建立了海洋系统评价模型。基于层次分析法(AHP)，得到了海洋系统的定量碎片和影响数据。提出了一种由垃圾碎片和由此带来的影响两部分组成的评估系统，用于评估海洋系统的状况。建立了一个基于评价向量的比较函数，比较不同时期海洋系统的状况。

2. 论文的优点

该论文的最大优点是将海洋系统归结为以垃圾碎片为输入、以由此带来的影响为输出的系统，即抽象为一个简化的投入产出系统，且以海洋作为反馈系统，以此为核心，建立模型，解决问题。该论文考虑问题细致深入，求解整个问题比较全面和完善，文章层次分明。

3. 论文的缺点

该论文的缺点是在层次分析法中，垃圾碎片的比较矩阵理由不够充分;在提供反馈系统中，数据实现不够。在实际中如果能获得反馈系统效果，将得到更有指导意义的结果。